# 邮政快递
# 智能分拣
## 装备与技术

主 编 杨 昆
副主编 沈一忠 王 曦 王再良

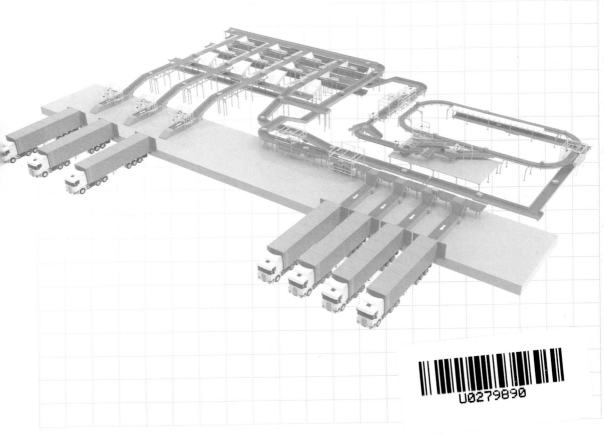

U0279890

人民邮电出版社

北 京

图书在版编目（CIP）数据

邮政快递智能分拣装备与技术 / 杨昆主编. -- 北京：
人民邮电出版社，2024.6
ISBN 978-7-115-63582-2

Ⅰ. ①邮… Ⅱ. ①杨… Ⅲ. ①邮政业务－自动分拣机
②快递－自动分拣机 Ⅳ. ①TH691.5

中国国家版本馆CIP数据核字(2024)第017871号

## 内 容 提 要

本书的内容围绕邮政快递业中分拣装备涉及的技术架构进行安排，将每种装备的最新技术发展和实践操作融入相应的章节中。

本书共 9 章，第 1 章介绍邮政快递装备的发展，第 2 章介绍邮政快递智能分拣装备机电基础，第 3 章介绍工业视觉技术，第 4 章介绍单机设备，第 5 章介绍交叉带分拣系统，第 6 章介绍直线分拣装置，第 7 章介绍交叉带分拣系统的调试与运维，第 8 章介绍单机设备的调试与运维，第 9 章介绍窄带分拣机的调试与运维。

本书从理论到实践，层层递进，结构清晰，内容翔实，所涉及的装备类型丰富、系统全面，可作为应用型本科院校及高职院校邮政快递、物流、自动化等相关专业的专业课教材，也可作为邮政快递及相关行业科研、教学和管理人员的参考书。

◆ 主　　编　杨　昆
　　副 主 编　沈一忠　王　曦　王再良
　　责任编辑　李永涛
　　责任印制　王　郁　胡　南
◆ 人民邮电出版社出版发行　　北京市丰台区成寿寺路 11 号
　　邮编　100164　　电子邮件　315@ptpress.com.cn
　　网址　https://www.ptpress.com.cn
　　临西县阅读时光印刷有限公司印刷
◆ 开本：700×1000　1/16
　　印张：20.25　　　　　　　　　2024 年 6 月第 1 版
　　字数：410 千字　　　　　　　2024 年 6 月河北第 1 次印刷

定价：99.90 元
读者服务热线：(010)81055410　印装质量热线：(010)81055316
反盗版热线：(010)81055315
广告经营许可证：京东市监广登字 20170147 号

# 主要参编人员

主　　编：杨昆

副 主 编：沈一忠　王　曦　王再良

（以下排名不分先后）

编写团队：吴幸辉　陈兴东　朱燕萍　吴　涛　马　标　赵汝涛
　　　　　段青辉　高明建　王毅枫　俞耀东　杜　萍　熊　勇
　　　　　唐金亚　欧阳庆生　蔡　烨　芮　昊　王孝震　张丹雄
　　　　　徐伟汉　伍文杰　张　靖　马　笑　张晓安　江海滨
　　　　　张　腾　张　会　王旭蓉

# 前　言

中国的快递业务量已连续 10 年稳居全球第一，标志着该行业经历了前所未有的高速发展。在此过程中，大数据、人工智能、物联网、工业视觉等先进技术与行业深度融合，创新应用，确保了日均超过 3 亿件的快件能够被高效送达。新一代信息技术和人工智能技术等在行业内被广泛应用，无人机、无人车、无人仓、智能分拣装备、智能视觉以及自动感知装备等成为了行业绿色高质量发展的"法宝"。

本书旨在系统探讨邮政快递智能分拣装备与技术的最新发展和应用，介绍各类智能分拣装备的原理、功能和性能，并深入研究它们在快递分拣过程中的应用及详细的运维知识。此外，本书还将探讨与智能分拣相关的技术，为读者提供全面的知识和见解，帮助他们了解智能分拣装备和技术的优势和应用场景，也为读者提供有价值的信息和参考资料。

本书具有以下几个特点。

## 1．课程思政，立德树人

本书不仅仅关注技术方面的内容，还注重思想政治教育。在介绍智能分拣装备与技术的同时，本书强调道德观念、职业素养和社会责任等方面的培养。通过对相关资料的学习，读者将深入了解如何将技术与道德准则、社会价值相结合，从而成为德才兼备的快递行业人才。

## 2．校企合作，产教融合

本书是通过校企合作的模式编写而成，凝聚了学术界和实践界的智慧和经验。编者团队与快递行业的相关企业展开了密切合作，获取了最新的行业动态和实践案例，确保本书的内容紧跟行业发展的脚步。读者在阅读本书时，不仅可以从中获得实践经验，还能深入洞察行业动态，从而提升自己在实际工作中的能力。

## 3．内容合理，详略得当

本书在内容编排上经过了精心设计，注重在深度和广度之间取得平衡。它不仅涵盖了智能分拣装备的原理、技术和应用，还对相关领域的知识进行了适度的介绍，确保读者能够全面了解和掌握相关概念和技能。同时，本书避免了冗长和复杂的描述，以简洁明了的表达方式呈现知识，使读者能够快速理解和吸收。

## 4．知识新颖，技术先进

本书的内容基于最新的研究成果和实践经验，展现了邮政快递智能分拣装备与技术的最新进展。书中介绍了机器视觉、自动化控制系统等在内的先进技术，并探讨了它们在快递分拣中的应用。通过本书，读者将获得前沿的知识和技能，这将为他们在快递行业中保持竞争力提供有力的支持。

在本书的编写过程中，得到了各方的大力支持和帮助。浙江省邮政管理局的魏遵红局长一直关注本书的编写工作，积极协调，并推荐了行业内先进的企业资源；中科微至科技股份有限公司的李功燕博士指导设计了教材的编写框架和思路，并组织了公司的研发团队承担编写任务，同时提供了大量行业最新的技术文献；邮政快递职业教育教学指导委员会的陈兴东副主任也为本书的编写给予了具体的指导和帮助。在此，我们向所有提供帮助的专业人士、学者及合作企业表示由衷的感谢！由于编者水平有限，书中难免存在不当之处，请广大读者不吝赐教，提出宝贵意见。

编者

2024 年 3 月

# 目　　录

# 第 1 章

# 邮政快递装备的发展

邮政快递装备的发展离不开邮政快递业整体的发展。我国邮政快递业的发展历程大致可以概括为起步阶段、市场化阶段、高速发展阶段，以及转型升级阶段。

我国邮政快递业已于 2021 年突破并形成万亿规模。2022 年，邮政快递包裹数量达到 139.1 亿件，实现业务收入 13509.6 亿元，占国内生产总值的 1.1%。2012 年至 2022 年的 10 年间，我国邮政快递包裹增长了 23.4 倍，业务总量在全球市场占比超过 50%，连续 9 年位居世界第一。在服务质量方面，2019 年的全球快递指数报告显示，我国快递时效指数为 91.5 分，超过全球平均水平。2021 年，全国重点地区寄递服务全程时限为 57.08 小时，72 小时准时率达到 77.94%。邮政快递企业持续优化网络布局，新增直发线路、降低转运频次、提升自营运能等措施，有效压缩了转运时限。部分企业还推出了"当日达""次日达"等服务，进一步提高了寄递时效性。同时，服务质效稳步提高。2021 年的相关数据显示，我国快递服务满意度得分为 76.8 分，其中时限测试满意度为 69.9 分，较上一年度提高 0.7 分。为了提升客户服务能力，邮政快递企业通过智能应用帮助精准定位售后问题、快速解决简单高频问题，提高售后体验满意度。2021 年，快递服务有效申诉率为 0.26/100 万。从生产成本看，我国邮政快递业的成本也得到了有效控制。企业通过网络优化、提高运输效率等方式降低了快递物流成本。此外，越来越多的企业引入智能化装备与技术，提高了快递处理效能，降低了人工成本。

## 1.1 邮政快递装备的发展历程

邮政服务作为人类社会发展的重要组成部分，历经了多个重要历程，大体可归结为从原始邮政阶段到古代邮政阶段再到现代邮政阶段。在发展过程中，邮政快递装备也在不断更新。下面我们将从国内和国外两个方面来介绍其发展历程。

### 1.1.1 国内发展历程

我国邮政服务的发展历史悠久，而邮政装备的演变历程也是源远流长。在原始社会，人们通过以物示意的方式进行通信；到了奴隶社会，声光通信和邮传开始出现；

封建社会时期，我国的邮驿在世界上已经处于领先地位。从西周开始，我国不断完善邮政通信组织，逐渐形成了早期声光通信系统和邮驿通信系统两套不同的系统。配套烽火台和邮驿的一系列装备，为我国古代乃至世界邮政发展做出了巨大的贡献。

进入近代社会，我国陷入了半殖民地半封建的深渊，邮政装备的发展也因此而迟缓。在那个时期，根据邮件投递区域的不同条件，人们采用了多种不同的方式来运送邮件，包括人扛、骆驼托运、雪橇运送、船只运送和飞机运送等。然而，从整体上来看，那时我国的邮政技术装备远远落后于西方国家。

新中国成立后，我国的邮政装备经历了两次技术变革。第一次是在1958年后的几年内，人民群众进行了一些创造发明，但大多数只是模型和样品，并没有真正应用于实践中。当时的邮政快递业在生产上依然是以传统的手工作业为主。第二次是20世纪70年代，我国大量引进国外的机械装备和技术，邮政快递业开始进入装备机械化发展的快车道。国内的邮局开始大规模使用信函分拣机、包裹分拣机、邮件传送升降机、挂号函件自动登单机、过戳机、空袋吸尘机、捆扎机、装卸搬运设备等装备。

自改革开放以来，我国市场经济不断活跃。20世纪90年代初，民营快递企业相继创立，快递服务从无到有，快递市场从小到大，对于服务时效的要求也越来越高，邮政快递装备开始从机械化阶段步入自动化阶段。到了21世纪初，我国电商经济蓬勃发展，快递业务量迅猛增长，新技术、新设备得到广泛应用，邮政快递装备开始了从自动化到智能化的转型突破。为了不断提升作业流程的智能化水平，我国开始加快研发和应用自动化、智能化装备；同时利用大数据、物联网、云计算、人工智能等技术改善作业体系的信息化水平，全面推进新时代智慧邮政、智慧快递体系建设。无人机、无人车、无人仓、自动引导车（Automated Guided Vehicle，AGV）、智能分拣装备、智能快件箱、自动识别和自动感知装备等成为了邮政快递行业的"宠儿"。

随着邮政快递市场的不断扩大和用户需求的不断提高，越来越多的企业开始加快科技创新，加大自动化、智能化技术装备的投入，以提升用户体验。其中，邮件快件分拣系统是重点之一。目前，该系统正朝着智能化、自动化、柔性化的方向加快推进，快递企业相继出现快递包裹高速集散的单件分离系统、大件摆轮柔性分拣技术设备、交叉带自动供包/集包系统、单件分离＋六面扫＋分拣装备等。交叉带分拣系统现场如图1-1所示。

图1-1　交叉带分拣系统现场

## 1.1.2　国外发展历程

国外关于邮政通信活动的记载可以追溯到古埃及第十二王朝（公元前约 1991 年～前 1786 年）时期，但在此后的漫长岁月里，繁重的手工操作和原始的畜力运输一直占据主导地位，导致邮政技术装备发展缓慢。然而，随着商品经济的发展，邮政业务量逐渐增加，邮政的服务水平已无法满足经济社会快速发展的需要。

到 19 世纪中期，工业革命的推动促进了科学技术的发展，为邮政快递业带来了新的机遇和挑战。最早的邮件处理和运输装备也在这个时期诞生。邮政快递业的现代化进程始于 1883 年英国在伦敦和伯明翰之间建立的世界上第一条火车邮路。此后，从 1883 年到 1903 年，英国、德国、法国、美国、瑞士等国广泛发展铁路邮件运输，并开通了专门的邮件运输专列。到了 1940 年，飞机和汽车成为了邮件运输的主要工具。随着技术的不断进步，各种升降设备、搬运车辆、过戳机、邮资机、机械式邮票出售机、捆扎机以及信函一体机等逐渐投入使用，极大地提高了邮政快递业的效率和服务水平。

到了 1965 年，英国、美国、日本、法国、德国、荷兰、瑞士、比利时，以及加拿大等国在邮件处理装备方面进行大规模研究后，成功研制出各类包裹分拣机、理信售票机、信函分拣机、汇票处理系统以及成套的自动出售装备，邮政快递业由此进入了规模化机械生产时代，并取得了显著的发展成果。1965 年后，美国和日本成功研制出光学文字识别机，实现了信函分拣过程的全自动化。20 世纪 90 年代以后，在全球经济一体化趋势下，邮政快递业迎来了一场变革浪潮，各大邮政快递企业纷纷投入信息主干网、无线通信及移动通信、数据交换系统等方面的建设。自动控制、光电技术、计算机技术、射频识别（Redio Frequency Identification，RFID）技术、人工智能技术以及大数据分析技术等先进技术在邮政快递生产中得到了广泛应用。经过几十年的发展，邮政快递业逐步形成了集物流、信息流、资金流等于一体的智能网络。

# 1.2　邮政快递智能装备的发展

随着快递行业的快速发展，快递设备的种类和数量也在不断增加。行业正从"劳动密集型"向"技术科技型"转变，管理模式也从"粗放化"向"精细化"转变。因此，快递设备也在朝着智能化方向发展。智能分拣设备、智能手持终端、智能储运设备等的数量均呈上涨趋势。物联网和大数据等新技术也在不断应用到邮政快递智能装备中。接下来，将介绍邮政快递智能装备的发展。

## 1.2.1　邮政快递智能装备发展概述

正如前文所述，邮政快递装备的国内外发展历程都表明，从传统的人工操作逐步向机械化、自动化、信息化和智能化转变是邮政快递装备不可逆转的趋势。新一代信息技术，特别是人工智能技术在行业内得到广泛应用，这至少体现在两个层面：一是生产运营智能化。视觉技术、信息传输技术、机械臂、机器人、自动分拣设备以及无人机等智能设备已经融入邮政快递业的各个生产运营环节中。二是管理服务智能化。为促进邮政快递业供应链体系中信息流与物流的同步，利用大数据、云平台等技术，逐步形成标准化、数字化和一体化的管理服务平台，通过不断优化工作流程和协同作业，实现货物就近出库、入库以及高效配送。具体来说，人工智能技术主要通过以下 4 个方面的应用推动着行业装备智能化。

一是基于视觉识别技术的图像处理。在邮件快件收寄环节，视觉识别技术已经被广泛应用于实时处理单据数据、优化业务处理系统的流程，减少了人工手动录入的工作量，降低了信息获取和处理的成本。在邮件快件分拣环节，传统的分拣方式是根据运单上显示的收寄人、地理位置等信息进行快递包裹的分拣。而现在利用视觉识别技术，快件分拣人员可以通过扫描条形码、三段码等电子信息，快速精准地实现包裹分拣，大大提高出入库效率。

二是基于语言处理技术的智能客服。对客户服务中心的呼叫话务大数据进行语音语义分析，通过智能客服学习训练，实现客户寄件、查件等工作场景的自动语音语义分析，对客户的语音和意图进行准确解读，制定出合理的问题回复标准，从而辅助客户服务。通过提供更快速、高效的智能化客服体验，企业可以有效降低客户服务成本。

三是数字地图的智能化应用。通过将大数据、人工智能技术与 GIS（Geographic Information System，地理信息系统）技术相融合，能够统一收派地址库和基本单元区域的数据，实现实时高精定位、智能推荐、地址精准匹配等功能。这些技术的应用不仅为网络设计、路径规划等专业性工作提供了技术支撑，也提高了邮政快递业的运营效率和服务水平。

四是邮路规划、智能分拣和仓储优化。通过将人工智能技术的机器学习、深度学习等方法和工具与传统运筹学的算法相结合，针对"邮路规划"这个行业核心技术问题，优化路由规划系统和算法，实现更大区域、更多线路、更复杂数据情况下的动态路径解决方案。同时，人工智能技术越来越多地应用于分拣中心，提供快递包裹分拨流向、分区配载、中转场负载与仓储库存优化、拣货配送线路规划的一体化解决方案，大幅提升了分拣分拨的效能，提高了包裹流转时效，从源头上降低了运输派送成本。

值得注意的是，当前邮政快递业在应用人工智能技术时还存在一些问题。首先是信息孤岛的问题。由于邮政快递业内的企业众多，而各企业的信息化程度参差不齐，导致不同信息化系统之间存在障碍，需要建立和完善便于信息共享、信息交换的信息标准化基础设施和沟通共享机制。其次是大数据基础不够的问题。智能化装备实现智慧邮政快递的重要基础条件是行业大数据，但目前不少企业缺乏或者忽视数据采集工作，无法及时有效地进行数据分析，因此需要加快、加大对行业大数据技术的研发应用，尽快形成智慧邮政快递的整体框架。最后是缺乏高素质专业化人才的问题。行业发展离不开人工智能等新一代信息技术，但目前缺乏一大批既了解邮政快递生产经营，又掌握计算机技术、通信技术、自动化技术、信息技术等知识和技能的高素质复合型人才。因此需要加强研究，针对性地为行业培养一支高素质、专业化的人才队伍。

## 1.2.2　邮政快递智能装备的具体应用

目前，邮政快递智能装备已经不同程度地涵盖了运输、搬运、存储、分拣、配送、信息传输等各环节，此过程中涉及各种智能化的运输车辆、搬运工具、仓储设备、分拣系统、装载装卸工具、信息系统、通信设备等。为增进对邮政快递智能装备的理解，现选取若干常见的应用场景，对其运行情况做简要说明。

快递三段码，也称"快递编码"或"邮编"，是用于标识邮政快递服务范围的一种编码方式。1980 年，我国推出了全国统一的"四级六位"邮政编码，即每种编码由六位阿拉伯数字组成。四级分别是省（直辖市、自治区）、邮区、县（市）和投递局（区），六位中的前两位表示省（直辖市、自治区），第三位表示邮区，第四位表示县（市），最后两位表示投递局（区）。随着行业发展和需求的增加，四级六位邮政编码于 1993 年被更先进的快递二段码所取代，1995 年又发展为快递三段码，并逐渐在全国范围内推广和应用，成为快递服务的标准编码。快递三段码的第一段表示省和市，第二段表示城市的区域或街道，第三段表示末端派送网点和派件员。快递三段码极大地方便了邮政快递的配送和管理，可以快速、准确地确定收件人所在的区域，提高了快递配送的效率和准确性。目前，三段码机器识别模型可以准确识别包裹的三段码信息，且识别准确率达到 90% 以上。同时，随着邮政快递业务的多样化和复杂化，快递三段码的应用也涉及了更多领域，如电子商务、物流配送等，帮助不同企业实现信息互联互通。

卡车主动安全装备和无人驾驶装备，是邮政快递运输和配送环节常见的智能装备。卡车主动安全装备主要是通过雷达和摄像头等设备，对卡车的行驶过程以及驾驶员的身体状态进行控制和监测，从而提高运输和配送的安全性和效率。无人驾驶装备是通过传感器和人工智能等设备和技术，实现了自主驾驶和控制的运输和配送功能。常见的无人驾驶设备有快递无人机和无人车。无人机目前主要应用于交通不便的偏远地区、乡村等特殊区域的配送，有效解决了"最后一公里"的配送难题。无人车则主要应用于城区、园区、厂区、校园等环境的配送，解决了"最后 100 米"的配送难题。

自动化立体仓储是运用仓储科学、物料搬运技术，实现仓储物流的自动化综合系统。该系统通常利用高层立体货架或托盘系统进行货品存储，并借助自动化堆垛机设备对货品进行接收、归类、包装、计量、存档、分拣、配送等操作，从而实现物流的高效率化和仓储的大容量化。自动化立体仓储的主体由货架、巷道式堆垛起重机、出入库工作台，以及自动进出及操作控制系统组成。其中，货架采用钢结构或钢筋混凝土结构建设，内部设有标准尺寸的货位空间，而巷道式堆垛起重机则穿行于货架之间的巷道中，完成货物的存取操作。随着立体仓储自动化的发展，仓储分拣也从最初的人工搜索、搬运货物，逐步升级为自动化和智能化的分拣货品模式。

自动分拣装备是一种以不同的自动化设备为载体，利用计算机控制技术、信息技术等进行实时控制和信息处理的装备，旨在实现物品的自动分类和分拣。该装备包括传送带、传感器、视觉系统、机械臂、激光扫描仪以及 RFID、控制系统等。在邮政快递业中，自动分拣装备被广泛应用于包裹分拣环节。当快递包裹进入传送带后，被传感器感应并传递给视觉系统，该系统通过图像识别、特征提取和分类等功能对包裹进行处理，并将信息传递给控制系统。控制系统根据视觉系统提供的信息，控制机械臂或其他设备将包裹分拣到对应的目的地。最后，分拣完成后的包裹被送往下一个环节或出库。自动分拣装备大大提高了快递分拣效率和准确性，降低了错误率和人工成本，是现代邮政快递业不可或缺的重要设备之一。

# 1.3　邮政快递智能装备的系统应用

邮政快递在分拨中心采用了一系列智能技术，包括计算机技术、视觉识别技术、自动控制技术、光电传感技术以及数据分析技术等。这些技术的整合程度最高，装备集成度也最高。因此，其对提升快递服务的时效性、质量和生产成本的贡献最为显著。由此可见，分拨中心的全套智能分拣装备（分拨中心系统）是邮政快递智能装备中最典型、最系统的应用。学习和研究分拨中心系统集成的功能、配套设备和规划设计的相关知识十分必要。下面将分别从分拨中心系统集成的标准模型、设备组成以及规划案例3个方面进行介绍。

## 1.3.1　分拨中心系统集成的标准模型

分拨中心的核心功能在于区域集散和集散管理。区域集散代表着在分拨中心汇聚和分发各区域的快件，这个过程实现了收派网络与快递网络干线的紧密结合，以及区域内部快件的流通和资源整合，这对提升快递网络运行效率具有决定性作用。集散管理则是以分拨中心为主导，通过设立规范化、标准化的快件处理流程，制定分拨批次，实现对区域内运输资源、人力资源、收派网络等资源的协调和组织，保障区域内快件迅速、准确、及时地运输。

分拨中心有七大基本功能，分别是快件集散功能、分拨功能、操作功能、查验功能、分拣功能、装卸搬运功能、暂存功能。在规划场地区域时，应充分考虑主要功能、作业流程和作业量等指标，以确定分拨中心场地所需的功能区域及其他各区域的面积。分拨中心场地的作业区域包括外围辅助活动区和快件作业区。外围辅助活动区包括办公室、物料库房、计算机室等。在快件作业区进行的工作包括卸货作业、快件处理、分拣、集包、装载作业等环节，如图 1-2 所示。

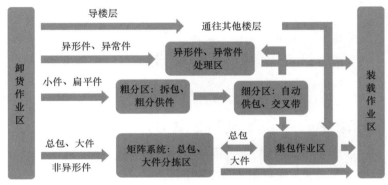

图 1-2    快件作业区进行的作业

根据快件的移动顺序和移动方向，可以将分拨中心作业流程归纳为卸载作业—进站作业—快件处理（分拣）—出站作业—装运作业。快件作业区的布局主要包括以下几方面的内容。

- 确定快件处理场地外部联外道路的具体构建方式。规划确定快件处理场地外部联外道路、进出口方位、装卸货台位置以及工作区域布置方式。
- 确定作业区域的空间范围及长宽比例。
- 确定作业区内从快件进站到出站的主要路线，即确定其物流模式，如直线形、L 形、U 形等。
- 按快件作业流程和搬运路线确定各区域位置。首先将面积较大且长宽不易变动的区域先置入建筑平面内，如分拣区等，再按流程安排其他区域的位置。

## 1.3.2    分拨中心系统集成设备组成

根据分拨作业流程，大型分拨中心系统集成设备一般分为卸货作业区集成设备、快件处理/分拣作业区集成装备、装载作业区集成设备，主要集成设备包括装卸设备、分拣集成设备、机器视觉、电控系统等。分拣集成设备又包括矩阵分拣设备、交叉带分拣设备、直线分拣机、窄带分拣机、模组带分拣机、摆臂分拣机等设备。

卸货作业区和装载作业区的集成设备基本相同，主要包括伸缩机、叉车、堆垛机和装载机等。快件处理 / 分拣作业区集成装备则包括矩阵分拣系统、供包系统、交叉带分拣系统、机器视觉集成模块、过机安检模块以及集包分拣机模块等。其中，矩阵分拣系统主要用于包裹的粗分，将总包和大件根据目的地流向进行粗分，为进一步细分做好准备；而交叉带分拣系统则主要用于包裹的细分，将快件根据目的地流向准确地分拣到相应的出口。需要注意的是，矩阵分拣系统和供包系统是快件处理/分拣作业区集成装备中较为复杂的模块。矩阵分拣系统主要由摆轮装备（系统）、工业视觉模块和电控系统等组成，而供包系统则主要由单件分离设备、叠件分离设备、工业视觉模块和电控系统等组成。

分拨中心系统集成设备的配置主要是基于快件分拨作业流程，并结合场地形状、结构、生产需要和分拣效率等因素进行灵活调整。这样可以满足不同场景和不同客户的需求，进而提高分拨中心的效率和准确性。

## 1.3.3 分拨中心系统集成规划案例

下面以行业某头部企业在江苏苏北的分拨中心场地为例来介绍分拨中心系统集成规划。该企业的系统集成规划分布在 3 个楼层，一楼布局如图 1-3 所示，二楼布局如图 1-4 所示，三楼布局如图 1-5 所示。

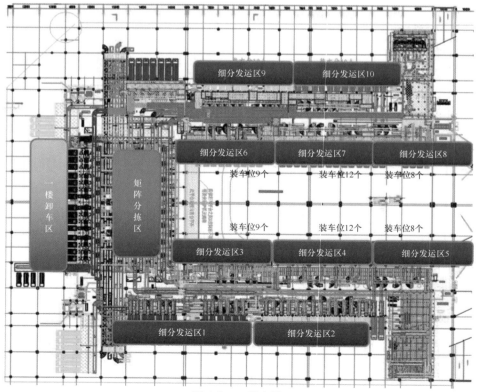

图 1-3 一楼布局

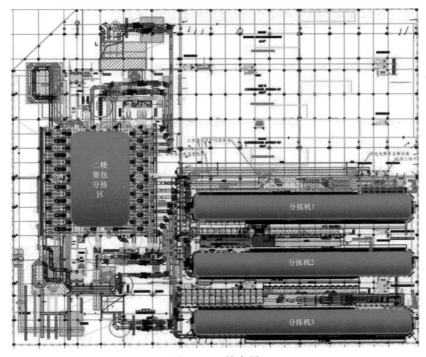

图 1-4 二楼布局

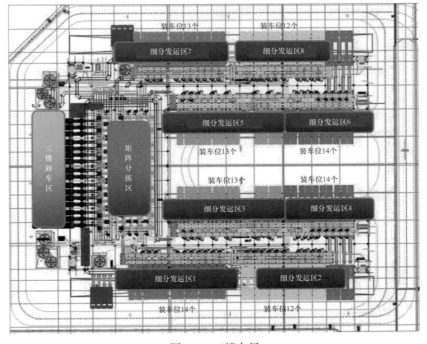

图 1-5 三楼布局

　　一楼是出港处理中心，配置了15+3条卸车粗分主线和10条细分装车主线，每小时处理量可达36000件。

## 一、一楼区域

- 一楼卸车区：车辆停放区域，将包裹卸到伸缩机上，输送到矩阵分拣区进行粗分拣。
- 矩阵分拣区：通过摆轮主线对散件包／集包袋进行粗分拣，并根据货物类型将其分别发至分拣机或细分发运区。
- 细分发运区：车辆停放区域，包裹经分拨中心分拣后，装车发运至下一目的地，该目的地一般为分拨中心的同级别区域。

　　二楼配置了3套全自动小件分拣机。该分拣机的主线速度为2.5m/s，采用双层双区供件，3套分拣机的处理量每小时可达180000件。

## 二、二楼区域

- 二楼集包分拣区：将集包袋分拣至一楼或三楼的细分发运区。
- 分拣机：将运往同一目的地的散件包分拣到集包袋内，输送至集包分拣机进行分拣。

　　三楼是进港处理中心，配置了16+2条卸车粗分主线和8条细分装车主线，每小时处理量可达36000件。

## 三、三楼区域

- 三楼卸车区：车辆停放区域，将包裹卸到伸缩机上，输送到矩阵分拣区进行粗分拣。
- 矩阵分拣区：通过摆轮主线对散件包／集包袋进行粗分拣，并根据货物类型将其分别发至分拣机或细分发运区。
- 细分发运区：车辆停放区域，包裹经分拨中心分拣后，装车发运至下一目的地，该目的地一般为分拨中心的下属区域。

# 第 2 章

# 邮政快递智能分拣装备机电基础

邮政快递智能分拣装备具有自动识别、智能化和高效率等特点。我们将相关技术基础应用到这些装备中，为分拣装备提供类似人的"大脑、眼睛、手臂"的功能，使其能够快速准确地进行快件视觉扫描识别、精准控制和自动化操作，最终实现分拣装备的智能化。

邮政快递智能分拣装备的机电基础包括光电传感技术、电机驱动技术、PLC（Programmable Logic Controller，可编程逻辑控制器）技术和嵌入式系统。其中，光电传感技术采用光电元件作为检测元件的传感器，通过传感器实现光信号和电信号的变化和转换，主要应用于单件装备和叠件装备的包裹扫描过程中，实现包裹条码信号的识别与读取。电机是一种机电能量转换或信号转换的电磁机械装置。电机驱动技术主要指依靠电磁机械装置将电能转换为机械能，为分拣装备提供驱动能量，从而实现分拣装备的运作和转动。PLC 技术则采用可编程的存储器，在其内部存储并执行逻辑运算、顺序控制、定时、计数和算术运算等操作指令，并通过数字或模拟的输入和输出，控制分拣装备中小车和传输带的正常运行。嵌入式系统则是以具体应用为中心，以通用计算机技术为基础，根据实际需求可剪裁硬件，适用于对功能、可靠性、成本、体积、功耗要求严格的专用计算机系统，可实现对分拣装备的控制、监视和管理。

## 2.1 光电传感技术

光电传感技术是一种利用光电转换原理，将光信号转变为电信号，以检测、测量和控制信号的技术。它以光电子学为基础，以光电子器件为主体，研究和发展光电信息的形成、传输、接收、变换、处理和应用。本节内容主要包括光电传感技术基础、半导体光件器件与光生伏特器件、图像扫描与图像扫描器、光电传感器应用实例等知识。

### 2.1.1 光电传感技术基础

光电传感器（Photoelectric Sensor）也被称为光电开关或光电检测器，是一种将光信号转换成电信号的设备。它主要由发光二极管、接收器和电路组成。通常情况下，发光二极管和接收器被放置在同一模块中，以便快速、精确地检测被测物的位置、形状、颜色等信息。

光电传感器的工作原理是光电效应。光电效应是指当光线照射到金属等物质的表面时，会使得物质表面上的电子逸出，从而离开物质表面。这种效应是由于光子的能量被传递到物质表面的电子上，导致电子获得足以克服物质中原子对其束缚力的能量，使得电子离开物质表面进入空气或其他介质中。光电效应可以分为以下3类。

- 外光电效应：当光子撞击金属等物质的表面时，会使得物质表面发射出电子。
- 内光电效应：当光子被物质吸收后，会激发出物质内部的电子，使其从原子中跃出并形成电流。
- 逆光电效应：当电子流通过某些物质时，会在物质表面产生辐射。

光电传感器可以集成应用于光学测控系统，根据其工作原理的不同，系统内的光电传感器可以分为模拟式和脉冲式两类。相对于脉冲式光电传感器，模拟式光电传感器功能更加全面，应用更加广泛。模拟式光电传感器是将被测量的电信号转换成连续变化的光电流，它与被测量的电信号间呈单值关系。按测量方法，模拟式光电传感器可以分为以下3类。

- 透射式光电传感器：通过透过被测物体来测量目标物体的光信号。该类型传感器适用于透明、半透明物体，如塑料瓶、玻璃瓶、薄膜等的检测。
- 漫反射式光电传感器：利用被测物体反射的光信号来检测目标物体。该类型传感器适用于较暗、不规则形状的物体，如电子元件、线圈、线材等的检测。
- 遮光式光电传感器：利用被测物体遮挡光源时所产生的光信号来检测目标物体。该类型传感器适用于检测物体是否存在，如物料料位的检测、机器人夹取物品时的检测等。

## 2.1.2　半导体光电器件与光生伏特器件

### 一、半导体光电器件

半导体材料是一类具有半导体性质的特殊材料，其电导率介于导体和绝缘体之间，常用于制造各种电子器件和光电器件。常见的半导体材料包括硅、锗、砷化镓等，其半导体性质与其晶体结构、杂质掺杂密度等因素有关。半导体材料具有低损耗、高速度、低噪声等优点，因此被广泛应用于计算机、通信、能源、医疗、环保等领域。随着科技的不断进步，对半导体材料的研究和开发也日益深入，未来有望带来更多新的应用。

半导体光电器件是一种将光能转换成电信号的器件，通常由半导体材料制成，其中一些电子通过光子的激发而获得能量，从而产生电流。这些器件在光传感器、光通信和激光雷达等领域都得到了广泛的应用。常见的半导体光电器件包括光敏电阻、光电二极管和光电三极管等。

（1）光敏电阻。

光敏电阻是一种能够受到光照影响而改变其电阻值的电子器件，常用光敏电阻如图 2-1 所示。常用的光敏电阻是由半导体材料，如硒化锌、硫化镉、铟镉化合物等制成的。当光照射到光敏电阻上时，光子激发了半导体材料中的电子，电阻值就会随之变化。光敏电阻被广泛应用于光敏开关、光敏电路、光控安全装置、自动光感应控制器、消费电子产品和照明控制系统等领域。

图 2-1　常用光敏电阻

图 2-2 所示为光敏电阻的原理图与符号，在具有光电导效应的半导体材料的两端加上电极便构成光敏电阻。当光敏电阻的两端加上适当的偏置电压 $U_{bb}$ 后，便有电流 $I_p$ 流过，用检流计可以检测到该电流。改变照射到光敏电阻上的光度量，发现电流 $I_p$ 也发生变化，说明光敏电阻的阻值随照度变化。目前，典型的光敏电阻有硫化镉（CdS）光敏电阻、硫化铅（PbS）光敏电阻、硒化铟（InSb）光敏电阻和 $Hg_{1-x}Cd_xTe$ 系列光电导探测器件。

（2）光电二极管。

光电二极管（Photodiode）是一种具有半导体材料特性的电子器件，能够将光信号转化为电信号。光电二极管与普通的二极管类似，具有两个区域：P 区和 N 区。当光线照射到 P-N 结时，光子会被半导体材料吸收，产生电子 - 空穴对，使 P-N 结两侧形成电势差。光电二极管的工作原理基于光电效应，当光子击中光电二极管时，光子能量被转化为电子，形成电流。光电二极管常用于光电检测、光通信、光电转换和光谱分析等领域。它具有响应速度快、灵敏度高、噪声低等优点，并且能够工作在大范围的光谱范围内，包括可见光、红外线和紫外线等。光电二极管的种类有很多，包括 PIN 光电二极管、雪崩光电二极管、肖特基二极管等。图 2-3 所示为常见的一种光电二极管。

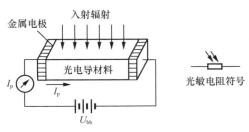

图 2-2　光敏电阻的原理图与符号

图 2-3　光电二极管

光电二极管还可分为以 P 型硅为衬底的 2DU 型与以 N 型硅为衬底的 2CU 型两种结构形式。图 2-4 所示为 2DU 型光电二极管的结构图、原理图和电路符号。

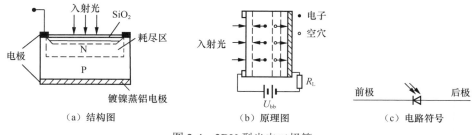

（a）结构图　　　　　　　（b）原理图　　　　　　（c）电路符号

图 2-4　2DU 型光电二极管

（3）光电三极管。

光电三极管（Phototransistor）是一种光电转换器件，是在普通三极管的基础上加上一个光敏区域，用于将光信号转化为电信号。光电三极管的光敏区域是在基区与发射区之间加上一个 P-N 结，当光子照射到 P-N 结时，会产生电子 - 空穴对，从而控制三极管的放大作用，输出电流信号。

与光电二极管相比，光电三极管的输出信号较大，灵敏度也较高，因此被广泛应用于电子测量、自动控制、通信和光电测量等领域。常见的光电三极管类型分为 NPN 型和 PNP 型。

## 二、光生伏特器件

光生伏特效应（Photovoltaic Effect）是指当光照射到半导体界面或异质结界面时，会产生电荷分离并产生电压差，从而产生电流的现象。这种现象是太阳能电池等光电器件的基础。具体来说，光子被吸收后会激发半导体中的电子和空穴，使它们分离，并产生电荷。在半导体中存在内建电场，这个场会促使电子和空穴分离并分别向两端移动。如果在半导体材料中放置两个电极，电子和空穴就可以通过电路连接这两个电极，从而形成电流。

光生伏特器件由具有光生伏特效应的半导体材料制成，主要材料有硅、锗、硒、砷化镓等。光生伏特器件主要包括光敏二极管、光敏三极管、光电池、半导体位置敏感器件等。

# 2.1.3　图像扫描与图像传感器

## 一、图像扫描

图像扫描是指通过电子束、无线电波等的左右移动在屏幕上显示出图像或图形的过程。图像扫描一般采用影像扫描仪完成。图像扫描是产生图像视觉的关键技术，也是学习和掌握图像传感器，利用图像传感器完成机器视觉检测与识别的关键。

影像扫描仪是一种计算机外部设备，用于捕获图像并将其转换成计算机可以显示、编辑、储存和输出的数字形式。它能够提取并将原始的线条、图形、文字、照片、平面实物转换成可以编辑及加入文件中的数字形式。在遥感应用中可以将光学遥感图像转换成数字遥感影像，然后输入计算机进行处理。

## 二、图像传感器

图像传感器是将图像转换为电信号的器件，除可见光传感器外，还有针对红外线、紫外线和 X 射线敏感的图像传感器。随着半导体电子技术的进步，固态图像传感器也得到了长足的发展。例如，电荷耦合器件（Charge-Coupled Device，CCD）根据其图像传感器的工作原理，已经开发了不需要滤色器的 Foveon X 和有机薄膜图像传感器。TCD1209D 是一款典型的单沟道线阵 CCD 图像传感器。图 2-5 所示为 TCD1209D 的结构原理图。

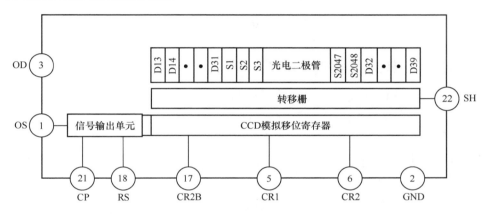

图 2-5　TCD1209D 的结构原理图

固态图像传感器是一种固态成像装置，也是一个集成半导体芯片的元器件。按位置分类，固态图像传感器可分为线性图像传感器（一维图像传感器）和区域图像传感器（二维图像传感器）。最早投入使用的固态图像传感器是 CCD 图像传感器，后来又制造出互补金属氧化物半导体（Complementary Metal Oxide Semiconductor，CMOS）图像传感器。图 2-6 所示为 CMOS 图像传感器的组成原理框图，主要组成部分是像元阵列（包括像元行和像元列）、模数转换器、预处理器和接口电器等，全部都集成在同一硅片上。同时，像元阵列按 X 和 Y 方向排列成方阵，方阵中的每个像元都有它在 X、Y 方向上的地址，这些地址分别由两个方向的地址译码器进行选择。CCD 图像传感器的图像质量优于初期 CMOS 图像传感器的图像质量，由于 CCD 图像传感器的制造需要专用的生产线，因此其价格大约是 CMOS 图像传感器的两倍。CMOS 图像传感器是一种使用 CMOS 的固态图像传感器。CMOS 图像传感器的元件功耗小，可以在较为严苛的工作环境下保持几百兆的读取速度。与 CCD 图像传感器一样，CMOS 图像传感器也使用了光电二极管，但是制造过程和信号读取方法不同。一些价格较低的 CMOS 图像传感器获取的图像存在像素差，与专用生产线的 CCD 图像传感器相比，图像获取具有一定滞后性，而现有的 CMOS 工艺已经在芯片的图像识别中得到了大量的应用，使得一些芯片在图像识别方面的表现已经超过了 CCD 图像传感器。

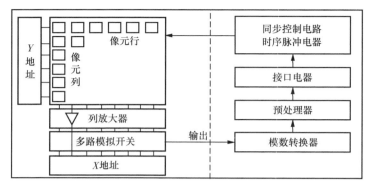

图 2-6 CMOS 图像传感器组成原理框图

# 2.1.4 光电传感器应用实例

光电传感器是一种利用光电效应测量光线、颜色、位置、速度等物理量的传感器，常用于自动化控制领域。相比于传统机械式传感器，光电传感器不需要直接接触被测物体，因此可以减少磨损和维护成本。此外，光电传感器的信号处理精度较高，能够快速响应变化，因此可以用于高精度控制和测量场合。下面是光电传感器在工业及生活中的应用实例。

### 一、光电传感器在条形码扫描笔中的应用

光电传感器在条形码扫描笔中是必不可少的。通常，条形码扫描笔内置的光电传感器可以检测条形码上的黑白条纹，并将其转换为电信号。通过对这些电信号的处理和解码，就可以得到条形码所代表的数字信息。具体来说，条形码扫描笔内置的光电传感器一般由发光二极管、接收光电二极管和解码器组成。当条形码扫描笔接近条形码时，发光二极管会发出一束光，照射在条形码上。由于条形码上的条纹是黑白相间的，所以当光照射到黑白条纹上时，就会产生明显的反射和吸收。接收光电二极管可以感受到这些光的反射和吸收信号，将其转换为电信号，并发送给条形码扫描笔的解码器进行处理。

### 二、光电传感器在测量转速中的应用

在电动机的旋转轴上涂上黑白两种颜色，当电动机转动时，反射光与非反射光交替出现，光电传感器相应地间断接收光的反射信号，并输出间断的电信号，再经放大器及整形电路放大整形后输出方波信号，最后由电子显示器输出电机的转速。

### 三、光电传感器在产品计数器中的应用

产品计数器是一种用于计算物品数量的装置，可用于自动化生产线上的生产过程控制和质量检测等方面。在产品计数器中，光电传感器通过检测物品通过的次数来实现计数。光电传感器通常被安装在生产线的入口或出口处，当物品经过光电传

感器时，光电传感器会探测到物品的存在，并向计数器发送信号，让计数器记录下物品数量。这种自动计数的方式可以避免人工计数时产生的误差，并大大提高计数速度和准确性。此外，光电传感器还可以通过检测物品的大小、形状、颜色等特征，实现不同物品之间的区分，从而避免计算错误。这种应用在物流、制造业等领域中被广泛采用，提高了生产效率和产品质量。

### 四、光电传感器在快递分拣系统和快递包裹传输线中的应用

在快递分拣系统中，通过对快递包裹进行扫描，光电传感器可以检测出包裹的形状、大小、颜色等信息，并将这些信息传输给计算机进行快递包裹的识别和分类，从而实现自动化分拣。此外，在快递包裹的分拣过程中，通过对快递包裹标签的扫描，光电传感器可以识别出包裹的目的地、快递公司、收件人等信息，并将这些信息传输给计算机进行快递包裹的分类和分拣，从而提高分拣效率和准确率。

在快递包裹传输线上，通过对传输线上快递包裹的扫描，光电传感器可以实时检测快递包裹的流速和位置，从而保证包裹的顺畅流动，并及时发现和处理异常情况，如包裹堵塞、包裹掉落等。

## 2.2　电机驱动技术

本节内容主要包括三相异步电动机的工作原理、结构与工作特性，三相异步电动机的功率和电磁转矩，伺服电机的应用，直线电动机的工作原理与特性，精密滚筒系统等知识。

### 2.2.1　三相异步电动机的工作原理、结构与工作特性

三相异步电动机是感应电动机的一种，是靠同时接入 380V 三相交流电流（相位差 120 度）供电的一类电动机，由于三相异步电动机的转子与定子旋转磁场以相同的方向、不同的转速旋转，存在转差率，所以叫三相异步电动机。三相异步电动机转子的转速低于旋转磁场的转速，转子绕组因与磁场间存在着相对运动而产生电动势和电流，并与磁场相互作用产生电磁转矩，实现能量变换。

#### 一、工作原理

三相异步电动机的工作原理是利用定子上的三组电磁线圈产生旋转磁场，这个旋转磁场穿过转子，使转子中的导体感受到旋转磁场的作用力，从而产生转矩，使转子开始旋转。由于转子中存在电阻和电感，因此会产生反转磁场，使转子的速度略低于旋转磁场的速度，从而实现了电动机的异步运转。

#### 二、基本结构

三相异步电动机是一种常见的交流电动机，其结构比较复杂，主要包括定子、

转子、端盖和轴等部分，每个部分都起着重要作用，协作完成电动机的转动。具体结构如下。

- 定子：定子是电动机的固定部分，通常由铁心、线圈和定子槽组成。铁心是定子的主体，由硅钢片或磁性铁氧体制成，用于集中或分散磁通，产生转矩。线圈则是定子的绕组，由绝缘铜线或铝线绕制而成，用于产生磁场。
- 转子：转子是电动机的旋转部分，通常由铁心、导体和转子槽组成。铁心是转子的主体，也由硅钢片或磁性铁氧体制成，用于集中或分散磁通，产生转矩。导体则是转子的绕组，由铝条或铜条制成，用于产生感应电流。
- 端盖：端盖是电动机的封闭部分，通常由铝合金或铸铁制成，用于固定定子和转子，同时防止灰尘和异物进入电动机内部。
- 轴：轴是电动机的传动部分，通常由钢材或不锈钢制成，用于传递转矩和旋转力矩。轴通常与转子一起旋转，通过轴承支撑，使电动机稳定运行。

图 2-7 所示为三相笼型异步电动机的组成部件。

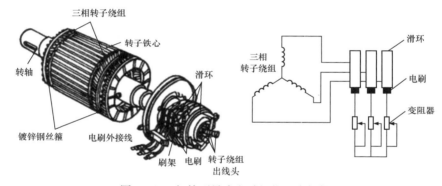

图 2-7　三相笼型异步电动机的组成部件

（1）定子。

定子是三相异步电动机的固定部分，通常由铁心、线圈和定子槽组成。定子的主要作用是产生旋转磁场，使转子产生感应电动势，从而产生转矩，驱动电机运转。定子的铁心通常由硅钢片或磁性铁氧体制成，其形状通常为圆柱形或多边形。定子的铁心上开有若干个定子槽，用于容纳定子线圈。定子线圈是由绝缘铜线或铝线绕制而成，通过定子槽穿过定子铁心，形成若干个线圈。定子线圈的数量和排列方式决定了电机的相数和极数。

在电机运行时，三相交流电源通过定子线圈产生旋转磁场，磁场的极数等于定子线圈的数量，磁场的旋转速度等于电源频率。这个旋转磁场会穿过转子导体，产生感应电动势，从而使转子产生转矩，驱动电机运转。

（2）转子。

转子是三相异步电动机的旋转部分，通常由铁心、导体和转子槽组成。转子的主要作用是在定子产生的旋转磁场的作用下，产生感应电动势，从而产生转矩，驱动电机运转。转子的铁心通常由硅钢片或磁性铁氧体制成，其形状通常为圆柱形或多边形。转子的铁心上开有若干个转子槽，用于容纳转子导体。转子导体通常由铝条或铜条制成，通过转子槽穿过转子铁心，形成若干个导体环。

在电机运行时，定子产生的旋转磁场会穿过转子导体，产生感应电动势。由于导体环中的电流会受到磁场的作用，从而产生电磁力，使转子绕定子旋转。同时，由于转子导体中的电流存在阻抗，因此转子的运动速度会略低于磁场的旋转速度，产生转差，从而产生转矩，驱动电机运转。转子的转速通常会略低于磁场的旋转速度，因此称为"异步电动机"。为了减小转子与定子之间的转速差异，通常在转子上装有"转子匀速环"或"抗扭架"等装置，以提高电机的效率和稳定性。

（3）气隙。

气隙是指电动机定子和转子之间的空隙，也称为"磁隙"。在三相异步电动机中，气隙的大小对电机的性能和效率有着重要影响。

气隙的大小一般是通过定子和转子之间的距离来控制的，距离越小，气隙越小。气隙的大小会影响电动机的磁路特性，包括磁路长度、磁路截面积、磁路磁阻等。当气隙过大时，会导致磁路磁阻增加，磁通量减小，从而降低电动机的效率和输出功率。而当气隙过小时，容易导致定子和转子之间的摩擦和热损失，同时也会增加电机的噪声和振动，运行过程中会有擦碰的风险，增加电动机的装配难度，且减小气隙会使谐波磁场增大，附加损耗增加，电机效率降低。

因此，在设计和制造电动机时，需要控制气隙的大小，以达到最佳的性能和效率。通常采用精密加工和调整气隙的方法来控制气隙大小，以保证电机的正常运行。

## 三、工作特性

在额定电压和额定频率下，电动机的转速 $n$、转矩 $T$、定子电流 $I_1$、功率因数 $\cos\varphi1$ 及效率 $\eta$ 等物理量随负载功率 $P_z$ 变化的关系曲线如 2-8 所示。图中，$P_N$ 为额定功率。

具体来说，异步电动机的工作特性如下。

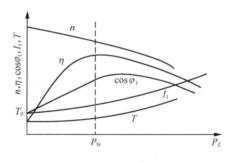

图 2-8　异步电动机工作特性曲线

（1）转差率特性。

随着负载功率的增加，转子电流增大，故转差率随输出功率的增大而增大。

（2）转矩特性。

异步电动机的输出转矩：转速的变换范围很小，从空载到满载，转速略有下降。转矩曲线为一个上翘的曲线（近似直线）。

（3）电流特性。

空载时电流很小，随着负载电流增大，电机的输入电流增大。

（4）效率特性。

铜耗随着负载的变化而变化，称可变损耗；铁耗和机械损耗近似不变，称不变损耗；当电机可变损耗等于不变损耗时，电机达到最大效率。异步电动机额定效率在 74% ～ 94% 之间；最大效率发生在 0.7 ～ 1.0 倍额定功率处。

（5）功率因数特性。

空载时，定子电流基本上用来产生主磁通，有功功率很小，功率因数也很低。随着负载电流增大，输入电流中的有功分量也增大，功率因数逐渐升高，在额定功率附近，功率因数达到最大值。如果负载继续增大，则导致转子漏电抗增大（漏电抗与频率成正比），从而引起功率因数下降。

## 2.2.2　三相异步电动机的功率和电磁转矩

### 一、功率

三相异步电动机的额定功率用 $P_N$ 表示，是指电动机在制造厂所规定的额定情况运行时，其输出端的机械功率，单位是千瓦（kW）。

（1）额定功率 $P_N$：额定运行状态下，轴上输出的机械功率，kW。

（2）额定电压 $U_N$：额定运行状态下，加在定子绕组上的线电压，V 或 kV。

（3）额定电流 $I_N$：额定电压下，电动机输出额定功率时定子绕组的线电流，A。

（4）额定转速 $n_N$：电动机在额定功率、额定电压和额定频率下的转速，r/min。

（5）额定频率 $f_N$：电动机电源电压的标准频率。我国工业电网标准频率为 50Hz。三相异步电动机轴上输出的额定功率与额定电压、额定电流的关系为 $P_N = \sqrt{3}U_N \cdot I_N \cdot \cos\theta_N \cdot \eta_N$，式中：$\cos\theta_N$ 是电动机在额定运行状态下定子侧的功率因数；$\eta_N$ 为额定运行状态下电动机的效率。

此外，绕线转子异步电动机上还标有转子额定电势和转子额定电流。前者指定子绕组加额定电压、转子绕组开路时两集电环之间的电势（线电势）；后者指定子电流为额定值时，转子绕组的线电流。

### 二、电磁转矩

电磁转矩是电动机旋转磁场各极磁通与转子电流相互作用而在转子上形成的旋转力矩，是电动机将电能转换成机械能最重要的物理量之一，也是阻尼分析与控制的理论基础。当电枢绕组中有电枢电流流过时，通电的电枢绕组在磁场中将受到电磁力，该力与电机电枢铁心半径的积称为电磁转矩。

由感应电动机的工作原理可知，感应电动机的电磁转矩可以用电磁功率除以电机的同步机械角速度求得，而电磁功率对应于转子电流在等效电路中转子等效电阻 Rr'/s 上所产生的功率。对于两相感应伺服电机，由于其经常在不对称的状态下工作，会同时产生正序磁势和负序磁势，从而产生正向旋转磁场和反向旋转磁场。正向旋转磁场会使电机工作在电动机状态，产生正向电磁转矩 $T_1$；而反向旋转磁场则会使电机工作在电磁制动状态，产生反向电磁转矩 $T_2$。因此，两相感应伺服电机的电磁转矩应为 $T_1-T_2$，而 $T_1$ 和 $T_2$ 可分别由正向旋转磁场和反向旋转磁场产生的电磁功率求得，即正向电磁转矩与反向电磁转矩之差。电磁转矩是伺服电机实现精密控制的基础，通过对电机输入的电流进行控制，可以控制电机的电磁转矩大小和方向，从而实现精确的位置、速度和力的控制。

三相异步电动机的转矩与旋转磁场的每极磁通 $\Phi$ 和转子电流 $I_2$ 的乘积成正比。此外，它也与转子电路的功率因数 $\cos\varphi2$ 有关。

## 2.2.3　伺服电机的应用

伺服电机是一种能够控制输出位置或角度的电机，通常用于需要精确控制的机器人、自动化设备、工业生产线等领域。它的控制系统通常由一个闭环反馈控制器组成，能够根据实际输出值与设定值之间的差异进行调整，使输出值稳定在设定值附近。伺服电机具有高精度、高速度、高扭矩和良好的可控性等优点。常见的伺服电机包括直流伺服电机、交流伺服电机和步进伺服电机等。

### 一、工作原理

伺服电机的使用是基于反馈控制原理，它通过控制器对电机进行精确控制，使其能够输出精确的位置或角度。伺服电机的控制系统通常由电机、传感器和控制器3 个部分组成。

- 电机：伺服电机通常是直流电机、交流电机或步进电机，其转速和方向可以通过电子控制器进行精确控制。
- 传感器：伺服电机通常需要一个位置或角度传感器来反馈输出值，以便控制器进行调整。传感器的类型有很多种，包括编码器、霍尔传感器、光电传感器等。
- 控制器：伺服电机的控制器是一个闭环反馈控制系统，它能够比较实际输出值与设定值之间的差异，并通过控制电机的转速、方向和扭矩来调整输出值，以达到精确控制的目的。控制器通常由微处理器、数字信号处理器和运算放大器等电子元件组成。

伺服电机的工作流程：首先控制器将设定值发送给电机；电机开始转动，同时传感器通过检测电机的位置或角度，将实际输出值反馈给控制器；控制器比较实际输出值与设定值之间的差异，并根据差异调整电机的转速、方向和扭矩，使输出值稳定在设定值附近。若实际输出值与设定值之间的差异超出了一定范围，控制器将发出警报或停止电机运转。伺服电机通过这样的控制方式，能够输出精确的位置或角度，因此适用于需要高精度、高速度和高扭矩控制的应用场景。

### 二、工作特点

这里以被广泛应用的直流无刷伺服电机为例介绍伺服电机的工作特点。直流无刷伺服电机的工作特点如下。

- 高效率：直流无刷伺服电机采用了无刷电机技术，与传统的有刷电机相比，具有更高的效率和更长的寿命。
- 高精度：直流无刷伺服电机具有较高的精度和控制性能，能够实现精确的位置和角度的控制。
- 高速度：直流无刷伺服电机具有较高的转速和响应速度，能够快速响应控制信号，适用于高速控制和快速反应的应用场景。
- 高扭矩：直流无刷伺服电机具有较大的扭矩输出，适用于需要高扭矩的应用场景。
- 低噪声：直流无刷伺服电机具有较低的噪声水平，可使工作环境安静。
- 可编程控制：直流无刷伺服电机可以通过编程来实现不同的控制模式和控制算法，能够适应不同的应用场景和控制要求。
- 轻量化：直流无刷伺服电机具有较小的体积和重量，适用于轻量化和小型化设备的应用场景。

总体来说，直流无刷伺服电机具有高效率、高精度、高速度、高扭矩、低噪声、可编程控制和轻量化等特点，因此已经被广泛应用于机器人、自动化设备、医疗设备、精密加工设备等领域。

### 三、应用设备

伺服电机的应用设备如下。

- 机械加工行业中的数控冲床、折弯机、剪板机等设备。
- 印刷加工行业中的胶印机、激光照排系统、喷绘机、折页机等设备。
- 医疗行业中的监护仪、B超机、CT控制箱、X光机、切片机、血液透析机、温控仪等设备。
- 食品加工行业中的杀菌机、贴标机、制罐机、流量定量控制仪、封口机、包装机、咖啡机等设备。

## 2.2.4 直线电动机的工作原理与特性

直线电动机是一种将电能直接转换成直线运动机械能的电力传动装置。与传统的旋转式电动机不同，直线电动机中转子的运动轨迹是直线，因此可以省去中间传动机构，加快系统反应速度，提高系统精确度。直线电动机被广泛应用于自动化生产线、物流输送系统、机床等领域。

直线电动机的结构主要包括定子、动子和直线运动的支撑轮3个部分。定子铁心由硅钢片叠成，表面开有齿槽，槽中嵌有三相、两相或单相绕组。动子铁心也由硅钢片叠成，表面开有齿槽，槽中嵌有导体。为了保证在行程范围内定子和动子之间具有良好的电磁场耦合，定子和动子的铁心长度不等。定子可制成短定子和长定子两种形式，由于长定子结构成本高、运行费用高，所以很少采用。

下面以直线电动机中的直线异步电动机为例来介绍其工作原理与工作特性。

### 一、工作原理

直线异步电动机是一种常见的电动机类型，它的工作原理主要是通过电磁感应来实现的，其基本构造包括定子和转子两部分。定子是一个由铁芯和线圈组成的结构，线圈是由绕在铁芯上的导线组成的。当通电时，定子中的线圈会产生磁场，这个磁场会与转子中的磁场相互作用，从而产生转矩，使转子开始旋转。转子是一个由铁芯和导体组成的结构，导体是由铝、铜等材料制成的。当定子中的线圈通电时，会在定子中产生磁场，这个磁场会在转子中诱导出电流，从而产生转子中的磁场。由于转子中的磁场与定子中的磁场相互作用，所以转子开始旋转。直线异步电动机的旋转速度取决于电源频率和电动机的极数。当电源频率和电动机的极数确定时，电动机的转速就可以通过改变负载来调节。

### 二、工作特性

直线异步电动机可以理解为一台旋转电动机沿其径向剖开，然后拉平演变而成。直线异步电动机结构紧凑，其转子做直线运动，可以省去中间传动机构，提高系统精确度，反应速度快，直接将电能转换成直线运动机械能。总体来说，直线异步电动机具有以下几个特点。

- 直线运动：直线异步电动机中的转子轨迹是直线，适用于需要进行直线运动的设备，如输送机、升降机、搬运机等。
- 转矩大：直线异步电动机的转矩与电流成正比，因此具有较大的转矩。
- 运行平稳：直线异步电动机的行波磁场平稳，因此运行平稳，噪声低。
- 速度可调：直线异步电动机的速度可以通过改变电源频率和电动机的极数来进行调节。
- 运行可靠：直线异步电动机的结构简单，运行可靠，维护方便。
- 适用范围广：直线异步电动机适用于各种需要进行直线运动的设备，如输送机、升降机、搬运机等。但直线异步电动机的效率较低，通常在70%左右，因此在选型时需要根据具体的应用场合和需求来进行选择。

## 2.2.5 精密滚筒系统

滚筒的外部形状和圆柱类似，多是由合金钢、铸钢件加工而成，硬度比较大。滚筒可以分为驱动辊和从动辊，也是精密滚筒系统的核心部分。目前，滚筒在机械自动化、电气自动化等领域应用非常广泛，具体包括印花机输送设备、包装机的传输设备等。

精密滚筒的特点是输送平稳、噪声低、维护方便、使用寿命长、能够输送单件重量很大的物料，并且可承受较大冲击载荷。它能够有效地提高快递分拣效率，降低人工成本，减少物品损坏率。在快递智能分拣系统中，精密滚筒应用广泛，如在快件分拣线、生产线、物流仓储等领域都有应用。精密滚筒的选型应根据物料的性质和输送要求进行选择，以确保物料能够顺利地到达目的地。标准规格的滚筒线内宽度有 200mm、300mm、400mm、500mm、1200mm 等。转弯滚筒线标准转弯内半径有600mm、900mm、1200mm 等。水平输送线所用的滚筒直径有 38mm、50mm、60mm、76mm、89mm 等。精密滚筒也可根据实际需求进行定制设计。

下面是传统皮带运输减速电机与中科微至电动滚筒系统的对比情况。

减速电机如图 2-9 所示，电动滚筒及其内部结构图如图 2-10 所示。

图 2-9　减速电机

图 2-10　电动滚筒及其内部结构图

假如皮带运输所需功率为 4kW，传统皮带减速电机通常由驱动电机（额定转速 1485r/min，电压 380V，频率 50Hz）、联轴器、减速机和驱动链组成。驱动电机额定效率为 85.5%，联轴器效率为 99%，减速机效率为 87%，驱动链效率为 75%，总效率 $\eta_c$=85.5%×99%×87%×75%≈55.2%，故驱动电机所需输入功率 $P_{1C}$=$P_{2C}$/$\eta_c$=4kW/55.2%≈7.246kW。

中科微至电动滚筒系统输出功率为 4kW，电动滚筒通常由高效驱动电动机和行星减速机组成。其中，驱动电动机效率为 87%，行星减速机效率为 92%，总效率 $\eta_M$=87%×92%≈80%，故驱动电机所需输入功率 $P_{1M}$=$P_{2M}$/$\eta_c$=4kW/80%=5kW。

假设传统皮带运输减速电机和中科微至电动滚筒系统都是每天工作 8h，每天两个班次，每周工作 5 天（每年 52 周），则一年的工作时间 t=8×2×5×52=4160h。假设每 kW·h 的电费是 1.0 元，则传统皮带运输减速电机一年所用电量 $E_C$=$P_{1C}$×t=7.246kW×4160h=30143.36kW·h，所用电费 $C_C$=1.0 元／（kW·h）×30143.36kW·h=30143.36元。中科微至电动滚筒一年所用电量 $E_M$=$P_{1M}$×t=5kW×4160h=20800kW·h，所用电

费 $C_M$=1.0元/（kW·h）×20800kW·h=20800元，故使用中科微至电动滚筒比使用传统皮带运输减速电机节省电费30143.36元 – 20800元 =9343.36元。

除此之外，与传统皮带运输减速电机相比，中科微至电动滚筒系统还具有以下优点。

- 低能耗。中科微至电动滚筒是直接将驱动力从内部传至滚筒表面，从而带动皮带运输，大幅度缩短了传导过程，使整体传动效率提高。极简的驱动单元也为现场节约了空间成本。
- 应用环境宽泛。中科微至电动滚筒采用 IP67 的高密封等级设计，确保滚筒能在恶劣的条件下（如有水、沙、化学物质等时）使用。
- 安装便捷。与传统电机减速机驱动相比，中科微至电动滚筒只需进行滚筒本体的安装，省去了联轴器、驱动链的固定，极大节省了安装时间。
- 操作安全。中科微至电动滚筒的所有高速旋转零部件均内置于筒体内部，筒体被皮带包覆置于皮带机内部，无安全隐患。

## 2.3 PLC 技术

本节内容主要包括 PLC 的原理、分类、特点及应用，PLC 的基本结构、工作原理与编程语言，松下 FP1 系列中 PLC 的应用和编程软件等知识。

### 2.3.1 PLC 的原理、分类、特点及应用

#### 一、PLC 的原理

PLC 的设计初衷是用于工业以及自动化制造业环境中，其本质上是一种数字运算操作系统，并配备有触摸屏等设备，型号众多，实物图如图 2-11 所示。

图 2-11　PLC 实物图

PLC 采用可编程存储器对指令进行操作，内部的算法主要是运算类、控制类以及计时模块，指令是对外部的输入数字和模拟信号进行操作，并且通过输出端输出的

数字和模拟信号对外部机械和设备进行控制，以达到控制整个生产流程的目的。

国内外厂家对 PLC 的型号设计及其配套设备的生产都是按照易集成和组态的原则进行的。

## 二、分类

由于国内外生产 PLC 的厂家众多，其规格和性能也各不相同，因此分类的方式也有很多种，比如按照结构形式进行分类、按照功能进行分类，以及按照输入 / 输出点位数量进行分类。本书着重介绍按照输入 / 输出点位数量进行分类。按照输入 / 输出点位数量，PLC 可分为以下 3 种。

（1）小型 PLC。

小型 PLC 具有最基本的功能和操作，包含了逻辑模块、计时模块以及监控和自诊断模块。该类型 PLC 由于输入 / 输出点位数量相对较少，因此内部的数据计算和存储主要依赖外部逻辑控制和顺序控制。

（2）中型 PLC。

中型 PLC 不仅涵盖了小型 PLC 的功能，还使用了更为高级的处理器，其存储功能也更为强大。这种类型的 PLC 既可以存储更多的程序和数据，也能够提高系统的运行速度，同时运行结果的精度也被提高。

（3）大型 PLC。

大型 PLC 额外加入了通信组网的功能，可以通过分布式网络控制网络，进而实现生产自动化，其内部计算模块中还加入了位逻辑运算、平方根运算等特殊功能，以及制表和表格传输功能。

## 三、特点及应用

PLC 的核心部件是微处理器。微处理器决定了 PLC 的高可靠性、丰富的输入 / 输出接口模块、模块化结构、安装维护简单和编程灵活这五大特点。

PLC 的应用较为广泛，不同的控制模块可以实现不同领域的应用。

（1）开关量逻辑控制。

PLC 可以利用开关量进行逻辑上的控制。对于复杂的逻辑控制体系，PLC 可以将开关量进行组合使用，以便达到复杂控制的目的。开关量的使用代替了继电器的使用，可以对单机设备进行控制，也可以对流水线进行联控。

（2）模拟量控制。

模拟量的使用就是利用数模转换模块，对传感器的模拟量进行数字化转化，然后使用处理器对数字量进行计算和输出控制，也可以在处理完后再次利用数模转换模块输出模拟量，实现控制。

（3）过程控制。

过程控制主要是利用 PLC 中的 PID，即 Proportion（比例）、Integral（积分）、Differential（微分）控制模块，来达到闭环控制的目的。利用 PID 控制模块可以对积累的误差进行消除,使变量值保持在一定的范围内。PLC 中存储了专门的 PID 控制模块,用户使用时可以直接对控制模块进行调用。

(4)定时和计数。

定时和计数控制程序都已集成在 PLC 的存储单元中,用户只需要对其进行调用,然后设置参数就能够对其进行设置。用户如果需要较高频率的计数动作,则可以调用高速计数程序模块。

(5)通信和联网。

目前的 PLC 模块通过与通信模块的配合,已经能够利用以太网进行远程通信,主要接口有 RS-232、RS-485 接口,以及 EtherCat 工业总线接口,利用接口可以对 PLC 进行联网群控,多个模块之间还可以进行数据交换和程序交换。通信接口主要是根据 PLC 专门的通信协议进行连接的。

## 2.3.2 PLC 的基本结构、工作原理与编程语言

### 一、PLC 的基本结构

作为一款工业控制处理器,PLC 的内部硬件结构与普通计算机的较为相似。

(1)PLC 的硬件组成。

PLC 的结构框图如图 2-12 所示。

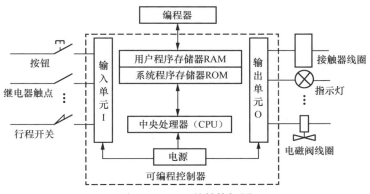

图 2-12 PLC 的结构框图

由图可知,PLC 主要是由 CPU、输入 / 输出单元、用户程序存储器 RAM 和系统程序存储器 ROM 组成,并由电源单元对每个单元供电。PLC 壳体对这些单元进行封装,成为 PLC 模块,简称模块。各模块统一安装在机架上,并且使用线缆进行连通。实际情况中,控制对象需要配备一定的外部设备,构成不同的 PLC 控制系统,外部设备包括打印机和编程器等。

(2)PLC 的软件组成。

PLC 的软件部分主要是由机内自带的系统程序和用户编写的程序组成的。机内

自带的系统程序用户无法接触与更改。系统程序包含诊断程序、输入处理程序、编译程序、信息传送程序及监控程序等，可以通过联网对其进行固件升级。用户编写的程序就是程序员根据控制需要，利用 PLC 编程语言编写的用户程序。

　　PLC 编程语言的主要使用者是电气技术员和自动化技术员，这就决定了其要比计算机编程语言相对易懂且更加形象，所以 PLC 编程语言多数采用图形指令结构，以适应电气技术员和自动化技术员的使用习惯和掌握能力。

## 二、工作原理

　　PLC 扫描的工作方式主要分为 3 个阶段，分别是输入采样阶段、用户程序执行阶段和输出刷新阶段，如图 2-13 所示。

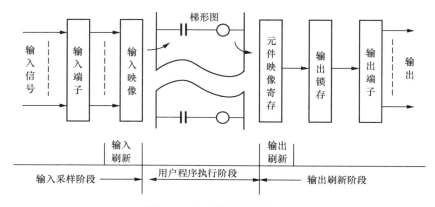

图 2-13　PLC 扫描的工作方式

　　（1）输入采样阶段。

　　在输入采样阶段，PLC 将扫描输入的数据和状态，并将其转存至相应的存储单元中。采样完成后，PLC 开始执行存储单元中的用户程序及刷新输出数据和状态。在执行程序和刷新输出的过程中，无论输入的数据和状态如何改变，相应的存储单元内的数据都不会改变。因此，需要持续输入一个扫描周期，以确保所有输入都不会被遗漏。

　　（2）用户程序执行阶段。

　　PLC 在执行用户程序时，按照由上至下、由左至右的顺序进行执行。当扫描每条梯形图程序时，会从左侧的触点开始进行逻辑计算，并将计算结果用于更新相应的存储单元内的数据。在执行过程中，排在前面的梯形图程序会对排在后面的程序产生作用，而排在后面的程序只能在下一个扫描周期才会对前面的程序产生作用。

　　（3）输出刷新阶段。

　　输出刷新阶段是根据存储单元内的数据和电路状态对所有的输出端口进行更新，并通过这些输出端口驱动外部设备。但是 PLC 在工作过程中具有输入 / 输出滞后的现象，主要体现在以下几个方面。

- 扫描周期越长，输出信号相对于输入信号的滞后就越长。
- 对于不同的程序设计和扫描方式，输出信号相对于输出信号的滞后时间也不一样。
- 第 $n$ 次最终结果的输出 $Y_n$ 依据的是第 $n$ 次的扫描值 $X_n$、上一次结果的输出 $Y_{n-1}$ 以及本次已有的部分输出 $Y_{n(部分)}$。这 3 部分数据都会对最终的输出数据造成影响。
- 扫描周期时长一般为毫秒级别，周期内不仅包含了输入采样阶段、用户程序执行阶段和输出刷新阶段，还包含了系统管理操作所占用的时间。

## 三、编程语言

目前 PLC 支持的编程语言有梯形图（LadderLogic Programming Language，LAD）、指令表（Instruction List，IL）、功能区块图（Function Block Diagram，FBD）、顺序功能流程图（Sequential Function Chart，SFC）以及结构化文本（Structured Text，ST）。

（1）梯形图。

梯形图是 PLC 编程时较为常用的语言，主要是因为电气技术员和自动化技术员对该语言较为熟悉，掌握起来较为轻松，其特点是较为直观形象，编程时较为灵活。梯形图如图 2-14 所示。

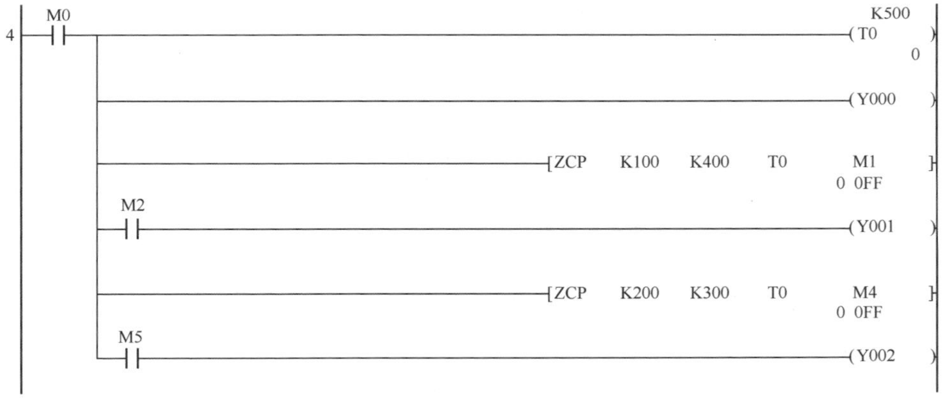

图 2-14　梯形图

（2）指令表。

指令表是与汇编语言类似的一种助记符编程语言，和汇编语言一样由操作码和操作数组成，其特点是方便记忆，便于掌握，并且可以与梯形图相互转化。指令表如图 2-15 所示。

（3）功能区块图。

功能区块图是与数字逻辑电路类似的一种 PLC 编程语言，有数字电路基础的人比较容易掌握。该语言的特点是模块化，易于操作和控制，节约调试时间。功能区块图如图 2-16 所示。

```
0    LD    M5
1    ANI   Y024
2    LD    C4
3    AND   X004
4    ORB
5    ORI   X006
6    LDI   Y001
7    OPR   C0
9    ANB
10   OR    M33
11   OUT   Y007
12   AND   X002
13   OUT   T20    K15
16   AND   X005
17   OUT   M13
18   END
```

图 2-15　指令表

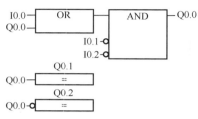

图 2-16　功能区块图

（4）顺序功能流程图。

顺序功能流程图是为了满足顺序逻辑控制而设计的一种编程语言。由于其具有图形表达方式，能较简单和清楚地描述并发系统和复杂系统的所有现象，在模型的基础上能直接编程，所以得到了广泛的应用。该语言的特点是条理清晰，易于理解，可单独分工编程，节约时间。顺序功能流程图如图 2-17 所示。

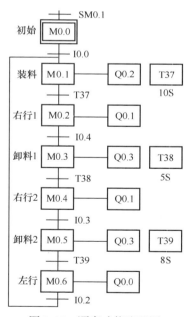

图 2-17　顺序功能流程图

（5）结构化文本。

结构化文本类似于高级语言，是用结构化的描述文本来描述程序的一种编程语言，其特点是可完成复杂的控制运算，对人员要求较高。在大中型 PLC 系统中，常采用结构化文本来描述控制系统中各个变量的关系，以完成所需的功能或操作。结构化文本如图 2-18 所示。

```
F：=256；
IF EN THEN
        A：=开始符+站号+参数值+操作子+设定频率+C+D+E+G+H；
        END_IF；
        IF A>F THEN
          K：=A/F；
          I：K*F；
          J：=A-I；
          结果：=J；
        ELSE
          结果：=A；
        END_IF；
```

图 2-18　结构化文本

在设计 PLC 控制系统时，不同型号的 PLC 对应的编程软件可能会支持不同的编程语言，所以除了了解 PLC 的硬件性能，还需要了解 PLC 支持的编程语言种类。

## 2.3.3　松下 FP1 系列中 PLC 的应用

FP1，由松下电工公司生产，为小型 PLC 产品，其规格包含 C14、C16、C24、C40、C56 及 C72 等多种型号。虽为小型化设备，但其性能优越且具有高性价比，因此对于中小企业而言，其适用性尤其显著。FP1 如图 2-19 所示。

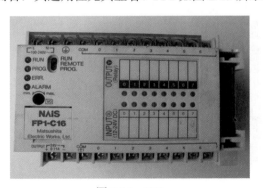

图 2-19　FP1

FP1 的硬件配置除主机外，还可添加 I/O 扩展模块、模 / 数转换（A/D 转换）模块、数 / 模转换（D/A 转换）模块等智能功能模块。FP1 最多可配置数百个 I/O 点位，机内有高速计数器，能够接收频率高达 10kHz 的脉冲，并可同时接收两路脉冲，还可输出频率可调的脉冲信号（晶体管输出型）。FP1 具有 8 个中断源的中断优先权管理，允许输入的最小脉冲宽度为 0.5ms。FP1 的可调输入延时滤波功能可以使输入响应时间随外围设备的情况而调节，调节范围为 1 ～ 128ms；手动拨盘式寄存器功能使得用户可通过调节面板上的电位器，改变特殊寄存器 DT9040 ～ DT9043 中的数值（范围在 0 ～ 255 之间），从而实现从外部进行输入设定。此外，FP1 还具有强制置位功能、强制复位控制功能、口令保护功能、固定扫描时间设定功能、时钟 / 日历控制功能等。FP1 配有 RS—232 和 RS—422 接口，可实现 PLC 与计算机的通信，使用户可以直接在计算机上用多种编程语言进行程序的编写和调试。

FP1 有 190 多条功能指令，除基本逻辑运算外，还可进行四则运算。FP1 还有 8 位、16 位、32 位数字处理功能，并能进行多种码制变换。此外，FP1 也具备中断、子程序调用、凸轮控制、高速计数、字符打印及步进指令等特殊功能指令。

FP1 监控功能很强，可实现梯形图监控、列表继电器监控、动态时序图监控（可同时监控 16 个 I/O 点的时序），具有几十条监控命令和多种监控方式。另外，还有链接单元，如用于远程信息交换的 I/O LINK 单元，以及用于 PLC 与计算机间通信的 C—NET 适配器单元。

### 2.3.4　编程软件

Control FPWIN GR7 是一款以优化程序员工作环境、减少开发负担为设计初衷的编程软件，其主界面如图 2-20 所示。Control FPWIN GR7 编程软件主界面有项目列表、程序功能块、I/O 注释、任务栏、输出窗口、功能栏以及设备监控。用户在主界面上可直接切换注释，实现更佳的工作体验，并提升工作效率。

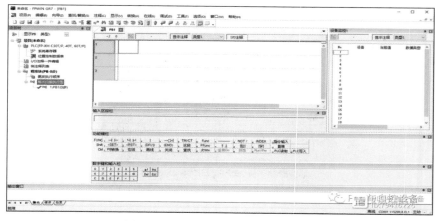

图 2-20　Control FPWIN GR7 主界面

## 2.4　嵌入式系统

本节内容主要包括嵌入式系统的架构、嵌入式系统的特点与分类和嵌入式系统的应用与选型。

## 2.4.1 嵌入式系统的架构

嵌入式系统一般由硬件层、中间层和软件层组成，如图 2-21 所示。硬件层作为嵌入式系统的物理实现，是其最基本的组成部分，它直接决定了系统的性能和功能；中间层为软件层提供与硬件交互的接口以及操作和控制硬件的方法；软件层控制整个系统的运行。

图 2-21 嵌入式系统的架构

### 一、嵌入式系统的硬件层

嵌入式系统的硬件层通常可分为 3 个部分：处理器、外部设备（后文简称为外设）和接口电路。其中，嵌入式系统的处理器通常是微控制器（MCU）或嵌入式处理器（Embedded Processor），其包含了 CPU、存储器、I/O 接口和定时器等功能模块。常见的处理器有 ARM、MIPS、PowerPC 等；外部设备指嵌入式系统与真实环境交互的各种设备，包括通用串行总线（Universal Serial Bus，USB）、存储设备、鼠标、键盘、液晶显示器、红外线数据传输和打印设备等；接口电路包括嵌入式系统的内存、I/O 接口、复位电路、模数转换器（ADC）、数模转换器（DAC）和电源等，与核心处理器一起构成一个完整的嵌入式目标系统。其中，SDRAM（Synchronous Dynamic Random Access Memory）为同步动态随机访问存储器，ROM（Read-Only Memory）为只读存储器。硬件层的嵌入式处理器是系统的核心，根据其特性和应用需求可以分为嵌入式微处理器和嵌入式微控制器。

（1）嵌入式微处理器。

嵌入式微处理器是专为嵌入式系统设计的一种微处理器。与通用计算机的微处理器不同，它通常具有更小的尺寸和较低的功耗，能够满足嵌入式系统对小型化、低功耗和低成本的要求。嵌入式微处理器常常集成在单片机中，包括处理器、存储器、外设和接口电路等，形成了一个完整的系统。它们可以通过编程实现特定的功能，因此被广泛应用于各种设备中，如家电、车载电子设备、智能穿戴设备等。同时，随着科技的不断进步，嵌入式微处理器的处理能力和功能不断提升，逐渐成为各种智能化产品的核心组成部分。

（2）嵌入式微控制器。

嵌入式微控制器是一种集成了微处理器核心、存储器、I/O 接口、定时器 / 计数器等多种外设功能的芯片，因此被广泛应用于嵌入式系统中。与嵌入式微处理器相比，嵌入式微控制器集成了更多的外设功能，如 ADC、串行通信接口、并行通信接口、PWM（Pulse Width Modulation，脉冲宽度调制）模块、看门狗定时器等，可以更方便地完成控制、计算和通信等任务。同时，嵌入式微控制器还具有功耗低、体积小、价格低等优势，使其在嵌入式系统中得到了广泛应用。目前，市场上的嵌入式微控制器芯片品种和数量繁多，比较有代表性的通用系列包括 STM32F103、STM32F207、P51XA、MCS-251、MCS-96/196/296、C166/167、MC68HC05/11/12/16 等。

## 二、嵌入式系统的中间层

嵌入式系统的中间层主要包含 3 个部分：驱动程序、操作系统、通信协议栈。驱动程序负责与硬件进行交互，将软件层的指令转化为硬件层的操作，进而实现对外设的读写控制、中断处理等功能。驱动程序一般是由芯片厂商提供的，也可以由系统设计者根据需要进行开发。操作系统是中间层的核心组成部分，它负责管理系统资源、协调各个任务的运行，并提供丰富的应用程序接口等。通信协议栈是一组用于处理通信协议的软件，涵盖了数据链路层、网络层、传输层等。通信协议栈一般与操作系统配合使用，以实现网络连接、数据传输等功能。在嵌入式系统中，常见的通信协议栈包括 TCP/IP 协议栈、CAN 协议栈、Modbus 协议栈、Bluetooth 协议栈等。

## 三、嵌入式系统的软件层

嵌入式系统的软件层是指在嵌入式系统中运行的软件，可以分为操作系统和应用程序两大部分。操作系统是嵌入式系统软件层的核心，负责管理系统资源、调度各种任务、处理各类中断等。常见的嵌入式操作系统包括实时操作系统（RTOS）、嵌入式 Linux、Windows Embedded 等。应用程序是指运行在操作系统之上的软件，它们根据系统需求实现相应的功能。这些功能可以涵盖数据采集、控制、通信、图像处理等多个方面。在开发应用程序时，开发者需要根据具体需求选择合适的开发语言和工具。值得注意的是，嵌入式系统的软件层不仅要具备稳定性和可靠性，还需要具备高效性和实时性。因此，在嵌入式系统的软件开发过程中，需要注意代码的优化和精简，以及对系统资源的合理利用。

嵌入式操作系统是专为嵌入式系统设计的一种操作系统，它通常运行在资源有限的嵌入式设备上，如智能手机、数字相机、家用电器等。嵌入式操作系统的主要功能包括任务管理、内存管理、设备驱动、文件系统管理和网络支持等。与桌面操作系统相比，嵌入式操作系统更加轻量级和定制化，能够更好地适应嵌入式设备的资源限制和特定需求。目前，在嵌入式领域被广泛使用的操作系统有以下几种。

（1）嵌入式片上系统。

嵌入式片上系统（System on Chip，SoC）是将整个计算机系统集成在一个芯片上，包括处理器、存储器、I/O 接口、时钟等硬件和操作系统、应用程序等软件，可以用来实现各种嵌入式系统的功能。SoC 芯片的设计需要考虑如何将所有的系统组件和功能集成在一个芯片上，以提高系统性能并降低成本。因此，SoC 芯片的设计需要涉及硬件设计、电路设计、封装设计、测试与验证等多个方面。常见的 SoC 芯片设计工具包括 Verilog、VHDL、Cadence 等。

SoC 芯片的应用十分广泛，涵盖了移动设备、智能家居、汽车电子、医疗设备、工业自动化等领域。随着物联网和人工智能等技术的发展，SoC 芯片的应用前景也将更加广阔。

（2）嵌入式 Linux 操作系统。

嵌入式 Linux 操作系统是一种基于 Linux 内核的轻量级嵌入式操作系统，它是 Linux 操作系统在嵌入式领域的延伸。相比于传统的嵌入式操作系统，嵌入式 Linux 操作系统具有开源、稳定及可定制性强等优点。嵌入式 Linux 操作系统的内核相对于桌面版 Linux 内核会更紧凑，因为它只包含嵌入式设备所需的最小功能集合，如 I/O 管理、网络协议及文件系统等；而且，嵌入式 Linux 操作系统支持多种处理器架构和硬件平台，可以适应不同的嵌入式设备。另外，嵌入式 Linux 操作系统可以使用常规的 Linux 开发工具进行开发和调试，同时具有完整的用户空间功能和可扩展性。这使得开发人员可以利用丰富的开发资源和社区支持，快速构建和部署嵌入式系统。

（3）Android 操作系统。

Android 操作系统是由谷歌公司开发的一款基于 Linux 内核的开源操作系统，主要应用于移动设备、智能电视、智能手表、汽车娱乐系统等嵌入式设备中。Android 操作系统具有开源、免费、高度定制化、生态系统良好等特点，因此得到了广泛的应用和发展。

Android 操作系统采用了类 Unix 系统的架构，主要使用 Java 语言进行应用的开发。它提供了众多的 API（Application Programming Interface，应用程序接口）和 SDK（Software Development Kit，软件开发工具包），使得开发人员可以快速地开发出高质量的应用程序。同时，Android 操作系统还支持多任务处理、多点触控、语音识别、手势识别、人脸识别、指纹识别等多种高级功能。

Android 操作系统的发展也与谷歌的生态系统密不可分，包括 Google Play、

Google Maps、Google Now、Google Drive 等一系列应用和服务。这些使得 Android 系统具有更加强大的功能和更好的用户体验。

目前，Android 操作系统已经成为全球智能手机市场的主流操作系统之一，也在越来越多的嵌入式设备中得到了应用。

（4）Windows CE 操作系统。

Windows CE（Embedded Compact）是微软公司开发的一种嵌入式操作系统，被广泛应用于移动设备、嵌入式系统和工业自动化等领域。它的设计目标是为低功耗、小型设备提供强大的功能支持，包括多任务处理、图形界面、网络连接和安全性等。Windows CE 具有模块化设计的特点，用户可以根据自己的需要自由选择和组合模块，从而拥有定制化的操作系统。同时，它还提供了丰富的 API 和开发工具，方便开发者进行应用程序的开发和调试。Windows CE 可以运行在多种处理器架构上，如 ARM、MIPS、x86 等，具有很好的可移植性和兼容性。由于其广泛的应用和微软强大的支持，Windows CE 已经成为了嵌入式操作系统领域的一种重要选择。

（5）VxWorks 操作系统。

VxWorks 是美国 Wind River（风河系统）公司所研发的一种实时操作系统，具有高性能、高可靠性、高安全性和可扩展性等优点，被广泛应用于航空航天、国防军工、医疗设备、工业控制等领域。VxWorks 采用微内核结构，将系统的大部分服务都实现为可选的动态链接库，提供了丰富的 API 和驱动支持，方便用户进行应用开发和系统定制。VxWorks 支持多任务、多线程、优先级调度、中断处理等多种实时特性，能够满足严格的实时性要求。此外，VxWorks 还支持系统的热插拔和动态更新，具有良好的可移植性和可扩展性，能够适应不同硬件平台和应用场景的需求。VxWorks 具有强大的网络和通信功能，支持 TCP/IP 协议栈、串口、CAN 总线、USB 等多种通信接口和协议，能够实现网络连接、远程控制和数据传输等功能。同时，它还支持多种文件系统和数据库，方便用户进行数据存储和管理。

国产的嵌入式操作系统包括都江堰操作系统（DJYOS）、AliOS Things、RT-Thread、SylixOS。

（1）都江堰操作系统。

都江堰操作系统是一款由中国自主研发的嵌入式操作系统，旨在为中国的嵌入式产业提供一种高效且稳定的操作系统解决方案。DJYOS 支持多种处理器架构，包括 ARM、MIPS、PowerPC 等，其特点是高度可裁剪、高效稳定、实时性好、易于移植，并且具有友好的开发环境和完善的应用程序库等。DJYOS 的开源代码被托管在 GitHub 上，方便开发者进行下载和使用，同时也接受社区贡献代码。DJYOS 在智能家居、智能交通、智能制造等领域都有广泛的应用，有望成为中国嵌入式操作系统领域的重要代表之一。

（2）AliOS Things。

AliOS Things 是由阿里云提供的一款基于物联网的嵌入式操作系统。它采用轻量级内核，支持多种主流芯片平台和传输协议，具有较高的实时性和稳定性，适用于各种物联网设备。AliOS Things 操作系统提供了丰富的 API，以及一套完整的开发工具链，包括开发环境和调试工具等，支持 C/C++ 等多种编程语言。此外，它还提供了一系列的开发板和模块，方便开发者进行快速的开发和验证。AliOS Things 的应用范围非常广泛，涵盖了智能家居、智能穿戴、智能工业、智能农业、智能医疗等多个领域。随着物联网技术的不断发展，AliOS Things 的推广前景也将非常广阔。

（3）RT-Thread。

RT-Thread 是一款轻量级、开源的实时操作系统，具有低内存占用、高效能和可裁剪性强等特点，在嵌入式系统中被广泛应用。RT-Thread 支持多种处理器架构，包括 ARM、MIPS、x86 等，并提供了丰富的组件和驱动程序，使其可以轻松适应各种应用场景。RT-Thread 的核心采用了非常简洁的代码结构，最小内核仅需 2KB 的 ROM 和 1KB 的 RAM。同时，RT-Thread 还提供了一个强大的软件包管理系统，用户可以通过该系统方便地安装和升级所需的软件包，从而扩展系统的功能。除了基本的操作系统功能，RT-Thread 还提供了许多实用的组件和驱动程序，如 TCP/IP 协议栈、文件系统、图形界面等。此外，RT-Thread 还支持多线程、进程、信号量、消息队列等高级特性，使得应用程序能够更加高效地运行。总之，RT-Thread 是一款非常适合嵌入式系统的操作系统，它的高效、灵活、易于定制等优点，可以帮助嵌入式开发人员快速开发出高质量的嵌入式应用。

（4）SylixOS。

SylixOS 是一款基于嵌入式实时操作系统的类 Unix 系统，它的特点是高度可裁剪、高度可移植和高度安全。SylixOS 支持多种处理器架构，包括 ARM、MIPS、PowerPC、x86 等，并且兼容多种开发环境，如 Eclipse、VS 等。SylixOS 采用了分层结构设计，底层是一个高度可裁剪的内核，中间层是一个完整的 POSIX 接口，顶层则是一组丰富的应用程序和库。SylixOS 的内核支持实时任务调度、中断处理、多任务、多线程、动态内存管理等嵌入式系统必备的功能，同时还支持多种网络协议，如 TCP/IP、FTP、HTTP 等。

## 2.4.2 嵌入式系统的特点与分类

### 一、嵌入式系统的特点

嵌入式系统是一种特殊的计算机系统，通常由处理器、存储器、I/O 接口、软件和各种传感器等组成，被嵌入某个具体的设备中，以实现该设备特定的功能。随着物联网和人工智能技术的发展，嵌入式系统的应用范围和市场前景越来越广阔。嵌入式系统的特点如下。

（1）实时性：嵌入式系统通常需要对外部事件做出实时响应，因此需要具有高度的实时性。

（2）稳定性：嵌入式系统需要长时间稳定运行，因此对于异常的处理能力和可靠性有着极高的要求。

（3）节能性：嵌入式系统通常运行在电池供电的环境中，因此需要尽量减少功耗。

（4）硬件依赖性：嵌入式系统的软件开发需要考虑具体的硬件平台，因为嵌入式系统往往是针对特定硬件平台设计的。

（5）小型化：嵌入式系统需要尽量减小体积和重量，以适应特定的应用场景。

（6）低成本：嵌入式系统通常需要大量生产，因此需要控制生产成本。

（7）实时操作系统：大多数嵌入式系统都需要使用实时操作系统，以保证实时性。

（8）特定应用领域：嵌入式系统通常针对特定的应用领域，如工业自动化、医疗器械、智能家居、汽车电子等，因此需要具备相应的特定功能。

**二、嵌入式系统的分类**

嵌入式系统可以按照不同的分类方式进行分类，以下是几种常见的分类方式。

（1）按照系统规模分为小型嵌入式系统、中型嵌入式系统和大型嵌入式系统。

（2）按照应用领域分为工业控制嵌入式系统、消费电子嵌入式系统、医疗设备嵌入式系统、智能家居嵌入式系统、汽车嵌入式系统等。

（3）按照处理器类型分为 ARM 架构嵌入式系统、MIPS 架构嵌入式系统、x86架构嵌入式系统等。

（4）按照操作系统类型分为裸机系统、实时操作系统、嵌入式 Linux 系统、Windows 嵌入式系统等。

（5）按照通信方式分为有线嵌入式系统和无线嵌入式系统。

这些分类方式并不是相互独立的，而是可以相互交叉的。例如，一个基于 ARM处理器的智能家居嵌入式系统，可能使用的是实时操作系统，并且支持无线通信。

## 2.4.3　嵌入式系统的应用与选型

**一、嵌入式系统的应用**

嵌入式系统的应用是指将嵌入式系统应用于各个领域，实现自动化控制、数据采集与处理、通信与网络传输等功能。这些应用广泛渗透到消费电子、工业控制、智能交通、医疗设备、安防监控、军事装备等领域。下面将从物流信息技术、家庭信息化网络、移动计算设备、工业控制、仿真、医疗仪器等方面来介绍嵌入式系统在其中的应用。

（1）物流信息技术。

嵌入式系统在物流信息技术中的应用非常广泛。物流信息技术的目标是提高物流运营效率、优化物流资源配置、降低物流成本和提高服务质量，嵌入式系统作为其中的重要一环，具有以下几个方面的应用。

- 物流追踪与定位：通过嵌入式系统实现对物流车辆、运输箱、货物等物流资源的实时监控和追踪，定位其位置信息，提高物流运输的效率和安全性。
- 数据采集与处理：通过嵌入式系统实现物流过程中各种数据的采集、传输和处理，包括温度、湿度、光照、重量、数量等信息，以实时监控货物运输的情况，并进行数据分析和挖掘，提高物流运营效率和质量。
- 现场操作控制：通过嵌入式系统实现对现场设备和机器的远程控制和监控，提高物流场地内的操作效率和安全性。
- 物联网技术：嵌入式系统可以与其他物联网设备结合使用，实现物流信息的共享和交互，提高物流的可视化、信息化和智能化水平，进一步提高物流运营效率和质量。

（2）家庭信息化网络。

嵌入式系统在家庭信息化网络中的应用越来越广泛，可以实现智能化家居、智能化安防、智能化家电等功能，其中一些典型的应用包括以下几种。

- 智能家居控制系统：嵌入式系统通过连接家庭中的各种设备，如智能灯光、智能空调、智能窗帘等，实现对这些设备的远程控制和自动化管理，提高家庭的舒适度和便捷性。
- 智能安防系统：通过安装智能监控摄像头、智能门禁等设备，并结合嵌入式系统和互联网技术，实现对家庭安全的监控和远程控制，确保家庭的安全。
- 智能家电系统：将传统家电与嵌入式系统相结合，实现智能化的控制和管理，如智能电视、智能洗衣机、智能冰箱等。通过手机应用程序远程控制这些设备，大大提高了生活品质和便捷性。

总之，嵌入式系统在家庭信息化网络中的应用可以实现智能化的控制和管理，提高家庭的舒适度和便捷性，同时也可以提高家庭的安全性和节能性。随着嵌入式系统技术的不断发展和成熟，它在家庭信息化网络中的应用前景也越来越广阔。

（3）移动计算设备。

移动计算设备中的嵌入式系统的特点通常是小巧、低功耗和高性能。下面是一些嵌入式系统在移动计算设备中的应用。

- 智能手机和平板电脑：智能手机和平板电脑使用嵌入式系统，如 Android 和 iOS，来提供高效的移动计算能力。这些设备通常具有小型化、轻便性和高度集成化等特点，可以满足用户通信、娱乐、社交、办公等多样化需求。
- 数字相机和摄像机：数字相机和摄像机使用嵌入式系统来处理和存储图像和视频，同时提供自动对焦、自动曝光、白平衡控制等功能，并支持 Wi-Fi 或蓝牙技术，使得用户可以方便地分享和传输媒体内容。
- 智能手表和可穿戴设备：智能手表和可穿戴设备使用嵌入式系统来提供步数跟踪、心率检测、通知提醒、GPS 导航等功能。这些设备通常采用微型化的处理器、存储器和传感器，同时具有低功耗和长待机时间等特点。

（4）工业控制、仿真、医疗仪器等。

在工业控制方面，嵌入式系统常被用于工业自动化控制、智能机器人、智能交通等领域。例如，嵌入式系统可以用于监控和控制工厂中的生产线和设备，实现自动化生产；同时，它也可以应用于智能机器人的控制，以实现自主导航和任务执行。此外，嵌入式系统还可以用于智能交通领域，如车辆控制、道路监测和信号控制等。

在仿真方面，嵌入式系统也有着广泛的应用。例如，通过嵌入式系统的实时性和高性能，可以实现飞行器、汽车等的仿真计算，以提高实验的安全性，并降低成本；同时，嵌入式系统还可以用于虚拟现实（VR）技术中，如头显、手柄等设备的运行和控制。

在医疗仪器方面，嵌入式系统也有着非常广泛的应用。例如，可用于医疗设备的控制和监控，如体温计、血压计、心电图仪等。此外，嵌入式系统还可以用于医疗影像处理和医疗器械的无线通信，如 CT、MRI 等医疗影像设备和手术机器人等。

## 二、嵌入式系统的选型

嵌入式系统的选型是一个重要的决策过程，直接影响项目的成功和成本效益。选型的过程需要考虑多方面因素，包括系统需求、性能要求、芯片和模块的可用性、成本、可维护性、技术支持等。下面将从这几个方面分别阐述嵌入式系统的选型。

- 系统需求。在选型之前，首先要明确系统的需求，包括功能需求和非功能需求。功能需求指系统必须要实现的功能。例如，如果嵌入式系统用于机器人控制，就需要具备实时响应和高精度控制等功能。非功能需求包括性能、可靠性、安全性、可维护性等。

- 性能要求。性能要求是选型过程中需要重点考虑的因素之一，包括处理器性能、内存大小、存储器速度、I/O 速度等。在选型过程中，需要根据系统需求评估性能要求，选择能够提供最优性能的硬件设备。

- 芯片和模块的可用性。在选型嵌入式系统的硬件设备时，需要考虑芯片和模块的可用性，包括芯片和模块的供应商、供货时间、生产能力等。选择稳定的供应商及高品质的芯片和模块，可以保证系统的稳定性和可靠性。

- 成本。成本是嵌入式系统选型的一个关键因素。成本包括硬件成本、软件成本、开发成本、测试和维护成本等。在保证系统性能和功能的前提下，应尽可能降低成本。

- 可维护性。可维护性是嵌入式系统选型过程中需要考虑的因素之一。选择易于维护的硬件设备和软件系统，可以降低维护成本和故障率。

- 技术支持。技术支持也是选型过程中需要考虑的因素之一。选择硬件设备和软件系统时，需要考虑供应商是否提供技术支持和培训服务。这可以降低开发和维护过程中的困难和风险。

# 第 3 章

# 工业视觉技术

视觉技术是仿生学的一种应用体现，在应用层面可以分为科学研究和工业应用两大领域，本书主要针对工业应用领域展开介绍。工业视觉技术是一种利用摄像机、视觉传感器和计算机软件来自动检测、识别和定位物体的技术。它可以帮助机器自动识别不同物体的形状、尺寸和位置，从而实现自动监控和定位等功能。工业视觉技术可以实现二维条码、色彩、形状、纹理标识、产品包装等的自动识别，能够帮助邮政快递分拣系统快速、准确地识别和检测物品，完成智能分拣任务。

在邮政快递业中使用了多种工业视觉技术，极大地提高了邮政快递业的运作效率。例如：在快递出入库时使用到了条形码识别技术；在快递集散配送中心通过RFID 技术对大批量的包裹及快件实现自动、高速分拣；在快递分拣过程中使用目标检测技术完成快递物体的定位与分拣。

本章主要结合邮政快递智能分拣系统中工业视觉装备的原理及其涉及的工业视觉技术进行介绍，以帮助读者对邮政快递智能分拣系统中的工业视觉装备有一定的了解。

## 3.1 自动识别技术

随着物联网和人工智能技术的不断发展，自动识别技术已经被广泛应用于人们生活的各个领域。在物流业中，自动识别技术的应用更是不可或缺。通过科学有效地利用自动识别技术，物流企业能够及时、准确地处理大量的物流信息，从而提高物流运输效率。

自动识别技术是一种基于计算机视觉、语音识别、自然语言处理等相关技术的系统。它能够根据输入的数据，自动识别出其中的信息和特征，并通过分类、判断、识别、分析等过程实现自动化操作的目标。

自动识别技术主要应用于以下领域。

- 图像识别。利用计算机视觉技术实现对图像的自动识别，如人脸识别、图像分类、目标检测等。

- 语音识别。利用语音识别技术将语音自动转换成具备可读性的文本，如语音识别、语音合成等。
- 自然语言处理。利用自然语言处理技术实现对自然语言的自动处理和分析，如文本分类、情感分析、机器翻译等。
- 数据挖掘与分析。利用数据挖掘算法实现对海量数据的自动分析和挖掘，如数据聚类、数据预测、关联分析等。

随着相关技术的不断发展，自动识别技术的应用范围也会不断拓展，未来将会成为更加重要的一门技术。

自动识别技术将计算机、光学、电学、通信和网络等技术融为一体，成功实现了物品在全球范围内的跟踪和监测。这为物流管理和供应链管理提供了更加高效且精准的处理方式，从而给物体赋予智能，完成了人与物体以及物体与物体之间的沟通和对话。在物流行业的应用和发展过程中，主要运用到的有条形码识别技术和RFID技术等。

从20世纪80年代中期开始，我国一些高等院校、科研部门及一些物资管理部门和外贸部门都开始使用条形码识别技术。目前，条形码识别技术已经被广泛应用于各个领域。我国拥有全世界最大、最全的物流体系，每天的包裹数以亿计。根据中华人民共和国国家邮政局公布的2021年邮政行业运行情况得知，2021年，全国快递服务企业业务量累计达到1083亿件，同比增长29.9%。如此庞大且高效的物流体系，离不开其中非常关键的一个环节，那就是条形码识别技术的使用。

在物流行业，条形码识别技术可以提高材料搬运设备的效率，减少人工分选和设备停工时间，从而帮助物流公司提高工作效率并降低成本。具体而言，该技术的应用场景主要包括标签验证、自动分拣和出入库追踪等。

条形码识别技术是一种利用光学扫描仪或数码相机等设备对条形码进行扫描和解码的技术，可以将条形码上的数据转换为数字或字符等信息。该技术主要用于识别一维码和二维码。其中，一维码也称作条形码（见图3-1），是一种基于线条的编码技术，被广泛用于商品流通、物流管理、库存管理、价格标签等领域，可以自动识别和追踪产品。一维码由不同宽度的黑白相间线条以及数字和字母组成，其代表的数字通常是产品的唯一标识。

图3-1　一维码

这些线条和间隔根据预定的模式排列，用以表达相应的数据信息。不同的宽窄线条和间隔序列可以被解码为特定的数字或者字母。可以通过光学扫描仪对一维码进行读取，这依赖于黑色线条和白色间隔对激光的反射差异。

二维码（见图3-2）是在一维码无法满足实际需求的前提下产生的。相比于一维码，二维码可以携带更多的信息。一维码只能表示一串数字或字符，而二维码可以表示数千个字符，包括图像、声音、文本等多种信息。此外，二维码支持从不同的方向读取以检测其有效性，而一维码只能从一个方向读取。因此，二维码被广泛应用于物流、医疗、零售、电子支付等领域。

图 3-2 二维码

## 3.1.1 条形码识别技术

条形码识别技术是一种先进的数字转换技术，其目的是将条形码上的图案和数字信息转换成计算机可以识别和处理的数字信号。其运用到的原理如下。

（1）条形码数据编码原理。条形码的编码方式有很多种，如 EAN-13、Code 128、QR Code 等，其本质是将数字、字母或符号等信息转换为一组特定的线条和空白，从而通过扫描和解码得到原始数据。

（2）光学扫描原理。光学扫描是利用光学传感器对条形码上的线条和空白进行扫描，通过光电转换将其转换成数字信号，再通过解码算法还原成原始数据。

（3）解码算法原理。解码算法是条形码识别技术的核心，它通过对扫描得到的数字信号进行处理和解析，还原出条形码的原始数据。不同的条形码编码方式需要采用不同的解码算法，如基于模式匹配的解码算法、基于逻辑推理的解码算法等。

（4）精度控制原理。条形码识别技术需要保证高精度的解码，因此需要对光学扫描仪、解码算法等进行精度控制和校正。常用的精度控制方法包括自适应阈值法、高斯滤波法等。

总之，条形码识别技术采用光学扫描、数字化、解码等技术手段，将条形码上的特定线条和空白转换为数字信号，并通过解码算法还原原始数据，从而实现快速而准确的数据识别和处理。

条形码扫描器是一种将条形码上的信息转换为数字或字符形式的电子设备。它通常通过激光束或红外线来扫描条形码，并将扫描到的光信号转换为计算机可处理的数字信息。因为它能够高效地读取大量物品的条形码信息，所以被广泛应用于零售、物流、仓储等领域。同时，条形码扫描器也可以被用于追踪库存、记录销售、控制进货等，以提高工作效率和准确性。随着技术的不断进步，无线条形码扫描器和二维码扫描器等有着更为广泛应用的新型扫描器逐渐兴起。

对于条形码扫描器，无论是激光型还是影像型，都采用从某个角度将光束发射到标签上并接收其反射回来的光线来读取条形码信息。因此，在读取条形码信息时，需要使光线与条形码呈一个倾斜角度，这样整个光束就会产生漫反射，可以将模拟波形转换成数字波形。如果光线与条形码垂直，则会导致一部分模拟波形过高而不能正常地转换成数字波形，从而无法读取信息。

条形码扫描器一般由光源、光学透镜、扫描模组、模拟数字转换电路，以及塑料或金属外壳等构成。每种条形码扫描器都会对环境光源有一定的要求，如果环境光源超出最大容错要求，条形码扫描器将不能正常读取。当条形码印刷在金属或镀银层等表面时，光束会被高亮度的表面反射，若高亮度表面反射的光线进入条形码扫描器的光接收元件，将影响扫描器读取的稳定性，因此，需要对高亮度表面覆盖或涂抹黑色涂料。

条形码的种类有很多，大致可分为以下几类。

（1）按不同的材料，可分为纸质条形码、金属条形码和纤维织物条形码。

（2）按条形码有无字符符号间隔，可分为连续型条形码和非连续型条形码两种。

（3）按字符符号个数是否固定，可分为定长条形码（如 UPC 码、EAN 码等）和非定长条形码（如三九条形码、库德巴条形码等）两种。

（4）按扫描起点的划分，可分为双向条形码和单向条形码。双向条形码指起始符和终止符两端均可作为扫描起点的条形码，如三九条形码、库德巴条形码；单向条形码指扫描起点在起始符的条形码。

（5）按条形码的不同码制，可分为 UPC 码、EAN 码、三九条形码、库德巴条形码、交叉二五码等几十种。

（6）按条形码形成的空间不同，可分为一维条形码、二维条形码和复合码。

在邮政快递业，现行标准为新型"邮 1101"邮件收据编号条形码，该码的码制为"128 条形码"标准，是第三代邮件标识条形码系统，也被称为 ID 码。这种条形码是一种包含 13 位结构数据的编码系统，其具体样式如图 3-3 所示。

zkwz1234567890

图 3-3　128 条形码示例

条形码符号除可读的 13 位结构数据外，还包括起始符、集转符、校验符、终止符等。128 条形码袋牌（签）30 位码中的第 1～8 位为收寄局机构代码，第 9～16 位为寄达局机构代码，第 17 位为本转标志，第 18～20 位为总包代码，第 21～24 位为清单流水号，第 25～28 位为重量，第 29 位为容器型号代码，第 30 位为备注标志。

条形码识别技术主要由扫描阅读、光电转换和译码输出三大部分组成。在邮政业务中，条形码识别技术已被用于信函分拣、挂号函件处理、特快专递自动跟踪、包裹处理等工作，数据流方向如图 3-4 所示。

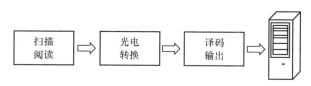

图 3-4　条形码识别技术数据流方向

按照识别能力和读取原理，可将条形码扫描器分为以下 3 种。

（1）手持激光扫描器。

手持激光扫描器又称激光枪，是一种被广泛应用的远距离条形码识读设备，其外观如图 3-5 所示。对于标准尺寸的商品条形码，无论其从什么方向通过扫描器识读区域，都能被准确地识读。这种扫描器一般用于商业超市的收款台，可以安装在柜台下面，也可以安装在柜台侧面。

（2）CCD 扫描器。

CCD（Charge Coupled Device，电荷耦合器件）扫描器是一种图像式扫描器，它采用 CCD 元件（也叫 CCD 图像感应器）作为光电转换装置。CCD 扫描器在扫描条形码符号时，其内部结构不需要任何驱动机构便可实现对条形码符号的自动扫描。图 3-6 所示为手持式 CCD 扫描器，图 3-7 所示为固定式 CCD 扫描器。

图 3-5　手持激光扫描器　　　　　　　图 3-6　手持式 CCD 扫描器

（3）光笔式条形码扫描器。

光笔式条形码扫描器采用手动扫描方式进行条形码的识别。它没有内置的扫描光束驱动装置，而是发射出一束固定位置的照明光束，完成扫描的过程需要人工手持扫描器扫过条形码符号。光笔式条形码扫描器如图 3-8 所示。

图 3-7　固定式 CCD 扫描器　　　　　　图 3-8　光笔式条形码扫描器

## 3.1.2　二维码识别技术

二维码也称二维条码，是一种用于快速扫描和读取信息的矩阵式条码。与一维码不同，二维码可以在水平和垂直方向上读取信息，因此可以存储更多的数据，包括文字、网址（URL）、联系人信息、地理位置等。二维码由黑白格子（通常称为"模块"）组成，黑色模块代表二进制的"1"，白色模块代表二进制的"0"，根据模块的排列组合可以存储不同的信息。

　　二维码的应用十分广泛。例如：在商品包装上，可以用于识别产品信息和购买链接；在广告上，可以作为营销互动的媒介；在支付领域，可以用于手机支付，如支付宝支付、微信支付等。二维码便捷、安全、快速的特点使其得到了越来越多的应用和普及。

　　二维码是一种用来存储信息的图形码，它可以被扫描设备快速读取，用于实现信息的传输、识别和交换。下面将详细介绍二维码识别技术。

　　（1）基本结构。

　　二维码由黑白相间的模块组成，每个模块都表示一个二进制数值。在结构上，二维码可分成 3 个区域：定位区、对齐区和版本区。其中，定位区用于确认二维码的方向，对齐区用于纠正扫描偏差，版本区用于表示二维码的大小和容纳的数据量。

　　（2）编码方式。

　　二维码可以采用不同的编码方式，如数字编码、字母编码、汉字编码和混合编码，其中混合编码可以同时支持数字、字母和汉字等多种字符。

　　（3）数据编码。

　　在编码过程中，二维码将要存储的信息按照指定的方式进行编码，常用的编码方式有数字编码、字节编码、矩阵式编码、汉字编码等。在选择二维码编码方式时，需要根据具体的使用场景和所需数据量的大小来选择。

　　（4）读取方式。

　　当需要读取二维码中的信息时，扫描设备会逐个扫描二维码中的模块，根据模块的颜色、形状和位置等信息，识别出编码的内容。通常，扫描设备会采用 CMOS 影像传感器、镜头、图像处理器和解码芯片等器件，来快速且准确地读取二维码中的信息。

　　总之，二维码识别技术是一种快速、方便及可靠的数据传输和识别方式，它基于编码、读取和解码等技术，来实现对多种数据类型和形式的处理和存储。

　　二维码可以分为堆叠式 / 行排式二维码和矩阵式二维码。堆叠式 / 行排式二维码形态上是由多行短截的一维码堆叠而成；矩阵式二维码以矩阵的形式组成，在矩阵相应元素的位置上用"点"表示二进制的"1"，用"空"表示二进制的"0"，"点"和"空"的排列组成代码。

　　（1）堆叠式 / 行排式二维码。

　　堆叠式 / 行排式二维码又称为一维堆叠式二维码，是一种将多个一维码按照一定的规则排列组合而成的二维码形式。这种二维码可以呈现多个水平方向的条形码，行数也可以进行增减，这极大地提高了信息存储的效率。

　　一般来说，堆叠式 / 行排式二维码可以存储 200 ～ 300 个字符的信息。在实际应用中，这种二维码被广泛用于物流、快递、电子商务等多个领域。

　　（2）矩阵式二维码。

　　矩阵式二维码是一种将信息编码成一系列黑白模块，再按照一定的规则排列而成的二维码形式。与堆叠式 / 行排式二维码不同，矩阵式二维码在水平和垂直两个方向上都可以呈现多个条形码，因此存储的信息量更加庞大。

矩阵式二维码被广泛应用于金融、运输、车辆管理、物流、快递、医药等领域。它有很多种类型，包括 QR Code、Data Matrix 等。QR Code 是目前最为流行的一种矩阵式二维码，可以存储数百个字符的信息。

## 3.1.3 RFID 技术及电子标签识别系统

RFID 技术是一种自动识别技术，通过使用无线电波对目标物体进行识别和跟踪。它包括一个读写器和一组被动或主动的标签。标签通常被附着到物体上，并包含唯一的标识码（ID）。读写器会发送信号给标签，标签会回传信息，以便读写器能够读取和记录标签的信息。

与条形码不同，RFID 技术不需要接触物体即可进行识别，标签也可以被读写器在一定距离内远程识别。因此，RFID 技术被广泛应用于如库存管理、资产跟踪、运输物流、货物防盗、医疗保健等领域。

RFID 技术有 3 种类型的标签：被动式标签、半主动式标签和主动式标签。被动式标签不需要任何电池，它们使用读写器发送的信号来激活并回传其信息。半主动式标签需要电池来激活标签，但标签本身没有传输能力。主动式标签可以用自己的电池发送信号，并能够与读写器通信。

虽然 RFID 技术有许多优点，但也存在一些风险和隐私。其中包括标签被恶意读取、隐私被侵犯和数据泄露等问题。因此，在使用 RFID 技术时需要密切关注安全和隐私问题。RFID 技术的电子标签如图 3-9 所示。

RFID 技术的编码方式、存储方式及读写方式与传统标签（如条形码）或手工标签的不同。电子标签的编码存储是在集成电路上以只读或可读写格式实现的，特别是其读写方式，是通过无线电子传输方式来实现的。

图 3-9 电子标签

RFID 技术的原理是，在读写器端通过电磁感应的方式产生高频电磁场，当标签进入该电磁场的范围时，标签内的芯片接收电磁信号并将存储在芯片上的信息回传给读写器，读写器接收到标签发回的信号进行解码操作，从而实现标签信息的识别以及相关应用。

RFID 技术可以分为低频、高频和超高频等不同频段，各频段的应用范围不同。其中，低频 RFID 标签价格低廉，可以直接嵌入物品中，但是读写距离较近且读写速度较慢；高频 RFID 标签适合在物流和商品管理等场合使用，读写距离较远且读写速度较快；超高频 RFID 标签可以支持物品的远程监控和定位，常用于物流追踪等领域。总的来说，RFID 技术大大提高了物联网的识别、监管和管理能力。

# 3.2 机器视觉技术

视觉是指人们通过眼睛对感知到的视觉信息所产生的一种概念性认识。在人们的日常生活和工作中，视觉是非常重要的，因为人们通过视觉信息来认识和判断世界、理解和处理事物，以及对周围环境做出反应和决策。机器感知外界环境，最重要的就是需要通过机器视觉技术把视觉信息作为输入，并对信息进行处理，进而提取出有用的信息给机器，从而完成机器对外界环境的感知。

结合机器视觉技术的发展和邮政快递业的需求，工业视觉在物流分拣领域越来越多地被运用，原因如下。

（1）提高分拣效率。工业视觉可以对物品进行自动识别和分类，不需要人工干预，大大提高了分拣效率。

（2）减少误判率。工业视觉可以进行高精度、高速度的识别和分类，减少了误判率，避免了分拣错误。

（3）降低成本。工业视觉可以自动化地进行分拣，减少了人工成本，提高了分拣效率，降低了物流成本。

（4）提高准确性。工业视觉可以对不同形状、大小和颜色的物品进行识别和分类，提高了分拣的准确性。

（5）提高安全性。工业视觉可以对有害物品进行识别和分类，确保物流运输的安全性。

在邮政快递智能分拣系统中，主要涉及包裹的类别、形状、尺寸、位置、堆叠状态以及体积等信息的实时检测，同时还需要通过图像识别包裹的条形码信息，实现对包裹信息的管理和追溯。

## 3.2.1 机器视觉技术原理

机器视觉技术是利用光学成像系统、激光等设备来获取物体的图像和距离等信息，并结合图像处理和数据分析等技术得到待测物体的外观尺寸、位置信息，分析物体表面的生产质量，以实现智能分拣、引导、装配等功能。机器视觉技术的原理是通过融合传统图像算法以及深度学习算法对图像进行数据化处理和分析，从而满足目标检测需求。机器视觉技术处理一般遵循以下流程：图像采集、图像预处理、图像特征提取、目标检测。

图像采集的主要功能是获取目标物体的图像信息。通过光源照射实现对物体的特征描述，物体表面反射的光线经过镜头进行光线调制，被调制后的光线进入相机，在芯片上形成图像，再借助光电转换原理，根据不同区域接收的光信号能量差异，完成对物体细节的描述，从而完成对目标物体的图像采集。

图像预处理的主要目的是增强相关信息的可检测性以及最大限度地简化数据，从而为后续的图像特征提取和目标检测提供充分的图像细节，确保处理结果的可靠性。常见的图像预处理方法包括灰度化、二值化、图像增强、图像去噪以及图像增广等。下面分别进行介绍。

灰度化是图像预处理中的一种常用方法，其作用是将一张彩色图像转换为黑白图像，方便后续的处理和分析。灰度化的核心思想是将每个像素的 RGB 3 个通道的颜色值转换为一个灰度值，以此代表该像素的亮度信息。一般来说，亮度越高的像素，其表示的颜色就越接近白色，而亮度越低的像素，其表示的颜色就越接近黑色。常用的灰度化方法主要有以下几种。

- 平均值法：取 RGB 颜色值的平均值作为灰度值，即 $Gray=\frac{R+G+B}{3}$。
- 最大值法：取 RGB 颜色值中的最大值作为灰度值，即 $Gray=max(R,G,B)$。
- 最小值法：取 RGB 颜色值中的最小值作为灰度值，即 $Gray=min(R,G,B)$。
- 仅取绿色法：仅使用 RGB 颜色值中的绿色通道作为灰度值，即 $Gray=G$。
- 加权平均值法：根据人眼对不同颜色的视觉敏感度，设定不同的权值进行计算。通常情况下，绿色的权值最高，红色次之，蓝色最低，计算公式为 $Gray= 0.299R+0.587G+0.114B$。

实际应用中，灰度化方法的选择要根据具体情况综合考虑，不同方法的效果也会因图像特性的不同而有所区别。

二值化是图像预处理方法中的一种，它是将灰度图像转化为只包含两种颜色，即黑色和白色的图像，其主要目的是便于后续图像处理算法的处理，如特征提取、目标识别等。在二值化过程中，需要确定一个阈值，将像素点的灰度值与阈值进行比较，如果该像素点的灰度值大于阈值，则将该像素点设置为白色，否则设置为黑色。常见的阈值确定方法包括全局阈值、局部阈值、自适应阈值等。

在实际应用中，二值化方法可以用于图像的预处理。例如，在字符识别领域中，通过对图像进行二值化处理，可以将字符与背景进行区分，从而更方便地进行后续处理。同时，该方法还可以应用于红外图像处理、医学图像处理等领域。

图像增强是指通过边缘、轮廓、对比度等因素对退化的某些图像特征进行处理，从而改善图像的视觉效果，提高图像的清晰度，或者突出图像中的某些有用信息，压缩其他无用的信息，实现将图像转换为更适合人或者计算机处理的形式。图像增强中常用的方法包括空间域法和频域法。空间域可以简单地理解为包含图像像素的空间，空间域法是指在空间域中，直接对图像进行各种线性或非线性运算，对图像的像素灰度值做增强处理，主要包含灰度变换、直方图均衡、图像平滑、图像锐化等算法。频域法则是在图像的变换域中把图像看成一种二维信号，对其进行基于二维傅里叶变换的信号增强，常用的频域技术包括图像傅里叶变换和频域滤波等。

图像去噪是图像预处理中的一个非常重要的步骤，它的目的是去除图像中的噪声，以便更好地进行后续操作。在实际应用中，图像处理算法在处理噪声图像时常常会出现不理想的结果。因此，图像去噪对于提高图像处理算法的性能至关重要。常用的图像去噪方法有以下几种。

（1）均值滤波。

均值滤波是一种低通滤波方法，它的原理是用一个卷积核对图像进行卷积操作，在卷积过程中将卷积核覆盖区域内的像素灰度值求平均来代替中心点的灰度值。均值滤波对高斯噪声有很好的去除效果，但是在去除图像细节时会产生较明显的模糊现象。

（2）中值滤波。

中值滤波是一种非线性滤波方法，它的原理是用一个卷积核对图像进行卷积操作，在卷积过程中将卷积核覆盖区域内的像素灰度值排序，找到中间的值作为中心点的灰度值。中值滤波能够很好地去除椒盐噪声、斑点噪声等，但是在去除高斯噪声等噪声时效果不如均值滤波。

（3）小波去噪。

小波去噪是一种基于小波分析的去噪方法，它的原理是将图像分解成多个不同频率的小波系数，通过对小波系数进行阈值处理来去除噪声。小波去噪能够在保留图像细节的同时去除噪声，但是其计算复杂度较高。

（4）基于深度学习的图像去噪。

近年来，基于深度学习的图像去噪方法也逐渐得到了广泛的应用。这类方法通常通过构建深度神经网络，将输入的噪声图像映射到输出的干净图像上。深度学习算法具有较强的自适应性，可以根据输入图像的特征进行精细的去噪操作，因此在去噪效果和运算速度方面都取得了不错的效果。

图像增广是对图像做一系列随机改变，来产生相似但又不同的样本，从而扩大数据集的规模。深度学习在计算机视觉领域取得的巨大成功离不开大规模可获得的标注数据集。为了促进深度学习在不同图像处理领域的发展，数以万计的不同类型的图像数据被收集、标注和公开使用，尽管如此，对于各种专业领域的深度学习图像应用，缺少合格的图像数据仍然是一个不争的事实。图像增广就是在有效训练数据受限的情况下解决深度学习模型训练问题的一种有效方法。常见的图像增广方法主要基于图像变换，如光度变化、翻转、旋转、抖动和模糊等。

传统图像特征提取是指提取候选区域的视觉特征，提取特征的好坏直接影响最终的检测结果，所以特征提取在整个系统中占据很重要的位置。所提取的特征要在能表征物体特征的基础上，尽量做到维数少、易于计算和存储。常用的图像特征有颜色特征、纹理特征及形状特征等。

随着自动化水平的要求不断提高，传统图像特征提取算法在背景复杂或者特征不明显的场景下存在一定的局限。而在人工智能领域，深度卷积神经网络（Deep Convolutional Neural Networks，DCNNs）凭借其非线性网络自动学习高维度的目标特征，而不需要像传统图像处理中依赖人工设计的特征算子的优势，极大地提升了模型在复杂场景下的识别性能，因此在图像分类、目标检测、图像分割等领域取得了极大的突破。

深度卷积神经网络是一种基于深度学习的代表性算法，经常被用于图像和语音识别、自然语言处理等领域。该网络通过交替使用卷积层、ReLU（Rectified Linear Unit，线性整流函数）层、池化层、全连接层和 Softmax 层等，来逐层提取和抽象化输入数据的特征，从而完成分类或回归等任务。

具体来说，深度卷积神经网络的主要组成部分包括以下几个层级。

- 卷积层。卷积层是深度卷积神经网络最重要的层级之一，主要用于提取局部特征，通过滑动窗口在输入数据中捕捉特征图。每个卷积层都包括多个卷积核，每个卷积核都可以提取一种特征，卷积核在数据上滑动时会对数据进行卷积操作，从而得到输出的特征图。
- ReLU 层。ReLU 层一般与卷积层交替使用，其主要功能是在卷积层得到的特征图中，将非线性的负值部分变为 0，从而激活神经元。
- 池化层。池化层一般跟在卷积层或 ReLU 层之后。池化操作可以减小特征图的尺寸，降低计算量，同时提高特征的鲁棒性（鲁棒性是指某个系统或者算法对于随机噪声、异常情况和攻击等意外干扰的抗干扰能力）。
- 全连接层。全连接层主要用于分类或回归任务，将多个特征图中不同的特征组合在一起，经过全连接操作后将特征向量映射到预测输出上。
- Softmax 层。Softmax 层用于多分类任务，将各分类得分归一化，得到分类的概率分布。

整个深度卷积神经网络可以通过堆叠多个卷积层、池化层和全连接层来构建深层网络结构。深层网络的优势在于可以提取更高层次的特征，而且有效降低了过拟合（过拟合是指模型在训练集上表现很好，但是在测试集上表现较差的一种现象）的风险。因此，在大多数图像识别和语音识别任务中，深度卷积神经网络是目前最为有效的算法之一。

目标检测作为计算机视觉领域的研究方向之一，能够为图像和视频的语义理解提供有价值的信息，如图 3-10 所示。

目标检测算法主要分为传统检测算法和基于深度学习的检测算法。

传统机器学习的目标检测较为基础，一般采用以下流程。

（1）特征提取。使用图像处理技术对目标

图 3-10　目标检测

图像进行处理，提取出与目标相关的特征，如颜色、纹理、形状等。

（2）目标区域提取。利用特征提取得到的特征，通过训练好的分类器对目标进行区分，得到目标区域的位置及大小。

（3）目标分类。将目标区域送入分类器中进行分类，确定该目标的类别。

（4）目标识别。在目标分类的基础上，对目标进行进一步的特征识别和区分，以进一步提高目标检测的精度。

（5）边界框回归。对目标区域的位置进行微调，以更加精确地确定目标的位置和大小。

在传统机器学习中，常用的分类器有 SVM（Support Vector Machine，支持向量机）、AdaBoost（自适应增强）、随机森林等。在目标检测方面，常用的三大特征是 Haar 特征、LBP（Local Binary Pattern，局部二值模式）特征、HOG（Histogram of Oriented Gradient，方向梯度直方图）特征等。

总体上，传统机器学习的目标检测方法有一定的局限性，无法应对复杂场景中的目标检测问题，如遮挡、尺度变化、姿态变化等。近年来，深度学习的出现，尤其是基于深度学习的目标检测算法，让目标检测的精度和效率得到了极大的提升。

基于深度学习的目标检测的任务是在输入的图像中识别和定位不同类别的物体。这是计算机视觉和图像处理领域的一个重要任务。目标检测可以分为两个子问题：分类和定位。分类问题是将图像分为不同的类别，而定位问题则是找到每个类别中物体的位置，并将其标记出来。

在深度卷积神经网络中，目标检测主要包括以下步骤。

（1）候选框生成。

该步骤生成一组矩形框，这些框中可能包含图像中的物体。一些常用的候选框生成算法包括滑动窗口和基于区域的方法。

（2）特征提取。

深度卷积神经网络用于特征提取，以提取图像中每个候选框的特征。使用卷积层和池化层来提高图像中物体的识别和定位能力。

（3）目标分类和边框回归。

对于每个候选框，深度卷积神经网络都输出一个置信度分数【置信度分数是介于 0 和 1（或 100%）之间的数字，它描述模型认为此预测边界框包含目标的可能性】表示该框中是否存在目标物体或类别，以及其相应的边框坐标。分类问题使用 Softmax 分类器来识别候选框中物体的类别，而回归问题则通过最小化均方误差来学习边框位置。需要注意的是，Softmax 分类器和前文提到的 Softmax 层都是用于多分类任务的，但它们的角色不同。Softmax 层是一种常用的神经网络层，用于对神经网络的输出进行归一化处理；而 Softmax 分类器是一种使用 Softmax 层作为输出层的分类器，用于将输入样本分类到不同的类别。

（4）非极大值抑制。

在最终结果中，很可能会有多个候选框重叠。因此，需要对这些候选框进行筛选并去除冗余的候选框。非极大值抑制是一种流行的筛选方法，用于根据其置信度分数和重叠程度去除不必要的候选框。

深度卷积神经网络中的目标检测是计算机视觉领域的前沿技术之一，它被广泛应用于物体检测、人脸识别、自动驾驶等领域，具有广阔的应用前景。

## 3.2.2　机器视觉技术指标

在快递智能分拣中，快递包裹和条形码区域的定位能够使智能分拣的效率得到提升。具体来说，采用机器视觉中的目标检测技术来定位快递包裹能够为测算包裹的数量和体积提供支持。此外，定位快递包裹的条形码区域，能够提取快递包裹的相关信息便于分拣。

一般目标检测中常用的评价指标有以下两个。

（1）精度评价指标：包括准确率（Precision）、精确率、召回率（Recall）、AP（Average Precision，平均正确率）、mAP（Mean Average Precision，平均精度均值）、IoU（Intersection over Union，交并比）。

（2）速度评价指标 FPS（Frames Per Second，每秒帧数），即每秒处理的图片数量或者处理每张图片所需的时间。

现在假设分类目标只有两类，分别是正例（Positive）和负例（Negative）。

- True Positives（TP）：被正确划分为正例的个数，即实际为正例且被分类器划分为正例的实例数。
- False Positives（FP）：被错误划分为正例的个数，即实际为负例但被分类器划分为正例的实例数。
- False Negatives（FN）：被错误划分为负例的个数，即实际为正例但被分类器划分为负例的实例数。
- True Negatives（TN）：被正确划分为负例的个数，即实际为负例且被分类器划分为负例的实例数。

准确率的定义是在预测为正例的实例数中，实际为正例的实例数占所有预测为正例的实例数的比例，即 Precision=TP/(TP+FP)；召回率的定义是在实际为正例的实例数中，被正确预测的实例数占所有实际为正例的实例数的比例，即 Recall=TP/(TP+FN)=TP/P（P 表示实际为正例的样本数）。那么便可以获得准确率－召回率曲线（PR 曲线），如图 3-11 所示。PR 曲线的总体趋势是精度越高，召回越低，当召回达到 1 时，对应预测分数最低的正样本。另外，PR 曲线围起来的面积就是 AP 值（即曲线下方面积）。通常来说，一个越好的分类器，AP 值就越高，而 mAP 值则是对多个 AP 值求平均，其取值范围为 [0, 1]，且越大越好。

IoU 是目标检测中被广泛使用的一个概念，是一种在特定数据集中检测相应物体准确度的一个标准，可以将其理解为系统预测出来的框与原来图片中标记的框的重合程度。目标检测结果与目标检测标签的交集比上目标检测结果与目标检测标签

的并集，即为检测的准确率，相关度越高，该值也越大。IoU 计算示意图如图 3-12
所示。

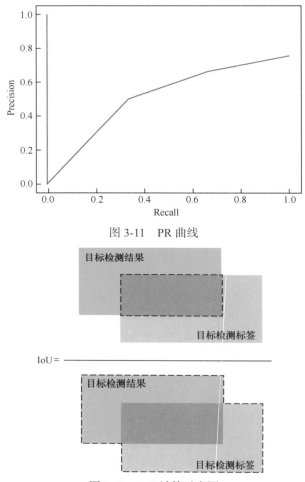

图 3-11 PR 曲线

图 3-12 IoU 计算示意图

　　基于机器视觉的快递分拣系统以目标识别和总体性能分析等为中心，以条形码
识别和体积测算为基础，并在动力传输与控制的角度下，实现物流包裹分拣精度和
效率的综合提升，这也是快递系统设计的关键目标。在对邮件包裹分拣的计算机视
觉系统的性能指标方面进行研究时，具体的性能需求如下。

　　（1）工业相机采集速率每秒至少为 24 帧。

　　（2）工业相机的逐帧采集处理时间要满足波动不超过 5ms。

　　（3）采用自动化的方式对物流包裹进行分拣，包裹的自动分拣率需要在 80% 以
上，误检率则需要在 10% 以下。

　　（4）系统的防护指标需要在 IP55 以上。

## 3.2.3 机器视觉技术案例

以物流行业中的"AI 包裹检测系统"为例来介绍机器视觉技术。AI 包裹检测系统是一个基于深度学习算法，采用 RGB 模式分析图像数据，可精准识别包裹位置、数量和类别的全功能检测系统。该系统可以识别的包裹种类有小件集包袋、纸箱、泡沫箱、软包等，分别如图 3-13 和图 3-14 所示。

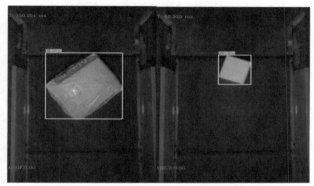

图 3-13　小件集包袋（上图）　　　　图 3-14　泡沫箱（左图）和软包（右图）识别
和纸箱（下图）识别

　　AI 包裹检测系统的具体功能包括包裹位置检测、包裹类别检测、多件叠件状态检测，如图 3-15 所示。在算法性能方面，该系统的整体算法流程时间小于 50ms。

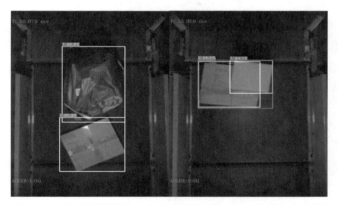

图 3-15　包裹位置检测、包裹类别检测、多件叠件状态检测

- 包裹位置检测：检测皮带上的包裹位置，为后续的包裹状态判断和包裹类别判断提供坐标信息。
- 包裹类别检测：根据包裹位置检测所提供的位置信息，可以对该位置的包裹进行类别判断。
- 多件叠件状态检测：如果包裹之间的距离过近，则判断为"距离过近叠件"；如果两个包裹处于堆叠状态，则判断为"堆叠叠件"；否则，判断为正常状态。

系统的算法检测过程如下：当包裹数据被采集完毕后，采用图像处理技术进行数据增强。接下来，采用基于深度学习的目标检测技术来识别出当前包裹，并对包裹进行叠件判断。如果判断出是叠件的情况下，直接将叠件结果输出；如果判断出不是叠件的情况下，将对包裹进行物体分类识别，输出包裹类别信息。具体的系统算法检测流程如图 3-16 所示。

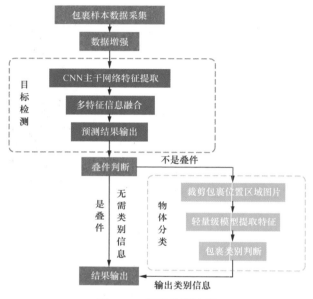

图 3-16 算法检测流程

在算法方面，在包裹位置检测部分，其主要使用了基于 YOLO 目标检测算法架构改进的包裹位置检测算法；在包裹类型检测部分，其主要使用了基于 MobileNet 物体分类算法架构改进的包裹类型检测算法（细粒度分类）。

# 3.3 机器视觉集成系统

机器视觉集成系统是集图像采集、处理与通信功能于一体，且提供了具有多功能、模块化、高可靠性、易于实现的机器视觉解决方案。

快递分拣行业中的机器视觉集成系统主要有包裹条码扫描相机、灰度仪、体积测量仪。

## 3.3.1 包裹条码扫描相机

在智能快递分拣领域涉及多种相机的使用。其中，线阵读码相机主要是通过逐行扫描待检测的物体，并将扫描到的多行像素拼接，以形成待检测物体的完整图像，如图 3-17 所示。

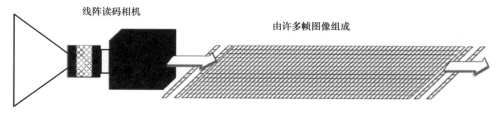

图 3-17 线阵读码相机扫描示意图

基于线阵读码相机,用条形码识别算法识别图像中的条形码和二维码,然后通过网口等接口输出识别结果(如寄件人姓名、联系方式、目的地等)。其中,具有代表性的设备是 Z8K 线阵定焦相机,其具备变焦功能,通过光幕设备获取待测物体的高度,并实现物距自动对焦,从而提升识别精度。在集成项目中,Z8K 线阵定焦相机通常被用作顶扫,通过反光镜反射光线对待测物体进行扫描。Z8K 线阵定焦相机工作台如图 3-18 所示。

此外,由于快递包裹的条形码放置位置不一,如条形码朝向前方、后

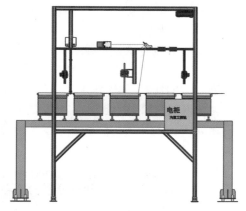

图 3-18 Z8K 线阵定焦相机工作台

方、左侧、右侧、顶部,甚至是底部,因此需要针对不同面尤其是底面的条形码识别采取不同的措施。在集成项目中,Z4K 线阵定焦相机通常作为底扫(即扫描快递包裹底部的条形码),通过反光镜反射光线扫描待测物体,如图 3-19 所示。

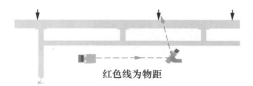

红色线为物距

图 3-19 通过反射镜反射光线扫描待测物体的底面

Z4K 和 Z8K 两种相机的关键参数如表 3-1 所示。

表3-1 Z4K和Z8K两种相机的关键参数

| 规格型号 | Z4K 线阵定焦相机 | Z8K 线阵定焦相机 |
|---|---|---|
| 分辨率 | 4K | 8K |
| 采集模式 | 支持外触发、软触发 | 支持外触发、软触发 |
| 行频 | 70kHz | 70kHz |
| 检测成功率 | ＞ 99.99% | ＞ 99.99% |

续表

| 通信接口 | RS232、RS485、以太网 | RS232、RS485、以太网 |
|---|---|---|
| LED光源 | 集成的线性 LED 光源（红、红外、白）；也可外接辅助光源 | 集成的线性 LED 光源（红、红外、白）；也可外接辅助光源 |
| 数据速率 | 480Mbps×8 | 480Mbps×8 |
| 电源规格 | DC 24V/4A | DC 24V/4A |
| 保护等级 | IP65 | IP65 |
| 传送带速度 | ≤ 3m/s | ≤ 3m/s |
| 物品高度 | 不限 | 不限 |

　　除了线阵定焦相机，面阵读码相机也可以用于包裹的条形码识别。面阵读码相机是一种可以一次性获取图像并进行及时采集的相机，对于快递包裹的目标识别和条形码目标定位，均具有广泛的应用性和灵活的适应性。Z1200 和 Z2000 是两款典型的面阵读码相机，它们通过触发拍照获取图像，然后使用条形码识别算法来识别图像中的条形码和二维码。面阵读码相机定位快递包裹条形码区域示意图如图 3-20 所示，Z1200 或 Z2000 面阵读码相机现场安装实物图如图 3-21 所示。

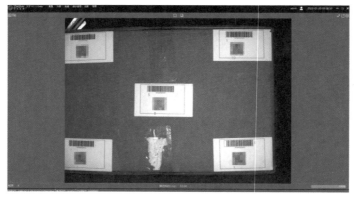

图 3-20　面阵读码相机定位快递包裹条形码区域示意图（绿色区域所示）

图 3-21　Z1200 或 Z2000 面阵读码相机现场安装实物图

Z1200 和 Z2000 两种相机的关键参数如表 3-2 所示。

表3-2 Z1200和Z2000两种相机的关键参数

| 规格型号 | Z1200 面阵读码相机 | Z2000 面阵读码相机 |
|---|---|---|
| 分辨率 | 4096×3072 | 5440×3648 |
| 采集模式 | 支持外触发、软触发、触发延时、消抖 | |
| 算法处理时间 | ≤ 100ms | |
| 检测成功率 | > 99.99% | |
| 通信接口 | RS232、RS485、以太网 | |
| LED光源 | 集成的频闪高亮 LED 光源（红、蓝、白）；也可外接辅助光源 | 集成的频闪高亮 LED 光源（红、红外、白）；也可外接辅助光源 |
| 镜头接口 | C 接口 | |
| 电源规格 | DC 24V/4A | |
| 保护等级 | IP65 | |
| 传送带速度 | 3.5m/s | |
| 物品高度 | 0 ~ 700mm | 0 ~ 1000mm |

## 3.3.2 灰度仪

当前，在国内快递业中，交叉带分拣是针对小型包裹的主要分拣方式。对于交叉带分拣系统应用的需求也在持续提升。而如何提升分拣效率和识别准确性，同时确保设备的稳定运行，已成为交叉带分拣系统用户最为关注的问题。

灰度仪 GrayC Z30 主要适用于智能物流分拣系统，其具备到件检测功能，通过采用自主研发的深度学习目标检测技术和实时多目标跟踪技术，对快件进行实时定位，并为快件分拣模块提供标定位置的信号，联动控制系统进行分拣操作。此外，灰度仪 GrayC Z30 还解决了传统光电检测方法无法检测的薄件堆叠问

图 3-22 灰度仪 GrayC Z30 的产品实物图

题，并配合摆轮控制系统将叠件进行回流，从而进一步优化了快递分拣流程。灰度仪 GrayC Z30 的产品实物图如图 3-22 所示，其参数如表 3-3 所示。

表3-3 灰度仪GrayC Z30参数

| 规格型号 | GrayC Z30 |
|---|---|
| 分辨率 | 752×480 |
| 采集模式 | 支持外触发、软触发、触发延时、消抖 |
| 算法处理时间 | ≤ 40ms |

续表

| 检测成功率 | ＞ 99.99% |
|---|---|
| 通信接口 | RS232、RS485、以太网 |
| LED光源 | 集成的频闪高亮 LED 光源（红、红外、白）；也可外接辅助光源 |
| 镜头接口 | C 接口 |
| 电源规格 | DC 24V/4A |
| 保护等级 | IP65 |
| 传送带速度 | ≤ 3m/s |
| 物品高度 | 0 ～ 800mm |

此外，为使交叉带分拣系统可以更加精准地卸载包裹，提高分拣准确率及供包效率，引入了基于视觉的物流包裹位置检测系统——灰度仪 GrayC Z200。灰度仪 GrayC Z200 产品实物图如图 3-23 所示，其参数如表 3-4 所示。

图 3-23 灰度仪 GrayC Z200 产品实物图

表3-4 灰度仪GrayC Z200参数

| 规格型号 | GrayC Z200 |
|---|---|
| 分辨率 | 1600×1200 |
| 采集模式 | 支持外触发、软触发、触发延时、消抖 |
| 算法处理时间 | ≤ 100ms |
| 检测成功率 | ＞ 99.99% |
| 通信接口 | RS232、RS485、以太网 |
| LED光源 | 集成的频闪高亮 LED 光源（红、红外、白）；也可外接辅助光源 |
| 镜头接口 | C 接口 |
| 电源规格 | DC 24V/4A |
| 保护等级 | IP65 |
| 传送带速度 | ≤ 3m/s |
| 物品高度 | 0 ～ 400mm |

灰度仪 GrayC Z200 用于识别各种形状和颜色的包裹，内置深度学习定位检测

算法，融合包裹中心位置检测、超边检测、一车多件检测、纠偏检测及空盘检测功能于一体，可对小车上的包裹数量和位置做出精准检测。其中，该系统使用了基于目标识别的物流包裹检测算法，其效果如图 3-24 所示。该算法主要用于检测交叉带的供包台上是否有包裹或包裹是否为叠件。如果有包裹，则检测系统将自动检测并提供包裹的位置及尺寸信息给分拣系统；如果为叠件，则检测系统将自动将包裹流入异常件区域，实现精准导入。

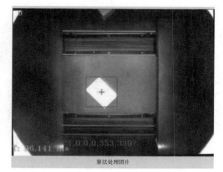

图 3-24 中用线标识出小车的有效识别区域和包裹区域及中心；图中左下角为此图片算法的识别时长（标绿字样）；图中的红色字符串则代表着识别结果（标红字样），具体对应含义如图 3-25 所示。

图 3-24　Z200 的算法处理

图 3-25　算法输出结果含义

### 3.3.3　体积测量仪

体积测量仪基于三角测量原理，通过向被测物体发射带状或点状激光并有效接收反射光，来实现高效、连续的轮廓数据获取以及图像处理，从而满足对各类快递包裹和工件进行高精度的体积和轮廓测量以及其他外观检测的需求。此产品主要由线激光 3D 相机与散斑结构光 3D 相机组成。

散斑相机是一种利用三角测量原理的设备，它可以通过内置高精度图像处理算法和体积测量算法，实时输出被测物体的点云数据、长宽高数据和体积数据。该相机配备了高功率激光模块和窄带滤光片，可以屏蔽可见光干扰并大幅度提升设备的动态检测范围。因此，它适用于物流、仓储等动态体积测量场景。散斑相机的产品图和现场安装示意图分别如图 3-26 和图 3-27 所示，散斑相机的参数如表 3-5 所示。

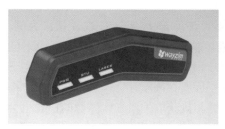

图 3-26　散斑相机产品图

散斑相机

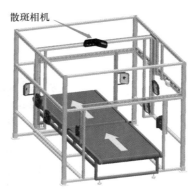

图 3-27 散斑相机现场安装示意图

表3-5 散斑相机参数

| 相机名称 | 散斑相机 |
| --- | --- |
| 分辨率 | 1920×1200 |
| 采集模式 | 支持外触发、软触发 |
| 电源规格 | DC 12V/5A |
| 保护等级 | IP65 |
| 物品高度 | 400mm |
| 视野宽度 | 1000mm |

激光技术是指利用激光作为工具或源的一种技术。激光技术的基本原理利用激光的单色性、高亮度和高准直性等特点来实现对物质的精确控制。激光的产生是通过激发物质中的激发态粒子，使其处于激发态，当粒子从激发态跃迁回基态时，会释放出能量，形成激光。

线激光 3D 相机利用了线激光扫描原理，通过镜头将可见红色激光射向被测物体表面，经物体反射的激光通过接收器镜头，被内置的 CMOS 或 CCD 线性相机（取决于不同的产品设计和应用需求）接收，通过内置的高精度图像处理算法和体积测量算法，该相机可实时输出被测物体的点云数据、长宽高数据和体积数据。此外，该相机配备高功率激光模块与窄带滤光片，不仅能屏蔽可见光的干扰，还能大幅度扩大设备的动态检测范围。因此，其适用于物流、仓储等动态体积测量场景。

线激光扫描三维物体的原理如图 3-28 所示，该原理中以 CCD 线性相机为例。物体沿着指定的方向匀速运动，在参考线 $M$ 上方的高度 $H$ 处安装有垂直向下的 CCD 线性相机。在左上角安装了一条线激光，与相机相距 $S$ 距离并以 $\partial$ 角度射向下方的运动物体。激光线与相机光轴中心交于 $M$ 平面所在高度。

随着物体与相机的高度发生变化，CCD 线性相机获取的激光线图像的位置也会相应地发生变化。我们通常将相机光轴与激光线相交点的所在平台作为参考平台。当一个方形物体进入相机视野时，相机获取的图像中激光线到相机光轴的距离 $L$ 会随着物体高度 $h$ 的变化而变化。线激光图像如图 3-29 所示。

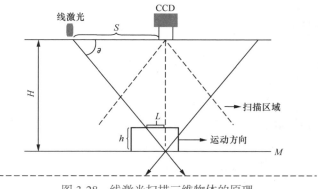

图3-28 线激光扫描三维物体的原理

图3-29中偏离参考直线的线段长度与图3-28中的 $L$ 对应，物体在从开始进入相机视野到脱离相机视野的过程中，图像中的距离 $L$ 可以通过图像坐标中的距离和透镜方程（透镜方程是描述光线在薄透镜中传播规律的数学公式，是光学中的重要基础知识）计算得到。当高为 $h$ 的物体进入相机视野时，可以通过相似三角形法计算出高度，公式如下。

$$H = L \times \tan\partial$$

按照该方法可以计算出图像上水平方向所有激光所在像素点的物体高度 $h$，而

图3-29 线激光图像

水平方向的像素点之间的距离可以提前进行标定，这样就可以生成一个二维的激光轮廓数据，当激光相对物体发生移动时，就可以得到一系列轮廓数据，进而得到物体表面的三维数。

线激光3D相机的内置处理器配备高精度算法，可高速输出毫米级的三维测量结果，并且配备高功率激光模块与窄带滤光片，使相机动态范围更宽，抗干扰能力更强，其参数如表3-6所示。

表3-6 线激光3D相机参数

| 相机名称 | 线激光 3D 相机 |
| --- | --- |
| 分辨率 | 1920×1200 |
| 采集模式 | 支持外触发、软触发 |
| 算法处理时间 | 3ms |
| 电源规格 | DC 12V/5A |
| 保护等级 | IP65 |
| 物品高度 | 20 ～ 1000mm |
| 测量精度 | ±5mm |

# 3.4 三维测量系统

在物流快递业务中，运输计费至关重要，需综合考虑发出地和接收地的距离，以及重量、体积、物品数量等因素。因此，计费方法有两种，一种是根据快递在特定地域内的重量计费，另一种是根据包裹在特定地域内的体积计费。在实施过程中，必须人工称重和测量。为了提高计费的精确度和效率，在分拣过程中融入三维测量系统是必不可少的。

在智能快递分拣领域，三维测量系统整合了 DWS 动态系统，其中 D 表示体积（dimension）、W 表示称重（weight）、S 表示条形码扫描（scanning）。该系统提供了一站式的包裹体积测量、称重和条形码扫描一体化服务，旨在提升智能快递行业的处理效率和准确性。此外，动态是指货物包裹在输送带上快速传输的过程中，其条形码、重量、尺寸数据信息将被测量设备自动采集并自动上传至仓库系统的一系列操作过程。

DWS 动态系统的关键技术包括多面读码视觉技术和体积测量技术。

多面读码系统利用不同分辨率的相机配置，确保了条形码在各个方位的稳定读取，从而克服了传统读码系统对于快件放置方式和方向的限制，提升了工作效率，降低了人力成本。这种系统的主要优势体现在以下几点。

（1）能够同时处理一维码和二维码，实现高效及稳定的信息处理。

（2）确保多个条形码同时被识别，识别率达到 99% 以上。

（3）读码软件平台操作简单、界面清晰、功能完善，可根据不同场景定制不同功能。

体积测量部分采用了线激光立体相机，该相机可以采集包裹的相关信息并生成点云数据，从而获取包裹的体积数据。此外，DWS 动态系统还配备了五面读码系统和动态称重系统，以实现对快件信息的全方位获取，其主要特点如下。

（1）支持 10mm×10mm×2mm ～ 2500mm×1000mm×1000mm 的物体尺寸测量。

（2）对反光率超过 10%（包括 10%）的物体皆能正常进行尺寸测量，且长、宽、高测量精度可控制在 5mm 内。

（3）结合反光镜可以实现低安装高度条件下的实时包裹定位及长、宽、高测量。

条形码扫描功能利用了线阵定焦相机和面阵读码相机，通过扫码技术实现了对条形码和二维码的高精度识别。该技术主要包括基于高分辨率图像的识别算法技术、非成像光学透镜与一体化光源技术、自适应动态滤波算法技术、多秤体高精度动态采样算法技术。

DWS 动态系统的主传送段由拉距段、称重段和补码段 3 部分构成，相机部分则由扫码相机和体积相机两部分组成。该系统的信息汇总由上位机系统完成，主要为包裹提供动态处理服务。在物流行业收发件过程中，该系统主要执行对包裹的条形码扫描、称重及面单图像的采集和保存工作。此外，该系统还支持定制特殊功能，并拥有操作简便、功能全面、效率高的特点，其主要特性包括：识别率高于 99%；每小时能处理 2800 ～ 5500 件包裹；动态称重的主体线速度不超过 2m/s。

　　具体来说，拉距段主要用于包裹的存储及间距管控。在每个称重段的 4 个角下方均安装有称重传感器，主要用于测量快件重量。补码段主要用于人工线停包，以及处理异常件。具体实例如图 3-30 所示。

图 3-30　DWS 动态系统

　　相机部分安装在相机支架上，相机支架主体位于主传送段的前中段。根据包裹尺寸的不同，相机占用的净高和净宽也会有所变化。以尺寸为 1000mm×700mm×700mm 的最大包裹为例，相机主体高出皮带面 1930mm，相机支架的净宽为 2400mm。具体实例如图 3-31 所示。

图 3-31　相机位置实例图

## 3.4.1　动态称重系统

DWS 动态系统的称重部分采用了动态称重系统，该系统由称重传感器、电控箱、称重仪表、输送机和报警装置等部分构成。动态称重是相对静态称重而言的，普通的静态称重需要在物体静止状态下进行，而动态称重则可以在物体运动过程中获取载重量信息。其中，输送机由输送皮带、称重装置、机架和减速电机等部分组成。

输送皮带由主动滚筒和被动滚筒共同实现物体的输送。主动滚筒采用两段固定的结构，而被动滚筒则采用两端自由浮动的固定结构。这种设计搭配可以同时起到张紧和防止皮带跑偏的作用。当皮带出现跑偏情况时，首先需要判断是向哪一侧跑偏。然后根据判断结果，调节滚筒上的调节螺栓来纠正皮带的位置。例如，如果皮带向左侧跑偏，说明滚筒左侧低于右侧，此时有两种方式，一是调节左侧的张紧螺栓，使滚筒向外伸展；二是调节右侧的滚筒，使其向里缩短。由于皮带具有一定的伸缩性，长时间工作后容易伸长，因此需要注意不要过度张紧皮带，以避免对输送效果产生不利影响。

称重装置由初端光电开关、末端光电开关、滚筒、输送皮带、称重支架、减速电机和称重传感器等部分组成。初端光电开关负责检测物体的信号并发出信号，末端光电开关则负责发出物体离开的信号。在正常工作过程中，如果物体满足精度要求，系统将不触发报警；如果物体不满足精度要求，末端光电开关会发出报警信号，通知剔除机将不合格的物体剔除。初端光电开关和末端光电开关有一定的距离，该距离要根据具体物体的外形尺寸而定，这是为了在动态情况下提供一定的稳定时间，以确保系统的准确测量和稳定运行。

称重传感器和称重支架配备了自由浮动式皮带称重装置，适用于连续输送物料的带式输送机进行精确的重量测量。这一装置主要由称重传感器、支撑梁、支架梁和万向节构成。支撑梁上设有两个称重传感器，它们通过万向节与支架梁相连，而两根支架梁则通过称重托辊支架相连，形成整体秤架。这两个万向节连接着称重传感器，使得整个秤架能够自由浮动，从而减轻或消除各种干扰和结构内应力。称重托辊将皮带上的物料重量准确地传递给称重传感器，实现高精度的测量。减速电机被安装在秤架上，以消除电机对测量的影响。减速电机与皮带滚筒通过齿形带连接，形成柔性连接，这样可以消除电机启动和停止过程中的动能，并起到减震的作用。此外，齿形带的传递效率很高。在运输过程中，为了减轻对称重传感器的冲击并保护其不受损坏，秤体与机体之间通过固定螺栓进行连接。只有在安装并固定就位之后，才能旋开螺栓。

电气部分主要由变频器、PLC、报警器，以及称重仪表等组件构成。光电开关和称重仪表输出的信号均会由PLC接收并将其转发至相关的驱动机构，进而完成规定的动作。变频器通过调节电机输出的转速以调控输送皮带的运行速度。

动态称重系统（见图3-32）应用十分广泛，不仅大大提高了生产效率，而且也提高了包装计量的准确度和可靠性，具有十分广阔的发展前景。

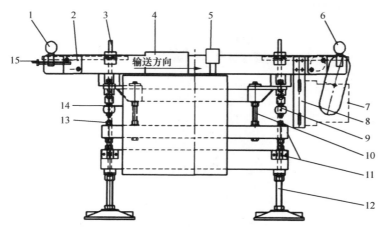

图 3-32　动态称重系统

## 3.4.2　大件六面扫系统

　　在物流业务流程中，通常利用包裹上的条形码来跟踪其物流状态。在物流节点信息发生变更时，均需对包裹进行扫码操作。然而，当前的解决方案依赖于人工翻动包裹，将条形码面转向正面，这在很大程度上降低了扫码效率，并使得包裹分拣的准确性和可靠性受到限制。为了解决这个问题，大件六面扫系统应运而生。

　　大件六面扫系统（见图 3-33 ～图 3-37），由不同分辨率的条形码读取相机组合而成，旨在稳定地识别包装上、下、左、右、前、后 6 个方向的条形码。此系统包括光电触发开关、一个与光电触发开关相连的六面相机，以及一台工控机。该六面相机布局在传送带的上方、下方、左方、右方、前方和后方；工控机在接收到光电触发信号后，控制六面相机进行拍摄，并依据拍摄结果输出该包裹的条形码。表 3-7 展示了此系统各部分的参数。

图 3-33　大件六面扫系统结构示意图

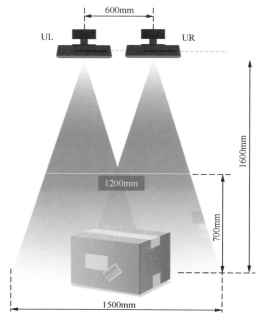

图 3-34  大件六面扫系统读码示意图：顶面

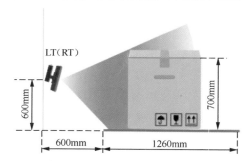

图 3-35  大件六面扫系统读码示意图：左（右）面

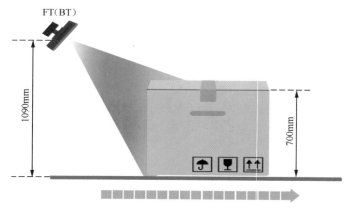

图 3-36  大件六面扫系统读码示意图：前（后）面

图 3-37 大件六面扫系统读码示意图：底面

表3-7 大件六面扫系统读码各结构面参数

| 结构面 | 成像方案 | | 成像参数 | | 方案性能 | 安装参数 |
| --- | --- | --- | --- | --- | --- | --- |
| | 相机 | 光源 | 镜头 | 分辨率 | | |
| 顶面 | WZ-ZAR200-GM*2 | WZ-AS28W-AC5P | 20mm | 5440×3648pxl | 景深覆盖：30～700mm<br>上视野：1200mm<br>下视野：1500mm | 相机高度：1600mm<br>皮带宽度：1260mm |
| 左（右）面 | WZ-ZAR200-GM*2 | WZ-AS28W-AC5P | 12mm | 5440×3648pxl | 纵向视野：700mm<br>景深覆盖：600mm | 距离皮带面高：600mm<br>距离皮带边远：600mm |
| 前（后）面 | WZ-ZAR200-GM*2 | WZ-AS28W-AC5P | 16mm | 5440×3648pxl | 横向视野：1260mm<br>纵向视野：700mm | 距离皮带面高：1090mm<br>距离中心皮带缝远：1217mm |
| 底面 | WZ-ZLL020-GM | 线阵光源一体化 | 60mm | 8240×1pxl | 横向视野：1260mm | D$a$+D$b$=1450mm（D$b$为线阵相机发射光线 $b$ 从线阵相机发射点到反光镜的距离，D$a$ 为反射光线 $a$ 从发射点到底面的距离） |

在传送带上存有包裹时使用六面相机进行拍照，并根据六面相机的拍照结果生成包裹的条形码，解决了当前技术中人工翻包分拣导致效率较低且可靠性较差的问题，实现了无论包裹的单面朝向哪个方向，均能通过六面相机扫描得到条形码，从而提高了分拣效率和分拣可靠性。

大件六面扫系统具有以下特点。

- 性能强大：相机中内置算法，搭配高性能硬件处理平台，采用 8K 线阵图像融合传感技术，使算法耗时≤100ms。

- 质量稳定：相机光源一体化，使得结构更加紧凑、稳定且可靠，符合 IP65 的工业防护等级，适应严苛物流环境。

- 识别速度快：皮带速度达 2.2m/s 时依然可以识别。
- 读码种类丰富：可识别 Code128、Code39、Code93、EAN-13、交叉二五码、QR Code，以及 Data Matrix 等。
- 识别准确率高：识别准确率 ≥ 99.99%。
- 效率高：每小时至少识别 6000 件。

### 3.4.3　小件六面扫系统

在物流领域中，通常通过包裹上的条形码来跟踪包裹的物流信息，在物流节点更新时，检测不同尺寸的包裹，除了使用大件六面扫系统外，也会使用到小件六面扫系统。

小件六面扫系统由交叉带五面扫系统和供包台底扫系统组合而成，交叉带五面扫系统如图 3-38 所示。

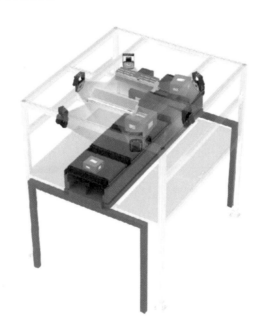

图 3-38　交叉带五面扫系统

交叉带五面扫系统是一种利用不同分辨率的读码相机组合，实现对物体上、左、右、前、后面条形码稳定识别的五面读码系统，其原理和大件六面扫系统非常相似。该系统被广泛应用于中小件交叉带分拣场景中，适用范围广泛，小至信封袋、大至高 600mm 的纸箱均可使用，还可支持 2.5m/s 的高速读码场景。

小件六面扫系统具有以下特点。

- 性能强大：相机中内置算法，搭配高性能硬件处理平台，采用 8K 线阵图像融合传感技术，使算法耗时 ≤ 100ms。

- 质量稳定：相机光源一体化，使得结构更加紧凑、稳定且可靠，符合 IP65 的工业防护等级，适应严苛物流环境。
- 识别速度快：皮带速度达 2.5m/s 时依然可以识别。
- 读码种类丰富：可识别 Code 128、Code 39、Code 93、EAN-13、交叉二五码、QR Code，以及 Data Matrix 等。
- 识别准确率高：识别准确率 ≥ 99.99%。
- 效率高：每小时至少识别 12000 件。

供包台底扫系统（见图 3-39）以 WZ-ZL040-GM 智能线阵读码相机为核心，结合图像处理技术和深度学习技术，可识别通过单件 / 叠件分离系统或机械臂上件系统面单朝下的快件。该系统与交叉带五面扫系统组合，可实现中小型快件六面全方位读码。

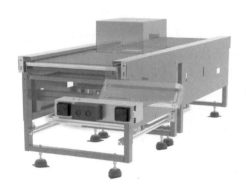

图 3-39　供包台底扫系统

供包台底扫系统具有以下特点。

- 灵活应用：可根据皮带运行速度及包裹尺寸上下限灵活调整参数。
- 高效识别：选用 4K 高分辨率的线性阵列传感器，识别准确率高达 99.9%。
- 部署简易：产品出厂时就完成了内参的现场一键标定。
- 一体化光源技术：应用了光学透镜的一体化光源技术。

# 第*4*章

# 单机设备

单机设备包括叠件分离设备、单件分离设备和摆轮设备。简单来说，首先使用叠件分离设备将混乱堆叠的快件包裹进行分离，从而有效解决了包裹叠件拥挤的问题。接着，单件分离设备通过相机采集各个包裹的位置、轮廓和前后粘连状态，并利用这些信息联动识别算法软件，控制不同皮带矩阵组低压伺服电机的运行速度。通过速度差实现包裹的自动化分离，将混堆的包裹分离成单件排列，有序地向前输送。最后，摆轮设备将不同流向的包裹进行自动化分拣，按照商品种类、储存位置或目的地等进行快速准确地分类，将这些商品运送到指定地点，便于后期的分拣与集包。

本章将对这三大设备进行详细介绍，旨在为之后的安装维护和设备养护提供理论性铺垫。

## 4.1　叠件分离设备

本节主要介绍叠件分离设备。作为快递自动化分拣的初始步骤，叠件分离的主要目的是将堆叠在一起的包裹进行分离，确保所有包裹都平铺在传送带和导槽的中央。此外，叠件分离还具有限流功能，为接下来的单件分离做好准备。

### 4.1.1　叠件分离设备概述

叠件分离设备采用视觉识别技术，并通过控制单元的独立运行实现堆叠包裹的分离。该设备通常由多段可独立运行的皮带组成。图 4-1 所示为叠件分离设备的实物图。

（1）限流段皮带。

在分离模式下，当叠件分离设备给出"允许进入"信号时，标志着视觉检测系统已经确认限流段皮带上布满了待分离的包裹。此时，限流段皮带的速度会逐渐减慢，并给出"不允许进入"的信号。与此同时，

运行方向

图 4-1　叠件分离设备的实物图

前端输送皮带机的出口传感器会检测是否有包裹通过。如果没有检测到有包裹通过,则前端输送皮带机继续运行;如果检测到有包裹通过,则前端输送皮带机立即停止运行。

(2)一级分离段皮带。

相机识别包裹在一级分离段皮带上的包裹数据(包括位置和形状),并将包裹数据发送给 PLC。根据接收到的包裹数据,PLC 控制对应模块的伺服电机进行动作,从而将堆叠包裹进行一定程度的分离,并输送到二级分离段皮带进行处理。

(3)二级分离段皮带。

二级分离段皮带同一级分离段皮带的分离原理一样,但是以更快的速度对一级分离段皮带已经处理过的包裹进行再处理。

(4)过渡段皮带。

经过两次除堆叠处理后,包裹会通过过渡段皮带输送给单件分离设备。

## 4.1.2 叠件分离设备应用案例

叠件分离设备的应用案例如表 4-1 所示。

表4-1 叠件分离设备的应用案例

| 应用案例 | 中通 | 圆通 |
| --- | --- | --- |
| 图片 | | |
| 分离成功率 | ≥ 95% | ≥ 95% |
| 检修时长 | ≤ 0.5 小时 | ≤ 0.5 小时 |
| 噪声 | 72dB | 70dB |

## 4.1.3 叠件分离设备组成

叠件分离设备由叠件分离机体、视觉识别系统和电控系统组成,叠件分离机体和视觉识别系统如图 4-2 所示。

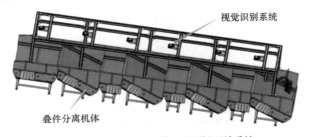

图 4-2 叠件分离机体和视觉识别系统

## 一、叠件分离机体

叠件分离机体主要由多个叠件分离模块组成，叠件分离模块如图 4-3 所示。每个模块都安装有一条皮带和一个伺服电机，并且每条皮带都可以独立运行。此外，每个模块也可以单独更换。

通过调整各皮带之间的速度差和模块的倾斜角度，可以实现堆叠包裹的分离，并拉开行进过程中包裹前后之间的距离。

图 4-3 叠件分离模块

## 二、视觉识别系统

视觉识别系统由铝型材支架、相机、工控机、遮光帘布和显示器组成，如图 4-4 所示。相机和工控机架设在并行分离模块的上方，用于实时传送图像。遮光帘布安装在视觉识别系统的顶部和侧面，用来避免外界光源对视觉识别系统的干扰。

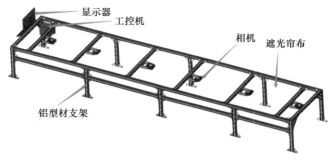

图 4-4 视觉识别系统

## 三、电控系统

（1）叠件分离主控柜。

叠件分离主控柜如图 4-5 所示，PLC 等主要元器件就集成在主控柜内。

图 4-5 叠件分离主控柜

主控柜面板按钮及指示灯说明如表 4-2 所示。

表4-2　主控柜面板按钮及指示灯说明

| 编　号 | 说　明 |
|---|---|
| 1 | 电能表 |
| 2 | 电源指示灯：主控柜上电时指示灯亮 |
| 3 | 合闸指示灯：主开关合闸时指示灯亮 |
| 4 | 故障蜂鸣器：系统故障时蜂鸣器报警 |
| 5 | 启动按钮：用于设备本地启动，启动时按钮指示灯亮 |
| 6 | 停止按钮：用于设备本地停止 |
| 7 | 本地 / 远程切换旋钮：切换本地 / 远程控制 |
| 8 | 复位按钮：用于故障复位，可以消除大部分故障 |
| 9 | 急停按钮：在生产中遇到重大问题时按下，使设备立即停止工作 |

（2）Packages Separation System 上位机界面。

Packages Separation System（后文简称为 PSS）上位机界面如图 4-6 所示。

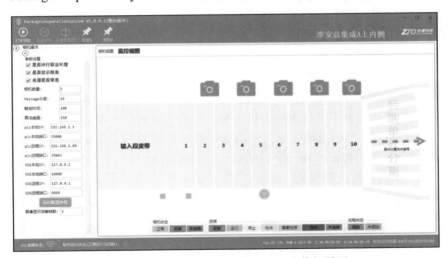

图 4-6　Packages Separation System 上位机界面

PSS 界面底部显示了叠件分离设备的通信状态，如图 4-7 所示。

图 4-7　通信状态显示

（3）相机视图。

从相机视角观察包裹分离效果，有助于查看相机和皮带是否工作，如图 4-8 所示。

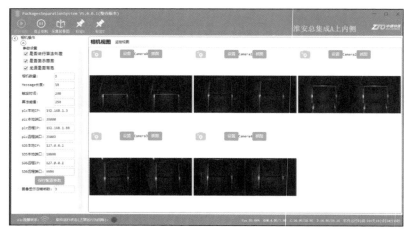

图 4-8 相机视图

## 4.1.4 叠件分离设备关键技术

叠件分离设备的功能是将堆叠的包裹分离开，使包裹单层输送出去，视觉系统在本设备的功能是识别每段皮带机区域内是否有包裹，实现的方式为采用多相机实时采集图片，经过算法识别之后将结果发给 PLC 系统。该系统可以检测尺寸范围为 150mm×150mm×1mm ～ 460mm×400mm×350mm 的包裹，检测成功率 ≥ 99.5%。叠件分离设备的关键技术如下。

- 基于 ZYNQ 平台的图像高速传输技术。
- 基于智能相机高精度的包裹实时检测与定位技术。
- 基于以太网传输的上位机界面数据交互与显示技术。
- 基于光学透镜整形的一体化光源技术。

其他关键技术如下。

- 基于视觉算法和运动控制算法的除堆叠技术。
- 模块速度和控制逻辑自适应技术。
- 模块倾角和落差适配技术。
- 模块防跑偏技术。

应用情况如图 4-9 所示。

图 4-9 叠件分离视觉系统

# 4.2  单件分离设备

本节主要介绍单件分离设备，包含了单件分离设备概述、单件分离设备型号及应用案例、单件分离设备组成和单件分离设备关键技术。单件分离设备是快递自动化分拣的中间环节，主要目的是将消除叠件后的包裹进行逐个分离，增加包裹间隔并在导槽中保持居中，为接下来的条形码扫描做准备。

## 4.2.1  单件分离设备概述

单件分离设备是一种采用视觉技术识别物体，并控制小型传送带的设备，其主要用途是对包裹进行逐个分离处理，并使其保持合适的距离。单件分离后，可以增加其他辅助设备，如居中机，使包裹输出为单列化形式。

单件分离设备的基本原理如下。

（1）在分离模式下，当包裹进入发散区域时，发散皮带会将其往左右两侧分散，以增加包裹之间的横向距离。一旦包裹进入分离区域，相机将实时采集包裹的图像信息，这些信息会立即被视觉系统进行分析，以确定包裹在分离区域内的分布情况，并根据预设的分离策略来控制各单件分离模组的皮带速度，从而完成相邻包裹的单件分离处理。

（2）在流水模式下，上下游设备之间没有联动控制，不具备分离功能，这允许包裹以任何状态快速通过，不考虑分离间距及准确率。

值得提及的是，单件分离设备还具备远程控制切换功能，用户可以根据实际需要，远程选择分离模式或流水模式。此外，该设备也具有软件远程升级能力。

## 4.2.2  单件分离设备型号及应用案例

单件分离设备型号及应用案例如表 4-3 所示。

表4-3  单件分离设备型号及应用案例

| 单件分离设备型号 | 大件单件分离 | | | 小件单件分离 |
|---|---|---|---|---|
| | H 型（6×8） | M 型（5×8） | L 型（4×7） | 4×10 |
| 实物图 | | | | |
| 处理率 | 7200 件 /h | 6000 件 /h | 4000 件 /h | 5000 件 /h |

续表

| 成功率 | 98% | 98% | 98% | 98% |
|---|---|---|---|---|
| 线体速度 | 前端皮带机速度 1.2m/s 出口 2.3m/s | 前端皮带机速度 1.2m/s 出口 2m/s | 前端皮带机速度 0.8m/s 出口 1.5m/s | 分离区速度 1.5m/s |
| 发散区模块数量 | 10 | 10 | 9 | 无 |
| 分离区模块数量 | 48 | 40 | 28 | 40 |
| 设备尺寸（发散+分离） | 3000mm×1660mm | 2600mm×1660mm（顺丰 6K） | 2184mm×1460mm | 1650mm×1260mm |
| 包裹尺寸 | 最大：1000mm× 700mm×700mm 最小：150mm× 150mm×30mm 重量：300g～60kg | 最大：1000mm× 700mm×700mm 最小：150mm× 150mm×30mm 重量：300g～60kg | 最大：1000mm× 700mm×700mm 最小：150mm× 150mm×30mm 重量：300g～60kg | 最大：500mm× 400mm×400mm 最小：150mm× 150mm×5mm 重量：300g～20kg |

## 4.2.3  单件分离设备组成

单件分离设备由发散区、分离区、居中机、相机支架、输入皮带机和拉锯皮带机组成，各硬件设备之间相互配合，共同完成包裹的逐个分离。

### 一、发散区

原理与作用：根据每个发散模块之间的发散角度，将并行排列的包裹间隔一定的距离，如图 4-10 所示，目的是防止相机将两个并行的包裹识别为一个，从而影响分离成功率。

对于不同效率的单件分离设备，发散区设备的设计和尺寸要求如下。

（1）对于效率为 4K 的单件分离设备，发散区设备长度为 540mm，入口宽度为 1260mm（与输入皮带机对接），出口宽度为 1460mm（与分离区对接）。

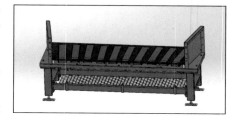

图 4-10  发散区

（2）对于效率为 6K 和 7.2K 的单件分离设备，发散区设备长度为 540mm，入口宽度为 1460mm（与输入皮带机对接），出口宽度为 1660mm（与分离区对接）。

注：小件 4×10 单件分离没有发散区，直接将分离区与叠件分离设备连接。而对于重包和特大包场地（平均包裹长度 1000mm）来说，由于这些包裹尺寸较大，很少出现包裹并排的情况，因此也取消了发散区，输入皮带机直接对接分离区。

## 二、分离区

分离区主体为模块化设计，所有模块皆具有一致性，且出厂前都已调整完毕，如图 4-11 所示。

模块的安装是通过将每个模块精确地定位并放置到机架上，然后实现模块之间的相互固定来完成的。这种设计巧妙地利用了模块自身的重量与机架的结构，从而确保了安装时的稳定性，而不需要进行额外的紧固操作。这

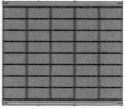

图 4-11　分离区

样的设计不仅简化了安装步骤，还使得在需要取出或更换模块时能够快速而轻松地进行操作。

图 4-11 中的右图为分离区的一个模组，它由两个模块构成，每个模块都包含独立的伺服驱动器、伺服电机、滚筒和皮带。通过伺服驱动器来控制伺服电机的运转，伺服电机再带动滚筒旋转，从而驱动皮带，实现对单个模块的控制。

原理与作用：通过相机动态识别不同包裹的位置，然后视觉系统控制每一个独立模块，将包裹前后距离拉开。通过保证包裹前后的最小间距，来满足后面的六面扫描及摆轮分拣的间隔需求。

对于不同效率的单件分离设备，分离区设备的设计和尺寸要求如下。

（1）对于效率为 4K 的单件分离设备，分离区设备长度为 1645mm，入口宽度为 1460mm（与发散区对接），出口宽度为 1460mm（与居中机对接）。

（2）对于效率为 6K 的单件分离设备，分离区设备长度为 2055mm，入口宽度为 1660mm（与发散区对接），出口宽度为 1660mm（与居中机对接）。

（3）对于效率为 7.2K 的单件分离设备，分离区设备长度为 2470mm，入口宽度为 1660mm（与发散区对接），出口宽度为 1660mm（与居中机对接）。

（4）对于 4×10 的小件单件分离来说，分离区设备长度为 1645mm，入口宽度1220mm（与叠件分离区对接），出口宽度为 1220mm（与居中机对接）。

## 三、居中机

原理与作用：通过调整辊筒夹角，将分散在皮带面宽度范围内各处的包裹集中到设备中心线上，从而将原本可能杂乱无章的包裹流量转化为单列形式，如图 4-12 所示。

居中机分为滚筒居中机和模组带居中机，可根据使用需求进行选择。

图 4-12　居中机

（1）滚筒居中机。

● 优点：噪声与振动幅度较小；结构简单；设备平面度高，前后过渡相对平稳。

● 缺点：底驱滚筒居中机对集包袋的兼容性较差，容易将比较空的集包袋卷入摩擦带中，尤其是在蛇皮袋和集包袋较多的情况下，容易造成包裹和设备的损坏。

（2）模组带居中机。

● 优点：设备间隙小，不易卡包。

● 缺点：设备噪声大，超过72dB；对小件的软包散件不友好，出口过渡处有夹包的风险；前后需要加装过渡条。

根据场地的特定需求，有时会选择使用靠边机来替代居中机，默认尺寸与居中机的相同。具体尺寸配置如下。

（1）3.8m。这个长度被分为直段和斜段两个部分，且该配置包含3个减速电机。

（2）2.8m。这个长度仅由斜段构成，且该配置包含2个减速电机。

## 四、相机支架

原理与作用：由两台相机和一台工业控制计算机组成识别系统，相机架设在单件分离器模块的上方，以便实时将单件分离器的图像传输给工业控制计算机的软件系统。通过算法分析，系统能够准确判断控制单件分离模组的工作时机，如图4-13所示。

相机支架的高度需满足相机视野的覆盖要求。

（1）对于大件单件分离的情况，目前采用双相机方案，要求相机安装在距离皮带面1.9m以上的净空高度。以600mm高度的皮带面为例，相机支架的高度被设定为2600mm（其中相机自身的厚度为100mm）。考虑到现场可能会出现净空高度不足的情况，因此建议改用四相机方案。这样，相机支架的高度可以降低300mm，即总高度为2300mm。

（2）对于小件单件分离的情况，相机支架的总高度为2100mm。

## 五、输入皮带机

靠近单件分离设备入口的皮带机为输入皮带机1，输入皮带机1前端为输入皮带机2，如图4-14所示。

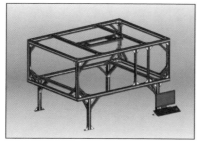

图4-13　相机支架

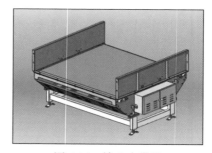

图4-14　输入皮带机

原则上，单件分离设备需要两段输入皮带机作为囤包段，并且每段的长度不得小于 1.2m。此外，每段输入皮带机的电机功率不得超过 1.5kW。

对于不同效率的单件分离设备，输入皮带机的皮带宽度需满足相应效率的需求。

（1）对于效率为 4K 的单件分离设备，输入皮带机的皮带宽度应为 1.2m。

（2）对于效率为 6K 和 7.2K 的单件分离设备，输入皮带机的皮带宽度应为 1.4m。

注：小件 4×10 单件分离没有输入皮带机。

### 六、拉距皮带机

居中机后的第一段皮带机为拉距皮带机，如图 4-15 所示。

拉距皮带机采用伺服电机驱动，考虑到急停动作可能产生的冲击影响，采用了双排链传动的传动方式。这种设计可以有效地吸收冲击，确保设备的稳定运行。

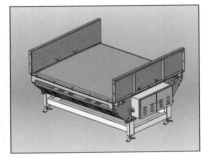

满足最大速度要求（对于效率为 4K 的单件分离设备，单件分离拉距段满足最大速度为 1.5m/s；对于效率为 6K 的单件分离设备，单件分离拉距段满足最大速度为 2m/s；对于效率为 7.2K 的单件分离设备，单件分离拉距段满足最大速度为 2.3m/s）。

注：小件 4×10 没有拉距段，直接与供包台的皮带机连接。

图 4-15　拉距皮带机

## 4.2.4　单件分离设备关键技术

### 一、运动控制技术

单件分离运动控制系统由上位机、控制单元（PLC 或嵌入式控制器）和驱动单元（电机驱动器）组成。上位机接收相机坐标数据，执行分离算法，计算出每个分离模块所需要的运动状态，并将其传输给控制单元，同时接收控制单元反馈的信息；控制单元与驱动单元之间通过工业总线进行数据传输，通过连续启停、加减速来实现包裹的分离。驱动单元通过编码器获取当前电机的转速、位置等参数，并将这些参数反馈给控制单元，以实现对电机状态的监控，同时通过调整控制参数（如比例增益、积分增益/时间、微分增益/时间）让系统达到最佳的控制效果。三者相互配合实现电机运动的精准控制和闭环控制，如图 4-16 所示。

### 二、识别定位技术

单件分离识别定位技术基于图像处理算法对皮带上的包裹位置进行实时检测。该技术的核心流程涉及多个关键模块，主要包括图像采集模块、图像预处理模块、图像拼接模块、图像包裹位置检测模块，其流程如图 4-17 所示。

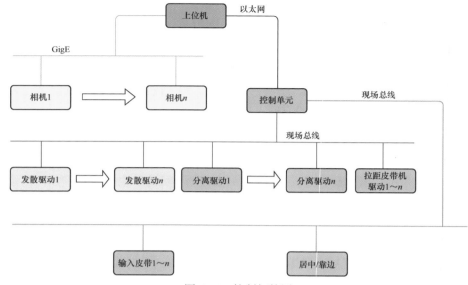

图 4-16 控制拓扑图

图像采集模块由多个 RGB 工业相机组成,相机的数量可以根据待检测视野范围大小以及场地的安装高度限制进行调整。通常以 15FPS 的速度采集多个相机的 RGB 图像数据,同时保证多相机数据的同步触发。

图像预处理模块主要包括图像水平校正和图像感兴趣区域(Region of Interest,ROI)选择。考虑到相机安装过程中存在的角度偏差,需要对获取的多帧原始图像进行水平校正,为后续图像拼接做准备。同时,为了减少非检测区域视野内的噪声干扰,可以通过设定相机实际的 ROI 检测区域,提升算法整体的实时性及稳定性,这个过程一般通过前期图像标定来完成。相机采集的原始图像数据受环境因素干扰会引入一些噪声,算法内部通过

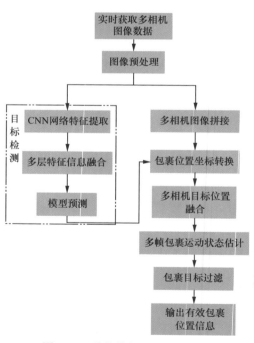

图 4-17 单件分离识别定位流程

利用高斯滤波对整个图像进行加权平均处理后,可以提升图像的质量,为后续的图像处理减少因噪声干扰引起的误报问题。

图像拼接模块是指将具有重叠区域的多个相机的 RGB 图像拼接成一幅 RGB 图

像，一般采用棋盘格标定算法，对多相机融合区域内的匹配特征点进行单应性变换矩阵求解，可以将多相机图像坐标转换到统一坐标系下，实现多相机图像的拼接，从而解决因单个相机视野范围有限导致的识别区域范围小的问题。

图像包裹位置检测模块采用了基于深度学习的目标检测算法，对单个相机的ROI区域内的包裹位置进行实时检测，其过程主要包括：首先，利用预先采集的大量训练样本数据，结合深度学习网络模型，进行特征权重参数的学习，根据随机梯度下降原理不断迭代优化，求解模型权重参数的最优解，从而实现端到端的目标检测；其次，利用训练好的深度学习权重参数对输入的图像进行前向推理，结合非极大值抑制算法对目标框信息进行融合，从而获取单个相机视野范围内的所有包裹的位置信息；最后，结合拼接算法以及多相机目标位置融合机制，对多个相机的包裹位置信息进行坐标转换，并映射到单个相机坐标系下，从而完成多相机下包裹位置的唯一性定位。

## 4.3  摆轮设备

本节主要介绍摆轮设备，包含了摆轮设备概述、摆轮设备型号及应用案例、摆轮设备组成和摆轮设备关键技术。摆轮设备是快递自动化分拣的尾部环节，主要目的是将不同流向的包裹进行自动化分拣，从而将包裹自动导向到不同的作业流水线中，便于后期的分拣与集包。

### 4.3.1  摆轮设备概述

摆轮设备主要由摆轮单元、电机拉杆、转向连接杆、单元拉杆、伺服电机等部分组成。运行时，依据主控管理系统下发的指令和摆轮控制器自身的信息识别，摆轮控制器会改变输送滚轮单元的运行方向，从而使得物品向左、向右或者继续直行分拣。最终，物品会被移送至相应的分流输送机上。

现阶段运用到的场合有小件自动供包、卸车区分拣、装车区 / 集包区分拣，其命名规则及其含义如表 4-4 所示（以标识符为 CSD120-2H04W85-230GV1.0C 来介绍）。

表4-4  命名规则及其含义

| 命 名 规 则 | 含 义 |
| --- | --- |
| CS | 摆轮缩写 |
| D120 | 单元直径 |
| 2 | 伺服电机 |
| H | 汇川电机（E：正弦电机） |
| 04 | 电机数量 |
| W85 | 单元数量 |

续表

| 命 名 规 则 | 含 义 |
| --- | --- |
| 230 | 最大单元组宽度 |
| G | 客户代号 |
| V1.0 | 1.0 版本 |
| C | 寒冷地区（非寒冷地区隐藏代号） |

## 4.3.2　摆轮设备型号及应用案例

B 型自动供包摆轮：该摆轮以电滚筒作为运行驱动，以伺服电机作为转向驱动，由 56 个电滚筒模块及 3 台伺服电机转向模块组成，可以在 0.8 ～ 2.5m/s 的速度范围内运行。B 型自动供包摆轮的俯视图和仰视图如图 4-18 所示，B 型自动供包摆轮单元及子驱套件如图 4-19 所示，具体参数如表 4-5 所示。

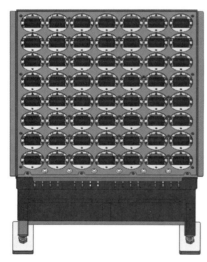
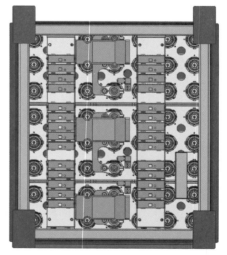

摆轮俯视图　　　　　　　　　　　　　摆轮仰视图

图 4-18　B 型自动供包摆轮的俯视图及仰视图

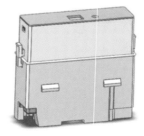

摆轮单元　　　　　　　　　　子驱套件

图 4-19　B 型自动供包摆轮单元及子驱套件

表4-5 B型自动供包摆轮参数

| 外形尺寸 | 806mm（长）×706mm（宽） |
|---|---|
| 运行驱动 | 电滚筒 |
| 转向驱动 | 伺服电机 |
| 输送速度 | 0.8 ～ 2.5m/s |
| 伺服电机排布 | 233 |
| 常用客户 | 中通 |
| 功率 | 5.3kW |
| 效率 | 6000 件 /h（以 2m/s 计算） |

4K 摆轮（B 型）：该摆轮以电滚筒作为运行驱动，以伺服电机作为转向驱动，由 85 个电滚筒模块及 4 台伺服电机转向模块组成，可以在 0.8 ～ 2.5m/s 的速度范围内运行。4K 摆轮（B 型）的俯视图及仰视图如图 4-20 所示，具体参数如表 4-6 所示。

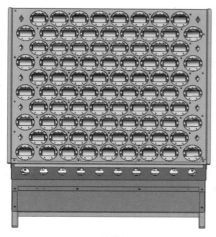 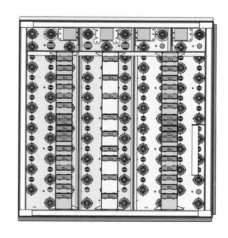

摆轮俯视图　　　　　　　　　　　　　摆轮仰视图

图 4-20　4K 摆轮（B 型）的俯视图及仰视图

表4-6　4K摆轮（B型）参数

| 外形尺寸 | 1200mm（长）×1260mm（宽） |
|---|---|
| 运行驱动 | 电滚筒 |
| 转向驱动 | 伺服电机 |
| 输送速度 | 0.8 ～ 2.5m/s |
| 伺服电机排布 | 2233 |
| 常用客户 | 顺丰、中通 |
| 功率 | 6.05kW |
| 效率 | 4000 件 /h（以 2m/s 计算） |

6K 摆轮（B 型）：该摆轮以电滚筒作为运行驱动，以伺服电机作为转向驱动，由 85 个独立电滚筒模块及 5 台伺服电机转向模块组成，运行速度最高可达到 2.5m/s，适合小、中、大型包裹的快速高效分拣，分拣范围广泛。6K 摆轮（B 型）的俯视图及仰视图如图 4-21 所示，具体参数如表 4-7 所示。

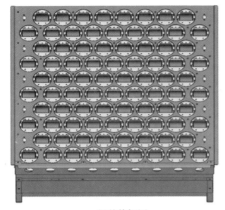
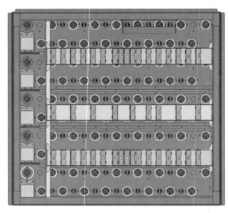

摆轮俯视图　　　　　　　　　　　　　摆轮仰视图

图 4-21　6K 摆轮（B 型）的俯视图及仰视图

表4-7　6K摆轮（B型）参数

| 外形尺寸 | 1200mm（长）×1260mm（宽） |
|---|---|
| 运行驱动 | 电滚筒 |
| 转向驱动 | 伺服电机 |
| 输送速度 | 0.8 ～ 2.5m/s |
| 伺服电机排布 | 22222 |
| 常用客户 | 顺丰、中通 |
| 功率 | 6.8kW |
| 效率 | ＞ 6000 件 /h（以 2m/s 计算） |

摩擦式摆轮（B 型）：该摆轮以摩擦式单元（B 型）模块作为运行驱动，以伺服电机作为转向驱动，由 27 个摩擦式单元（B 型）及 2 台伺服电机转向模块组成，可以在 0.8 ～ 2.5m/s 的速度范围内运行。摩擦式摆轮（B 型）的俯视图及仰视图如图 4-22 所示，具体参数如表 4-8 所示。

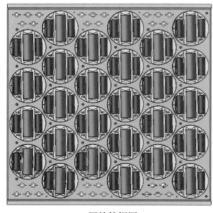
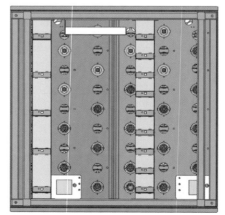

摆轮俯视图　　　　　　　　　　　　　摆轮仰视图

图 4-22　摩擦式摆轮（B 型）的俯视图及仰视图

表4-8 摩擦式摆轮（B型）参数

| | |
|---|---|
| 外形尺寸 | 1096mm（长）×1060mm（宽） |
| 运行驱动 | 摩擦式单元（B型） |
| 转向驱动 | 伺服电机 |
| 输送速度 | 0.8 ～ 2.5m/s |
| 伺服电机排布 | 33 |
| 常用客户 | 中通 |
| 功率 | 4.5kW |
| 效率 | 3164件/h（以2m/s计算） |

摩擦式摆轮（J型）：该摆轮以摩擦式单元（J型）模块作为运行驱动，以伺服电机作为转向驱动，由33个摩擦式单元（J型）及2台伺服电机转向模块组成，可以在0.8 ～ 2.5m/s的速度范围内运行。摩擦式摆轮（J型）的俯视图及仰视图如图4-23所示，摩擦式摆轮（J型）单元及子驱套件如图4-24所示，具体参数如表4-9所示。

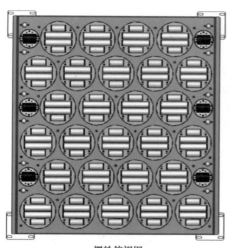

摆轮俯视图

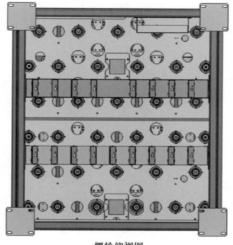

摆轮仰视图

图4-23 摩擦式摆轮（J型）的俯视图及仰视图

摆轮单元

子驱套件

图4-24 摩擦式摆轮（J型）单元及子驱套件

表4-9 摩擦式摆轮（J型）参数

| 外形尺寸 | 1200mm（长）×1060mm（宽） |
|---|---|
| 运行驱动 | 摩擦式单元（J型） |
| 转向驱动 | 伺服电机 |
| 输送速度 | 0.8 ～ 2.5m/s |
| 伺服电机排布 | 222 |
| 常用客户 | 中通、极兔、闪电达 |
| 功率 | 5.3kW |
| 效率 | 4000 件 /h（以 2m/s 计算） |

摆轮设备应用案例如表 4-10 所示。

表4-10 摆轮设备应用案例

| 应 用 场 地 | 摆 轮 类 型 | 实 物 图 |
|---|---|---|
| 中通大件卸车区 | 摩擦式摆轮 |  |
| 中通大件装车区 | 包胶摆轮 |  |
| 小件自动供包 | 90°包胶摆轮 |  |
| 极兔 / 闪电达 | 摩擦式摆轮 |  |
| 顺丰 4K/6K 摆轮 | 包胶摆轮 |  |

### 4.3.3 摆轮设备组成

包胶摆轮以电滚筒作为运行驱动，以伺服电机作为转向驱动，由独立电滚筒模块、多驱驱动器、多个伺服电机转向模块组成。

摩擦式包胶摆轮以电滚筒加摩擦轮作为运行驱动，以伺服电机作为转向驱动，由独立电滚筒模块、多驱驱动器、多个伺服电机转向模块组成。

在摆轮运行时，根据上位机下发的指令以及摆轮前端的感应光电，伺服电机改变包胶单元的运行方向，从而实现物品左、右两侧的分拣，并将物品移送至分流的输送机上。由于电滚筒和摩擦轮采用外包覆橡胶（或聚氨酯）的结构，因此在转向分拣时能够有效地避免对输送物品表面的损伤。

摆轮设备具有快速、准确、对物品无冲击等特点，能够适应不同形状和尺寸的物品，如箱子、包裹、托盘、瓶子、书籍、电子产品等，并适用于矩阵式粗分以及直线式细分等多种分拣方式。

#### 一、转向结构

分拣系统的运作原理为：每一组摆轮由 2 至 3 排电滚筒组成，这一组的转向机构包含伺服电机、减速器、转向板以及转向拉杆等部分。当系统接收到分拣指令以及摆轮前光电的触发信号后，伺服电机将拉动转向板和转向拉杆，促使整组单元实现转向动作。

#### 二、传动结构

（1）传动结构：采用聚氨酯包胶电滚筒作为传动元件，这些电滚筒以模块化的形式设计，通过交错的排布方式减小传输带之间的间隙，保证包裹的正常传输和平稳性。

（2）传动控制单元：采用电滚筒双驱的方式。

（3）传动单元过载能力：可达 3 倍的过载。

（4）过载保护及自复位功能：过载报警后，双驱驱动器会对电滚筒进行过载保护，并在 20s 后进行重启。

（5）控制独立性：每个双驱驱动器控制两个电滚筒，即使单个电滚筒损坏，也不影响其他电滚筒的正常使用。

### 4.3.4 摆轮设备关键技术

所有类型的摆轮都可实现全品类、全规格的物品分拣，尤其对软包、集包编织袋等难以处理的杂件有更强的分拣优势，其模块化设计组装可适用于大、中、小型不同的应用场地，在分拣物品包装类型复杂及大件、重货的场地具有更为突出的分拣优势。具体优势如下。

（1）所有部件均采用模块化设计，易于装配和更换，特别是电滚筒单元和电滚筒双驱部分，其插拔更换非常方便，通常只需花费 1 分钟即可完成更换操作。

（2）电滚筒单元采用双驱控制方式，并使用了尺寸较小的电滚筒，在不影响功能的情况下，容错率更高。

（3）采用了合理的伺服排布方式，减少了机械冲击，增强了机械结构的可靠性。

（4）采用了最新的驱动器电气排布方式，不仅提高了系统的可靠性，还使得布局更加简洁，便于维护和更换。

（5）在有限的空间内，通过采用交错式排布，使得单元之间的空白区更小，从而能够实现更精细的分拣，并且货物的跳动幅度也相对较小。

（6）摆轮单元均采用聚氨酯包胶的形式，使分拣过程高效、快速，且对物品无冲击，可适用于易碎物品的分拣。

1000-2 型摩擦式摆轮以摩擦式摆轮单元模块作为运行驱动，以伺服电机作为转向驱动，由 27 个摆轮单元及 2 台伺服电机转向模块组成，运行速度最高可达到 2.5m/s，适合中、大型及重型包裹的快速高效分拣，具体参数如表 4-11 所示。

表4-11　1000-2型摩擦式摆轮参数

| 外形尺寸 | 1096mm（长）×1060mm（宽） |
| --- | --- |
| 运行驱动 | 摩擦式摆轮单元 |
| 转向驱动 | 伺服电机 |
| 输送速度 | 0.8 ～ 2.5m/s |
| 伺服电机排布 | 33 |
| 常用客户 | 中通 |
| 功率 | 4.5kW |
| 效率 | 3164 件 /h（以 2m/s 计算） |

1000-3 型摩擦式摆轮以摩擦式摆轮单元模块作为运行驱动，以伺服电机作为转向驱动，由 27 个摆轮单元及 3 台伺服电机转向模块组成，运行速度最高可达到 2.5m/s，适合中、大型及重型包裹的快速高效分拣，具体参数如表 4-12 所示。

表4-12　1000-3型摩擦式摆轮参数

| 外形尺寸 | 1200mm（长）×1060mm（宽） |
| --- | --- |
| 运行驱动 | 摩擦式摆轮单元 |
| 转向驱动 | 伺服电机 |
| 输送速度 | 0.8 ～ 2.5m/s |
| 伺服电机排布 | 222 |
| 常用客户 | 中通、极兔、闪电达 |
| 功率 | 5.3kW |
| 效率 | 4000 件 /h（以 2m/s 计算） |

# 第5章

## 交叉带分拣系统

交叉带分拣系统的核心功能部分为分拣主线，它是一种由多个分拣单元（包括行车架及分拣小车）在既定的环形轨道内首尾依次相连而形成的闭环结构。该闭环结构由轨道上安装的电机提供运行的动力，从而实现在轨道内单向运行。

根据视觉识别系统对包裹条形码信息的识别，分拣小车将包裹承载并运输至相应的分拣格口。随后，通过小车皮带的传动，包裹被分拣至与条形码对应的格口内，从而完成分拣任务。由于小车皮带的传动方向与主线运行方向呈交叉状，因此这种系统被称为交叉带分拣系统。

## 5.1 交叉带分拣系统概述

交叉带式分拣系统由主驱动类链条式输送机和载有小型带式输送机的分拣小车组成。当分拣小车移动到指定的分拣位置时，它会转动皮带，以完成将包裹分拣并送出的任务。

### 5.1.1 交叉带分拣系统简介

#### 一、应用场景

（1）快递快运。

（2）商超物流。

（3）配送中心。

#### 二、系统特点

（1）分拣格口布置密集，场地利用率高。

（2）提高了效率，降低了错误率。

（3）节省了劳动力，降低了成本。

（4）配置方式多元化，可配置单层或多层环线，供包区和分拣区也可按不同的使用场景灵活配置。

（5）利用智能相机识别条形码，分拣准确率高，分拣流程可实现全自动化。

## 三、系统组成

（1）机械系统。

（2）电气系统。

（3）视觉识别系统。

（4）仓库控制系统（Warehouse Control System，WCS）。

（5）数据采集与监控系统（Supervisory Control And Data Acquisition，SCADA）。

## 四、交叉带装备说明（部分）

交叉带装备说明（部分）如表 5-1 所示。

表5-1 交叉带装备说明（部分）

| 名称/型号 | 单层 | 双层 | 三层 | 双轨双层 | 包裹分拣机 |
|---|---|---|---|---|---|
| 产品图 | | | | | |
| 小车尺寸 | 600mm×700mm | 600mm×700mm | 600mm×700mm | 600mm×700mm | 800mm×1200mm |
| 小车皮带尺寸 | 1468mm×434mm×2mm | 1468mm×434mm×2mm | 1468mm×434mm×2mm | 1468mm×434mm×2mm | 2477mm×625mm×2mm |
| 小车皮带驱动形式 | 电滚筒 | 电滚筒 | 电滚筒 | 电滚筒 | 电滚筒 |
| 车载供电方式 | 滑触线/无线供电 | 滑触线/无线供电 | 滑触线/无线供电 | 滑触线 | 滑触线 |
| 分拣效率 注：单供包区、线速为2.5m/s | 12000 件 /h | 24000 件 /h | 36000 件 /h | 24000 件 /h | 11250 件 /h |
| 分拣准确率 | ≥ 99.98% | ≥ 99.98% | ≥ 99.98% | ≥ 99.98% | ≥ 99.98% |
| 主线运行速度 | 2.5m/s | 2.5m/s | 2.5m/s | 2.5m/s | 2.5m/s |
| 主线驱动方式 | 直线电机 | 直线电机 | 直线电机 | 下层由直线电机驱动，上层由下层拖动 | 直线电机 |
| 是否带保护装置 | 防碰撞装置 | 防碰撞装置 | 防碰撞装置 | 防碰撞装置 | 防碰撞装置 |

续表

| 货物尺寸范围<br>注：长×宽×高 | 150mm×<br>150mm×<br>50mm～<br>465mm×<br>380mm×<br>250mm | 150mm×<br>150mm×<br>50mm～<br>465mm×<br>380mm×<br>250mm | 150mm×<br>150mm×<br>50mm～<br>465mm×<br>380mm×<br>250mm | 150mm×<br>150mm×<br>50mm～<br>465mm×<br>380mm×<br>250mm | 150mm×<br>150mm×<br>30mm～<br>1000mm×<br>700mm×<br>700mm |
|---|---|---|---|---|---|
| 货物重量范围 | 0.05～30kg | 0.05～30kg | 0.05～30kg | 0.05～30kg | 1～50kg |
| 供包方式 | 自动供包/人工供包 | 自动供包/人工供包 | 自动供包/人工供包 | 自动供包/人工供包 | 自动供包/人工供包 |
| 图像识别 | 六面扫/快手 | 六面扫/快手 | 六面扫/快手 | 六面扫/快手 | 六面扫/快手 |
| 空车检测 | 灰度仪 | 灰度仪 | 灰度仪 | 灰度仪 | 灰度仪 |
| 货物超出小车检测功能 | 可选装 | 可选装 | 可选装 | 可选装 | 可选装 |

## 5.1.2 交叉带分拣系统功能详述

### 一、自动扫描装置功能

（1）自动扫描装置（扫描仪）可以自动识别邮件上的条形码和二维码。

（2）自动扫描装置（扫描仪）可以同时识别多个条形码。

（3）自动扫描装置（扫描仪）可以根据主线速度切换拍照速度，保证不同速度下的识别率符合要求。

（4）自动扫描装置（扫描仪）可以根据要求命名图片并存储到指定路径。

### 二、供包系统功能

（1）每个供包机能够独立运行，并与主控系统进行通信，控制小车分配逻辑。这种设计允许多个供包机同时工作。

（2）供包机通过光电排检测技术测量货物的长度和宽度。当货物尺寸超出设备的允许范围时，系统会发出告警提示并停止上包操作。

（3）供包机具备称重功能，当货物重量超出设备的允许范围时，系统会发出告警提示并停止上包操作。

（4）对小车的分配采取就近原则，即空车优先分配给最近的供包机。若该供包机无须上包（或来不及匹配小车），系统会重新将空小车分配给后面的供包机。

（5）供包机上包后，主控系统会将小车置为有货状态，避免重复分配供包。

（6）供包机磁件检测功能（选配）。

### 三、灰度仪系统功能

（1）检测承载单元（小车）上是否有货。

（2）检测货物中心位置，根据中心位置实现纠偏功能（居中）。

（3）检测货物是否超边。超边的包裹影响下料准确性，可根据使用情况设置超边包裹的处理方式，要么卸载至收容口，要么卸载至正常格口。

## 四、格口系统功能

（1）格口配备锁格按钮，可人工锁格，锁格后的格口禁止落件。

（2）支持通过软件控制锁格和打开格口（系统反控）。

（3）格口配备按钮灯和塔灯，用于不同状态的灯光报警。同时，系统可以实时查看和记录格口状态的变化。

（4）格口具备满包检测功能，并配备满包检测光电传感器。当系统检测到满包时，会触发灯光报警，并自动封锁该格口。

（5）满包条件可根据需求进行设置，可选满包检测光电传感器、件数、重量3个指标，可以根据现场情况进行修改。

（6）具备格口卡件检测功能（选配）。

## 五、WCS 功能

（1）控制供包机供件，使得货物正常导入承载单元（小车）。

（2）接收扫描仪的条形码识别结果。

（3）和客户系统通信，请求目的格口信息，并上传分拣数据。

（4）同步跟踪控制承载单元（小车），使货物准确落入指定格口。

（5）对异常件，如未识别或超出最大循环等情况，系统能够根据现场的设置，将其落入对应的异常收容格口。

（6）对人工扫描和自动扫描装置的识别结果实行优先级处理，优先选择自动扫描装置的识别结果进行请求和分拣。

（7）具备多种分拣模式，包括就近、循环、半圈循环和瀑布等，用户可以根据现场需求进行选择。

（8）能够实时向客户系统请求格口信息，并支持客户动态调整格口方案。

（9）能够实时跟踪货物的分拣过程，并提供相关信息，如供包机编号、承载单元号、目的格口和分拣时间等，以供查询。

（10）具有清空模式，包括货物清空、时间清空和圈数清空3种模式。

（11）具有维护功能。

## 六、诊断功能

（1）当设备出现异常时，分拣控制系统会立即捕获故障信息，并将其上传至监控系统，发出报警予以明显提示。现场处理完毕后，故障被清除，系统正常运行。同时，系统会自动记录故障种类及发生时间。

（2）对运行中可能出现的某些异常，如电机过载、速度异常等提供预告警提示。

（3）如有对应接口，所有自检告警信息都能上传至客户系统。

（4）当设备发生故障时，界面会有对应颜色的报警提示，并显示常规的建议解决方案。

（5）可查询历史故障报警信息，并进行分类统计和分析。同时，还支持将查询结果导出。

## 七、安全保护功能

（1）分拣机控制柜能显示分拣机的当前状态（正常运行、维护、故障、急停等）。

（2）系统具有格口阻塞检测功能。当格口阻塞时，有指示灯发出告警，同时自动封锁该格口。

（3）系统具有小车封锁功能。当小车发生故障时，能自动封锁该小车，并将相应信息发送至设备控制管理系统。

（4）发生故障时，系统会自动实施必要的保护措施，及时发出故障告警，同时显示故障部位，保存故障信息。

（5）在确认故障并解决故障后，可以重启系统。

（6）可以通过密钥开关由现场操作人员或设备控制管理层提供故障解决确认信号。

（7）告警过程中，不影响正常的数据统计和处理。

（8）在电源突然中断或设备发生故障停机时，控制系统能够自动保存机内数据信息。一旦电源恢复或故障排除，系统就能接续停机前的状态继续运行。

（9）控制系统具有强大的抗电磁干扰、抗光干扰和电源波动能力。

## 八、用户管理功能

（1）能通过信息系统对用户信息实施分级授权，只有经授权的操作维护人员才能使用相应功能。

（2）权限不同，进入的界面及相应的操作权限也不同。

（3）操作过程记录应保存半年，包括对系统的操作、模式变更、配置参数设置等。具体的保存天数可以根据需要进行设置。

用户登录操作如图 5-1 所示。用户权限设置如图 5-2 所示。

## 九、日志管理功能

（1）系统会记录所有货件在分拣过程中产生的信息日志。

（2）系统会记录各个模块的运行状况。

（3）系统会记录各个子系统和模块间的通信原始数据，以备查询和核对。

（4）系统会记录与客户系统交互的数据。

（5）系统可设置日志保存的天数，过期自动删除。

日志存储路径如图 5-3 所示。

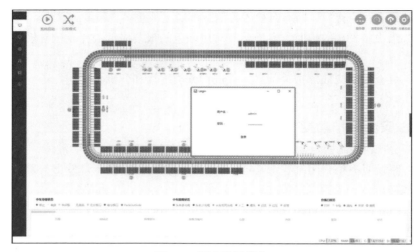

图 5-1　用户登录操作

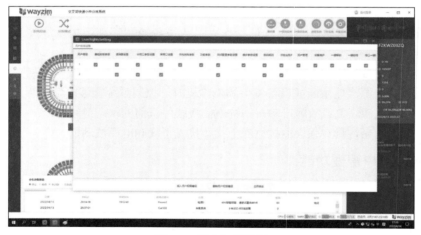

图 5-2　用户权限设置

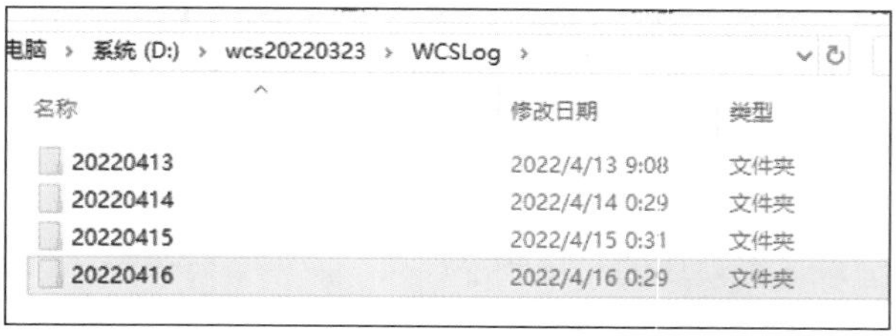

| 名称 | 修改日期 | 类型 |
| --- | --- | --- |
| 20220413 | 2022/4/13 9:08 | 文件夹 |
| 20220414 | 2022/4/14 0:29 | 文件夹 |
| 20220415 | 2022/4/15 0:31 | 文件夹 |
| 20220416 | 2022/4/16 0:29 | 文件夹 |

电脑 > 系统 (D:) > wcs20220323 > WCSLog >

图 5-3　日志存储路径

## 十、在线帮助功能

系统具有对菜单和对话框的解释和语言切换等帮助功能。SCADA 帮助界面如

图 5-4 所示。

### 十一、系统管理功能

系统管理包括设备配置管理、实时控制系统配置管理、数据库管理等。

（1）系统界面允许用户修改系统参数，以便进行系统调整和维护。

（2）可以对数据库进行管理，比如定期删除数据库历史数据等。

（3）系统参数能保存和导出备份。

（4）对重要数据应进行备份，以便系统故障排除后，软件与数据能够恢复。此外，还应能够建立和维护基础数据和用户数据等，以及按规定对业务数据进行归档。

（5）定期自动删除过期数据，保证硬盘空间；所有软件均可备份，以便系统出现故障后可恢复。

图 5-4　SCADA 帮助界面

## 5.2　交叉带分拣系统组成

交叉带分拣系统由机械系统、电气控制系统、视觉识别系统、WCS 和 SCADA 组成。下面将详细介绍各部分系统。

## 5.2.1　机械系统

机械系统一共分为 4 部分：交叉带主线、供包区、读码区、建包区，如图 5-5 所示。

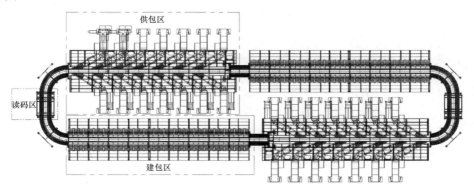

图 5-5　机械系统

（1）交叉带主线。

交叉带主线主要包含交叉带环线的部件，即龙门架、轨道、小车、防护网、线槽。

龙门架用于支撑交叉带环线的轨道、小车、防护网、线槽等部件。根据需要，龙门架可以细分为供包机龙门架、标准直道龙门架、弯道龙门架。如有特殊干涉情况，还会进行非标设计。

轨道用于支撑小车，并使小车在其内部按轨迹运行。根据小车的大小、数量和龙门架之间的间距确定轨道的规格，根据总集成对场地的布局确定轨道的总体布局。轨道也为集成其他电气功能件（如主线电机）提供安装接口。

小车在轨道内按照顺时针或逆时针方向运行。当小车经过供包区或建包区时，根据 WCS 发出的指令，小车的电辊筒可以进行正转或反转操作，以实现包裹的上料和下料。

防护网用于保护包裹，避免包裹意外掉落产生损失。防护网与防护网支架排布在交叉带环线两侧的龙门架上。防护网分为直段防护网和弯道防护网。

线槽用于保护线缆，规范线缆走线，并避免电磁干扰。线槽分为主线线槽和异型线槽。主线线槽排布在交叉带环线轨道的两侧，而异型线槽通常是从主电柜到交叉带轨道的非标设计线槽。交叉带主线图示如图 5-6 所示。

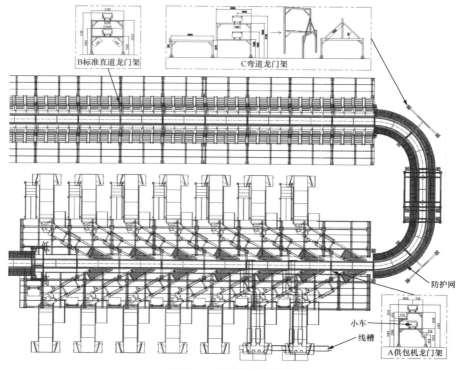

图 5-6　交叉带主线图示

（2）供包区。

供包区主要负责将待分拣的包裹上料至交叉带小车，包括供包钢平台、空盘支架、供包机、解包滑槽、NC 滑槽。

供包钢平台用于支撑供包机设备和操作员的行走和站立，安装在交叉带的供包区。供包钢平台主要包括面板、横梁、支腿、栏杆以及通行的楼梯。

空盘支架安装在供包机之前，装上灰度仪后组成空盘检测，用于检测供包机之前的小车上是否有包裹。空盘支架主要包括铝型材和遮光帘布。

供包机根据规则排布在供包钢平台上，用于包裹的自动上料，供包操作员将包裹放于供包机的放包处，随后根据 WCS 的指令，包裹经由几段伺服拉距段"见缝插针"地输送至小车上。根据使用需要，供包机可配置为三段至八段不等。

解包滑槽高处安装在解包平台上，低处安装在供包钢平台上。拆包操作员拆开集包袋，把散件包倒入解包滑槽中，包裹囤积在解包滑槽的末端，由供包操作员依次放于供包机上，再输送至交叉带小车上。解包滑槽主要包括底板、侧板、支腿。

NC 滑槽高处安装在供包钢平台上，低处安装在地面上。当供包操作员判断包裹状态异常无法上交叉带时，可将包裹扔至前方的 NC 滑槽中，包裹下滑至 NC 线流向其他区域进行进一步检查。NC 滑槽也主要包括底板、侧板、支腿。供包区图示如图 5-7 所示。供包区立面图示如图 5-8 所示。

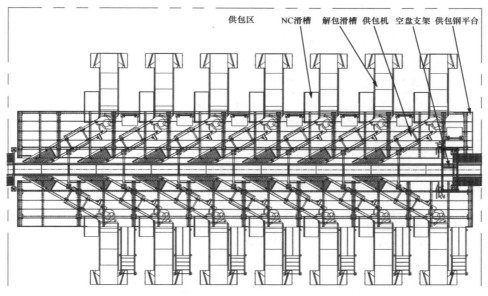

图 5-7 供包区图示

（3）读码区。

读码区主要负责包裹条形码的读取。这一过程完成后，WCS 会根据读取的信息来分配包裹的下料格口。读码区包括相机支架和位置灰度支架（该书中图中未加单位的均默认为 mm）。

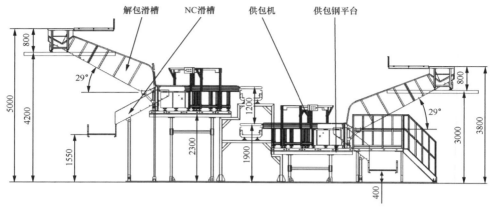

图 5-8　供包区立面图示

　　根据规则，相机支架一般安装在供包区之后、建包区之前的区域，搭配不同数量的读码相机可进行包裹的多面读码。常规搭配灰度仪，可进行位置检测和超边检测。按需要搭配 3D 体积相机，可提取和绑定包裹体积数据。相机支架主要包括铝型材和遮光帘布。

　　若供包机有读码功能，则读码区只需安装位置灰度支架即可。安装灰度仪后，可进行位置检测和超边检测。位置灰度支架同样主要包括铝型材和遮光帘布。读码区图示如图 5-9 所示。

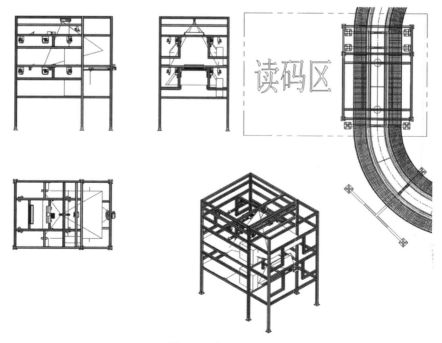

图 5-9　读码区图示

（4）建包区。

建包区主要负责将相同地址的包裹归集至集包袋，包括下料格口、建包辊道、站人平台。

下料格口安装在龙门架上，不同格口可根据需要设定为同一个地址，小车通过WCS 的指令将包裹输送至对应地址的格口，包裹会下落到集包袋中。下料格口主要包括大板、三角块、用于固定集包袋的挂包杆等。

建包辊道安装在下料格口挂包杆的正下方，用于减小集包袋的摩擦阻力，减轻集包操作员的工作负担。在某些情况下，建包辊道也可用摩擦力小的光滑面板代替。建包辊道主要包括面板、滚筒、支腿。

站人平台安装在建包辊道的两侧，主要用于操作员的行走和站立以及空袋子的摆放。站人平台主要包括面板、横梁、支腿、栏杆以及通行的楼梯。建包区图示如图 5-10 所示。

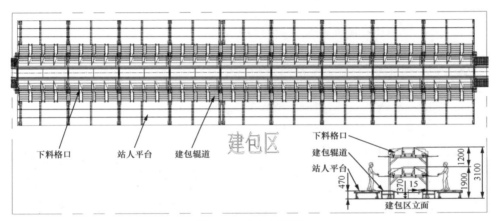

图 5-10　建包区图示

## 5.2.2　电气控制系统

交叉带电气一共分为五大部分：车载电气、主线电气、相机电气、供包机电气，以及下料口电气。各部分相互配合，紧密联系，共同承担着整个交叉带系统的供电、通信、监测，以及控制等功能。

（1）车载电气。

车载电气主要负责交叉带小车的供电、通信、控制下料等功能，包含了车载线、无线客户端、各类开关电源、集电臂、保护空开、光电传感器等设备。

由于车载系统一直处于运动中，传统的有线连接方式不适用于该系统，因此使用无线漏波实现车载与地控之间的通信，通过无线客户端接收漏波中的无线信号，然后这些信号以车载线为实物载体进行传输。

同样，由于车载系统一直在运动，车载供电方式也无法用传统的有线线缆进行连接，因此可以选择以下方案解决供电问题。

● 非接触式供电。铺设特殊的供电线缆，并在线缆外围布置拾电器，拾电器与线缆不接触，在小车于轨道上运行时随时获取电给小车使用。

● 接触式供电。铺设滑触线于轨道中，每隔一段距离布置集电臂，集电臂上的碳刷与滑触线紧密接触，在小车于轨道上运行时随时获取电给小车使用。

上述两种方案各有优缺点。第一种方案中，虽然非接触式供电造价高昂，但免去了后期碳刷更换等的维护成本。虽然第二种方案造价相对较低，但是碳刷在与滑触线接触的过程中会持续磨损消耗，需要定期检查磨损程度并更换，后期维护成本较高。

当解决了动态模式下的供电与通信问题后，接下来就是实施车载系统内部的管控流程，具体的操作步骤为：车载线用于给车载小车供电和通信使用，WCS 发送小车控制命令，通过车载线中的 CAN 总线将命令传输到各组车载从控制器，最后由从控制器使用 485 通信协议将该命令发送给对应的小车，控制其运行。

（2）主线电气。

主线电气主要负责设备主线的运行，包括监控和执行主要设备部件的状态，并为滑触线供电。它的主要设备部件包括直线电机、48V 开关电源、急停开关以及防碰撞装置等。

直线电机通过提供磁力驱动小车下方的次级板，推动整个环线的运行。由于直线电机与次级板之间不需要接触，因此不存在磨损的情况。正常主线运行速度为 2m/s，为了确保主线能够以稳定的速度运行，需要实时检测线体的运行速度，并通过测速光电将线体运行速度实时反馈给主线速度控制器。主线速度控制器通过 PID 调节，使线体稳定在设定的速度上运行。因此，变频器上的运行频率会不断跳变。直线电机如图 5-11 所示。

48V 开关电源用于给滑触线提供稳定的 48V 直流电，通过中心馈线连接件将电送入滑触线中，再通过车载电气系统的供电流程，将电送入车载系统。

图 5-11 直线电机

在直线电机的部分提到过，次级板与电机不需要接触，因此当次级板由于特殊原因角度发生偏转时，它可能会直接撞击到电机。在强大的冲击下，这样的撞击必然会损坏电机，甚至导致更严重的设备损坏，因此在每台电机前至少 10 辆车的距离会放置一个防碰撞装置，如图 5-12 所示。当次级板发生偏转时，首先撞击防碰撞装置，并将其撞倒，这一撞击会触发微动开关，微动开关随即将信号发送至 PLC。PLC 接收到信号后，控制变频器进行直流制动，快速停止主线的运行，以避免该偏转的次级板撞击到电机。

急停开关，顾名思义，是在紧急情况下使用的开关。当发生意外时，立刻按下急停开关，使线体立即进行直流制动并停止运行，以确保安全。

（3）相机电气。

相机主要负责视觉识别，其功能大致分为3种：第一种是使用灰度仪来识别小车皮带面上是否有包裹，第二种是计算小车皮带面上包裹的中心点位置坐标，第三种是通过读取包裹的条形码并将其发送给 WCS，WCS 根据条形码信息分配包裹的下料格口。相机包括扫码相机、体积仪、灰度仪。

图 5-12　防碰撞装置

根据安装位置，扫码相机可分为如下两种。

● 安装在供包机上的相机称为快手相机。

它的作用是在供包时提前扫描包裹，获取包裹条形码，并将其与小车进行绑定。

● 安装在主线上的相机称为主线相机。根据不同的拍照方式，主线相机还能分为线扫相机和面阵相机，根据不同组合，还可有顶扫、三相机五面扫、五相机五面扫和六面扫等方案。主线相机需搭配灰度仪使用，先由灰度仪识别小车上是否有包裹，若有包裹，再控制相机进行拍照，扫描照片上的条形码以获取单号信息。面阵相机如图 5-13 所示。线阵相机如图 5-14 所示。快手相机如图 5-15 所示。

图 5-13　面阵相机

图 5-14　线阵相机

安装在主线上用于识别包裹体积的相机称为体积仪，用于识别皮带面上包裹的尺寸信息。体积仪的尺寸信息有两个用途，一是用于多面线扫相机系统的变焦处理，二是在快递寄送过程中需要使用体积信息。

（4）供包机电气。

供包机主要负责将包裹准确地运送至主线小车上。在此功能基础上，搭载不同设备还可提供称重、拍照扫码、测量体积，以及人工巴枪扫描的功能等。供包机的分类情况如下。

图 5-15　快手相机

- 根据形式，供包机可分为三段式供包机和四段式供包机。四段式供包机的第三段为缓存段，包裹在此处缓存，因此相比三段式供包机在供包效率上更高一些。然而，由于受到场地供包平台宽度的限制，并非所有场地都适合布置四段式供包机，因此出现了三段式供包机。虽然三段式供包机没有缓存段，但整体长度缩短，可以放置在更狭窄的空间中。

- 根据功能，供包机可分为静态称重供包机和动态称重供包机。两者的区别在于静态称重供包机需要包裹在静止的状态下称取重量，然后再将其输送至主线小车上。而动态称重供包机则是在包裹输送的过程中就可同步进行称重，提高了供包效率。

- 根据自动化程度，供包机可分为全自动供包机和半自动供包机。顾名思义，全自动供包机是不需要人工拿取包裹，调整面单朝向后再放置于供包机供包段的。全自动供包机前端可配备配套的底扫相机、叠件分离设备、单件分离设备、输送皮带线、摆轮和滚筒输送线等，将包裹自动输送至供包机供包段，全程几乎不需要人工参与，在提高分拣效率的同时也大幅降低了人力成本。全自动动态称重供包机如图 5-16 所示，半自动四段式动态称重供包机如图 5-17 所示，称重传感器如图 5-18 所示，巴枪如图 5-19 所示。

图 5-16　全自动动态称重供包机

图 5-17　半自动四段式动态称重供包机

图 5-18　称重传感器

图 5-19　巴枪

（5）下料口电气。

下料口电气主要负责下料控制。通过 UDP 连接实时发送格口状态给 WCS，由 WCS 处理下料分配逻辑，控制车载小车是否在格口落件，同时还能发送打印请求给 WCS，由 WCS 控制打印机打印对应格口的信息。整个系统包括了下料口控制器、打印机、预制的信号线束、各类传感器、按钮等，额外的项目还会配备 RFID 和格口显示屏等设备。

1）下料口控制器用于采集每个格口上的传感器状态，并将其整理后通过以太网利用 UDP 与 WCS 进行通信，下料口控制器如图 5-20 所示。

2）在采集每个格口的传感器状态时需要借助预制的信号线束，根据不同下料口的模式，设计不同规格的信号线束。

3）传感器用于检测格口上各部位的状态，

图 5-20　下料口控制器

常用检测有满包检测、满槽检测、夹件检测，分别用于检测集包袋是否快装满、滑槽是否快装满、是否有货物卡在下料口处，下料口传感器如图 5-21 所示。

4）按钮主要用于控制格口锁格和打印。当一个格口的集包袋满包后，可以按下按钮进行锁格处理，此时该格口不再落件，工人可在此期间进行集包袋的更换。根据实际需要，某些项目在锁格的基础上，增加了打印功能。当格口锁定后，对应格口的打印机便会打印出条形码，并张贴在需要更换的集包袋上，以便后续装车分拣时进行扫码操作，下料口按钮如图 5-22 所示。

图 5-21　下料口传感器

图 5-22　下料口按钮

## 5.2.3　视觉识别系统

视觉识别系统包含交叉带五面读码系统、交叉带单顶扫读码系统、供包机底扫系统、位置检测系统（灰度仪）。

交叉带五面读码系统通过采用高分辨率的相机组合（包括面阵相机和线阵相机），能够稳定地识别上、左、右、前、后的条形码和二维码，从而打破了快件摆放的限制，提高了操作效率，并减少了人工干预。

交叉带单顶扫读码系统是一种高效的条形码和二维码识别系统，主要由扫描头、控制单元和数据输出接口组成。该系统通过扫描头对条形码或二维码进行快速扫描，将扫描结果传输至控制单元进行数据处理和识别。识别成功后，系统将解析后的数据通过数据输出接口传输至其他设备或系统。

供包机底扫系统则以 WZ-ZL040-GM 智能线阵读码相机为核心设备，结合自主研发的图像处理技术和深度学习技术，可以识别经过单件/叠件分离设备或机械臂上件系统处理后，面单朝下的快件。该系统与交叉带五面读码系统配合使用，可实现中小型快件六面全方位的读码。

位置检测系统则以 WZ-ZG020-GM 灰度仪为核心设备，基于 YOLO 目标检测算法、OTSU 和边缘融合的自适应快件边缘分割算法，提供集快件中心位置检测、超边检测、一车多件检测、纠偏检测及空盘检测五大功能于一体的综合视觉检测解决方案。

交叉带五面读码系统如图 5-23 所示，供包机底扫系统如图 5-24 所示，位置检测系统如图 5-25 所示。

图 5-23 交叉带五面读码系统

图 5-24 供包机底扫系统

图 5-25 位置检测系统

交叉带五面读码系统具有以下优势。

（1）能够从上、左、右、前、后五面读取条形码和二维码。

（2）采用 Fine Decode® 读码算法，可实时高效读码，且识别率可达 99.99%。

（3）识别速度快，可支持最高 3.5m/s 运行速度下的动态读码。

（4）系统稳定，数据可追溯，可支持本地存图或通过 FTP（File Transfer Protocol，文件传输协议）上传，确保每个包裹的数据和图片都能与车号进行绑定，便于后续的追溯和查询。

（5）方案灵活，适用性强，功能有扩展性：可增加位置检测系统（灰度仪）来融合包裹位置检测及多包检测，从而提高分拣的准确性。此外，还可以添加体积相机来进行包裹体积的测量。

交叉带五面读码系统技术指标说明如表 5-2 所示。

表5-2 交叉带五面读码系统技术指标说明

| 参 数 类 别 | 性 能 指 标 |
|---|---|
| 读码识别率 | ≥ 99.99% |
| 读码准确率 | > 99.99% |
| 小车尺寸 | 700mm×450mm |
| 小车截距 | 600mm |
| 运行速度 | ≤ 3.5m/s |
| 读码景深 | 400mm |
| 条形码最小单元宽度 | 10mil |
| 条形码长度 | 80mm |
| 包裹大小 | 最大 400mm×400mm×400mm |
| 条形码粘贴面 | 上、左、右、前、后面 |

## 5.2.4 WCS

WCS 是介于 WMS（Warehouse Management System，仓库管理系统）和底层 PLC 之间的一层管理控制系统。它的关键职责是将来自 WMS 的任务指令细化并分配给分拣机、输送机、堆垛机等设备，同时对这些设备的操作队列进行实时监控。WCS 确保任务的执行流程及状态能够实时反馈回 WMS，保证所有的操作及指令都有详细的历史记录，便于追踪和追溯。通过与 WMS 进行信息交互，WCS 接收 WMS 的任务指令，并将这些指令下达到底层 PLC，从而驱动自动化设备按预定动作运行。此外，WCS 将现场设备的状态及数据实时反馈在界面上，使得操作人员可以及时掌握生产线的动态。WCS 的模块化设计、监控能力、二次开发接口、数据分析功能、开放性等特点，为仓库自动化提供了强大的技术支持，并且极大地提高了物流处理的效率和准确性。

### 一、WCS 原理

WCS 从上位机信息系统获取基础数据，包括输送信息和分拣信息（包含订单信息以及发运标签等信息）等，同时 WCS 也向上位机信息系统提供分拣结果和设备运行状态。

WCS 在小件分拣过程中扮演着重要的角色。它负责向下对小件的分拣过程做统一的调度，并对各个分拣机设备和小件输送系统设备进行监视、控制和管理，以实现生产管理、设备管理、安全管理等目的，从而完成对小件分拣的调度和执行。

分拣机在扫描或接收到条形码信息后，将条形码信息发送到 WCS。然后，WCS 会回应小件的路由、格口等相关信息给相应的分拣机，以完成小件的分拣入格。

### 二、WCS 设计

WCS 采用了分布式和模块化的设计思想，确保系统的持续先进性及维护的便捷性。

在主线控制系统的设计上，采用了"PLC+ 嵌入式系统 + 工控机"的架构。PLC 负责实现系统的实时控制和安全机制；嵌入式系统用于处理控制指令的执行及通信协议的转换；而工控机则承担运算决策及系统监控的任务。

## 三、WCS 结构及网络架构

（1）WCS 结构。

WCS 结构如图 5-26 所示。

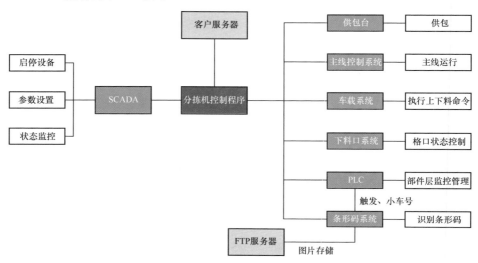

图 5-26　WCS 结构

（2）WCS 网络架构。

WCS 网络架构如图 5-27 所示。

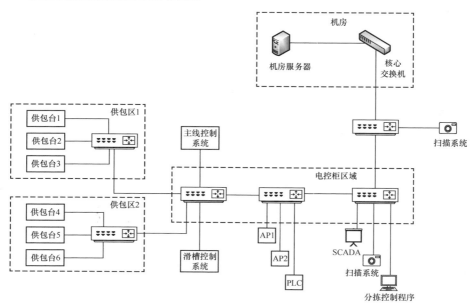

图 5-27　WCS 网络架构

## 5.2.5　SCADA

SCADA 是一种对现场分拣设备进行监视和控制的系统。它通过与 WCS 进行网络通信，实时收发设备状态信息。

### 一、监控功能说明

SCADA 界面主要分为菜单栏、监控界面区、实时数据展示区和故障报警区，用户可以通过菜单选择来切换监控界面区中的对象。SCADA 界面如图 5-28 所示。

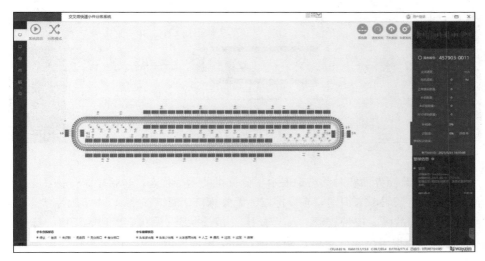

图 5-28　SCADA 界面

SCADA 菜单栏提供了多种功能选项，如图 5-29 所示。通过该菜单栏，用户可以切换打开小车界面、皮带线界面、参数设置界面、功能设置界面、统计界面以及帮助界面。

图 5-29　SCADA 菜单栏

（1）监控界面区。

SCADA 监控界面如图 5-30 所示。

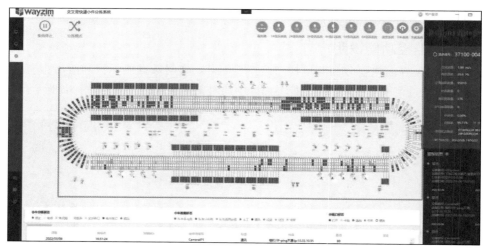

图 5-30　SCADA 监控界面

SCADA 监控界面实时动态地展示了分拣机的运行状态，包括小车分拣状态（空车、有货、有条码、未识别、有分拣口、无分拣口、滑槽锁格）、小车故障状态（通信故障、滚筒故障、皮带故障、人工禁用）、滑槽状态（满包、卡包、锁格、打开）、部件层状态和报警位置（急停、防碰撞、48V 电源、电机）、包裹跟踪（识别、未识别、有无分拣口、目的格口号）。

（2）实时数据展示区。

SCADA 实时数据展示区如图 5-31 所示。

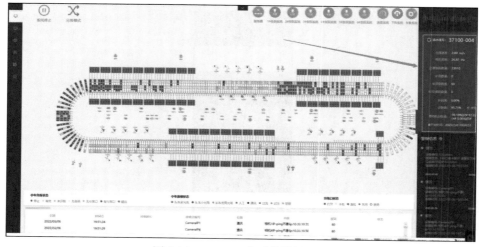

图 5-31　SCADA 实时数据展示区

SCADA 实时数据展示区实时展示了开机至当前的主线速度、电机频率、正常读码数量、未识别数量、相机识别率，以及软件启动时间。

（3）故障报警区。

SCADA 故障报警区如图 5-32 所示。SCADA 历史故障报警查询界面如图 5-33 所示。

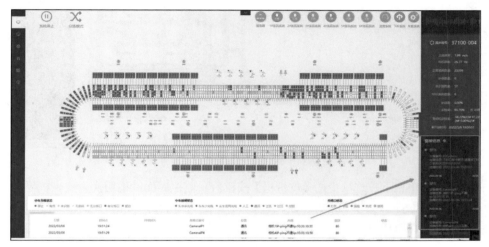

图 5-32　SCADA 故障报警区

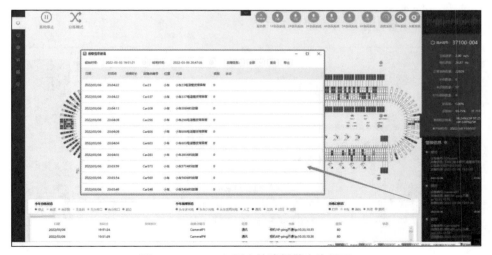

图 5-33　SCADA 历史故障报警查询界面

故障报警区会有文字描述故障报警内容和故障等级，并提供简单的故障解决建议。双击故障报警区，可弹框显示历史故障记录，并支持表格导出。

（4）皮带机监控界面。

SCADA 皮带机监控界面如图 5-34 所示。

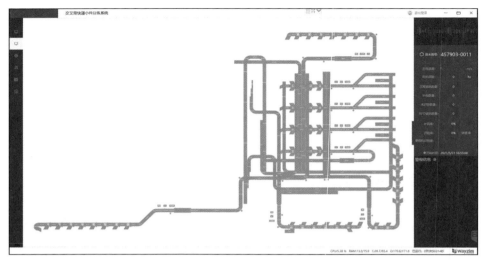

图 5-34　SCADA 皮带机监控界面

单击菜单栏下拉选项中的【皮带机】按钮后，监控界面区将切换为皮带机界面。分拣机可对联动的皮带机进行一定的监控和控制，如监控皮带机的运行、休眠、堵包等状态，也可控制皮带机的整机启动和分段启动。

## 二、SCADA 控制功能说明

（1）设备启停。

SCADA 启停按钮如图 5-35 所示。

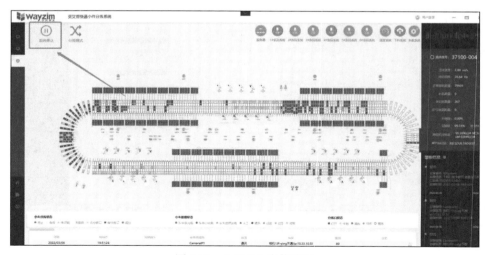

图 5-35　SCADA 启停按钮

（2）参数设置。

SCADA 参数设置界面如图 5-36 所示。

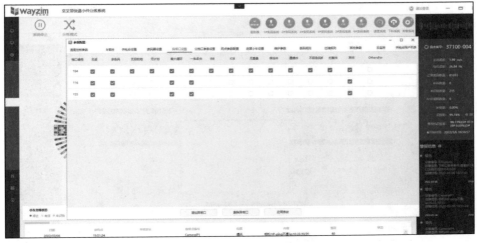

图 5-36 SCADA 参数设置界面

单击菜单栏的【参数设置】选项，进入参数设置界面，根据权限设置对应的参数。

（3）用户管理。

SCADA 用户设置界面如图 5-37 所示。SCADA 用户登录界面如图 5-38 所示。

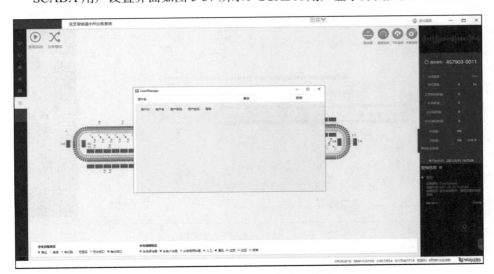

图 5-37 SCADA 用户设置界面

根据需求，可以添加操作员和管理员，并设置不同的权限。在系统中提前设置好用户名和密码用于登录，用户登录后可以根据身份进行相应的功能操作。

（4）维护功能控制。

SCADA 维护模式界面如图 5-39 所示。

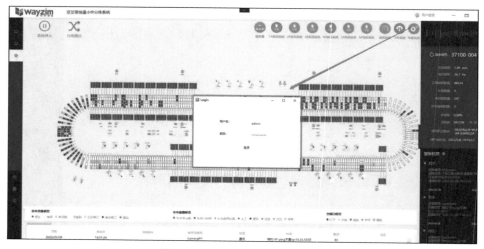

图 5-38　SCADA 用户登录界面

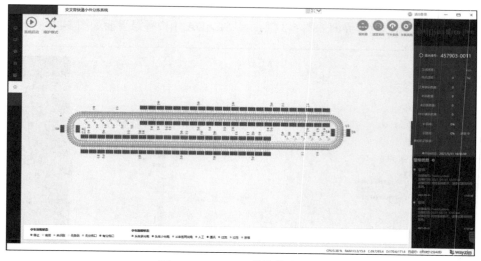

图 5-39　SCADA 维护模式界面

　　单击小车监控界面区左上角的【分拣模式】选项，可对分拣机的运行模式进行切换，可以选择"正常分拣模式"和"维护模式"。在维护模式下，分拣功能将被禁止，而主线将以预先设定的低速运行。

　　SCADA 维护功能操作界面如图 5-40 所示。

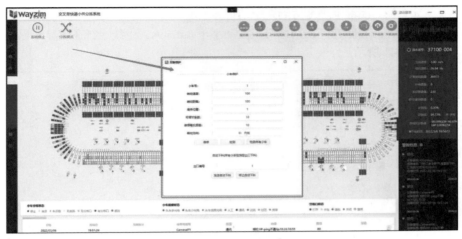

图 5-40 SCADA 维护功能操作界面

单击菜单栏下拉选项中的【设备维护】按钮，弹出【设备维护】对话框，该对话框提供了小车具备的以下维护功能。

● 分拣机小车可以被停到指定位置的 2m 之内。

● 每台小车均可单独启动运行。

● 所有小车均可被指定至特定位置进行卸载作业。

● 所有小车可按照编号顺序依次进行运转。

● 可以指定小车运行至任意检修工位。

# 5.3 交叉带分拣系统关键技术

## 5.3.1 运动控制技术

### 一、主线速度控制

（1）控制原理。

当交叉带主线运行时，主线控制系统会将主线速度波动控制在一个合理的范围内。稳定的主线速度是供包机将包裹准确上料至交叉带小车，以及交叉带小车将包裹准确卸载至对应格口的必要条件。

主线控制系统主要通过 PID 控制算法调节主线速度。测速光电实时测量主线速度并反馈给主线控制系统，主线控制系统根据实际测量出的主线速度与目标主线速度的偏差，实时对主线速度进行纠正。

（2）PID 控制算法的优势。

● 时效性。高效迅速地达到期望的目标速度。

- 准确性。能够准确地达到期望的目标速度。
- 稳定性。实际速度长期稳定，波动小于 0.01m/s。主线运行速度显示界面如图 5-41 所示。

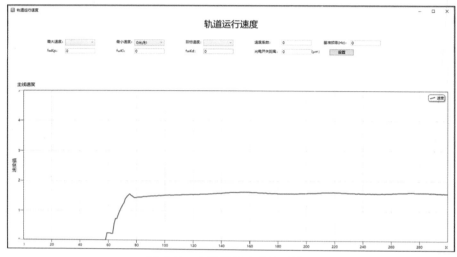

图 5-41 主线运行速度显示界面

## 二、小车分拣控制

（1）供包机供包。

供包机负责将散件包裹放置在分拣主线的小车皮带面的居中位置。如果包裹没有处于居中位置，就有可能从小车皮带上滑落，进而影响后续的分拣工作。下面是影响供包效果的主要因素。

- 包裹体积不同。
- 交叉带小车尺寸多样。
- 多种主线速度。

供包机具备完全适配不同包裹体积、不同尺寸的交叉带小车和不同主线速度的功能，能够始终将包裹准确地放置在交叉带小车的居中位置，其成功率高达 99.99%。

供包机的特点是适用性强、扩展性好、维护便捷。

（2）卸载包裹。

条形码系统能够识别和分析分拣主线小车上的包裹，并将该包裹的条形码信息上传给 WCS。WCS 与客户服务器进行交互，获取到该包裹的目的格口信息。随后，WCS 通过网络与车载控制系统进行交互，最终由车载控制系统控制小车转动，将该包裹卸载到指定的格口。

如果是人工上包，包裹可能会被放置在小车平面的不同位置处。由于包裹位置的不同，下货效果也会有所差异。为了解决这一问题，可以使用灰度仪来识别包裹在小车上的位置，并将位置信息上传给 WCS。WCS 通过算法处理后，与车载控制系统进行交互，最终由车载控制系统精确控制小车转动一定距离，使包裹转到小车的居中位置处，以便后续卸载包裹。

当包裹到达下货口时，车载控制系统会根据小车所处的位置，调整下货时小车转动的距离和速度，以确保包裹准确地卸载到目的格口。

车载控制系统主要具有以下特点。

- 可控性。确保对小车转动距离的精确控制。
- 稳定性。确保包裹稳定地卸载到目的格口。

## 5.3.2 识别定位技术

### 一、九宫格定位

为了提高包裹分拣的准确性，需要确定包裹在小车皮带面上的位置，以便在下料时调整小车皮带开始转动的时间，为此可以使用灰度仪相机进行拍照。拍照后通过对包裹轮廓的分析，检测出包裹几何中心点的坐标，这个几何中心点被近似认为是包裹的重心。将小车皮带均分为 9 份，根据包裹几何中心点所在的区域，将该包裹定义为相应的区域号。当包裹在下料时，主控系统发送对应区域的控制参数给车载控制系统，以微调小车开始转动的时间，这样可以改善小车上不同位置包裹的下落轨迹，从而提高分拣的准确率。

（1）九宫格分区定义。

对于小车皮带区域的定位，首先根据 ROI 区域提前标定已知皮带两侧边缘的位置，然后基于边缘检测算子优化的小车分割线检测算法计算出皮带的上下边缘线，根据这 4 条边缘线即可定位出皮带的矩形区域。为了方便说明，将皮带区域的左上角视为坐标原点，并将皮带区域划分为九宫格，如图 5-42 所示。皮带区域的九宫格定位如图 5-43 所示。

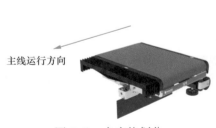

图 5-42 九宫格划分

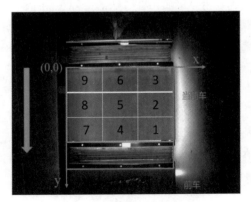

图 5-43 皮带区域的九宫格定位

（2）Banner 灰度仪中心坐标计算原理。

灰度仪拍摄照片后，会将图像分割成各个灰阶的像素点。小车皮带颜色较黑，灰度值趋近于 0；包裹反射红外光的能力较强，灰度值趋近于 255。由于包裹与皮带之间灰度值的差异较大，有明显的分界线，因此可以通过灰度值的突变来识别包裹的轮廓，并通过采样轮廓上的像素点计算出包裹的几何中心。Banner 灰度仪中心坐标的计算如图 5-44 所示。

图 5-44　Banner 灰度仪中心坐标计算

（3）中科微至灰度仪中心点计算原理。

基于深度学习目标检测的包裹中心定位技术的基本流程：首先，设计一个轻量级的 YOLO 系列目标检测算法模型，并使用公开数据集进行预训练；其次，采集包裹的图像数据，并对其进行一系列处理以实现数据增强，从而制作出训练集和验证集。再次，把制作的数据集通过目标检测模型进行训练，并通过调整超参数来获得最优的训练权重。最后，在算法的实际预测阶段，将每帧图像输入训练好的目标检测模型，以得到包裹的预测框，再通过非极大值抑制等后处理操作，计算出最终的包裹目标检测框，通过计算即可得到包裹的中心位置坐标。目标检测算法流程如图 5-45 所示。

## 二、条形码扫描识别技术

（1）目标检测阶段。

目标检测的目标是包裹表面印制的条形码和二维码，而图像中的其他信息则被视为背景或干扰信息。目标检测的过程就是将图像中的目标与背景及干扰信息分离开来。这个过程可以划分为目标粗定位、目标精确定位和目标分割 3 个阶段。

- 目标粗定位。由于相机视野范围、物距和目标大小存在一定程度的变化浮动，且目标位置和姿态无法预先设定，因此算法设计了鲁棒有效的条形码／二维码区域图像特征，在初次遍历图像数据时，将特征匹配区域标记出来，聚类后形成粗定位结果，作为精确定位的候选。目标粗定位可以高效地将目标从背景干扰中初步分离出来，有效降低后续流程的处理数据量，并避免图像中冗余信息的干扰。

- 目标精确定位。粗定位得到了目标候选区域的简单位置信息，精确定位将提取维度更多、更深层的图像特征，以便精细化目标的边界轮廓位置。此阶段的目的是提取区域内的目标个数，验证目标的种类，获取更多目标信息，并进一步去除背景冗余。

- 目标分割。依据精确定位阶段获取的目标信息，结合不同种类条形码和二维码的排列特征，算法会精确拟合目标边界轮廓，并确定分割关键点。对于二维码，还需要检测其特征符号图形，以确定具体的编码类型，并获取相关的维度信息。最后，算法会计算多种分割方案下各自的透视变换矩阵。

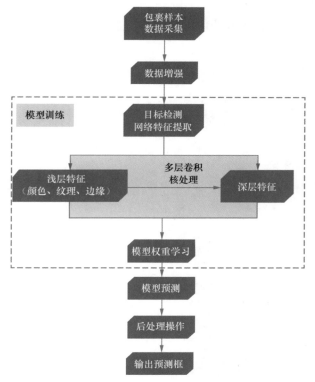

图 5-45  目标检测算法流程

（2）目标识别。

经过了目标定位和分割后，得到没有背景干扰的目标区域图像。目标识别是将目标区域图像数据，经过一系列运算处理，转换为可读文本信息的过程。目标识别可以划分为目标区域图像增强、目标符号解析和解码器解码 3 个阶段。

- 目标区域图像增强。即便去除了目标周围背景的干扰，目标区域图像往往也存在光照不足、反光、亮度不均匀、噪声干扰、污损、褶皱变形、打印缺陷、模糊等问题。图像增强就是通过一系列图像处理算法，将目标区域图像调整至最优状态的过程。图像增强往往涉及图像校正、亮度调整、对比度调整、可变阈值处理、滤波、锐化、形态学处理，以及图像去噪等图像处理操作。

● 目标符号解析。在解码前，需将目标符号信息转换为解码器可读的数组或数组矩阵形式。对于条形码，需要解析符号宽度；对于二维码，需要解析矩阵网格中对应符号的有无。算法采用独创的灰度曲线特征动态分析算法、超像素特征建模算法、网格边缘动态追踪算法等，有效地应对了目标瑕疵、变形或缺陷等问题，并提高了解析准确率和最终读取率。

● 解码器解码。将解析后的数据输入对应条形码和二维码的解码器中，经过字符匹配、校验、译码、纠错等一系列标准的操作，最终输出码字的文本内容，从而完成解码过程。

条形码扫描识别流程如图 5-46 所示。

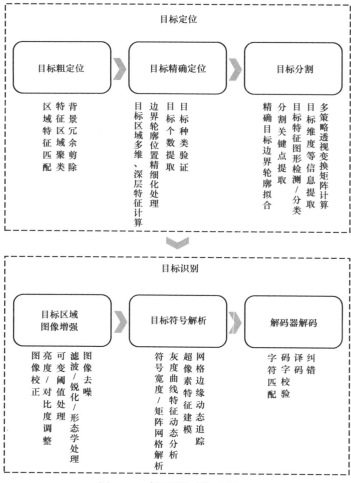

图 5-46　条形码扫描识别流程

# 第6章

# 直线分拣装置

直线分拣装置是快件分拣中最常用的智能物流分拣系统之一，主要包含直线分拣机和窄带分拣机。

直线分拣机是一种以直线方式布置的交叉带分拣机，与环形交叉带分拣系统不同，直线分拣机主要用于处理快递行业和物流行业的末端分拣工作，对货物进行分类和运输。直线分拣机的输送机，是由多个可独立转动运行的小车组成，小车表面配有用于承载货物的转动皮带。当被分拣货物到达指定道口时，控制系统会控制电滚筒转动，带动皮带有序向输送机的对面一侧滑动，从而带动货物移动，实现货物分拣。直线分拣机的主要组成部分包括供件系统、分拣小车、格口系统及控制系统等。

而窄带分拣机作为一种直线分拣装置，在结构上采用垂直循环式布局，结构紧凑，分拣小车节距更短，可兼顾大小件的分拣，且窄带分拣机不严格限制货物的尺寸规格，可以同时分拣大件、小件、包裹及纸箱等不同类型的货物。

窄带分拣机通过传感器和时间的双重验证确定包裹位置，使用相机识别条形码后，上位机会接收信息并分配仓号给 PLC。PLC 接收到信息后，待指定轴的传感器收到信号判定时间与仓号是否对应，如果对应，则通过伺服将包裹入仓。在完成分拣后，PLC 会向上位机反馈分拣的条形码内容，由上位机进行数据库存储。窄带分拣机主要由扫码系统、窄带机本身、输送机、集包格口等组成。

下面将详细介绍直线分拣机和窄带分拣机的相关内容。

## 6.1 直线分拣机

当分拣场地较小，无法安装交叉带分拣系统时，可使用直线分拣机。直线分拣机在传统交叉带的基础上进行了结构优化，将水平循环模式变为垂直循环模式，因此获得了更紧凑的产品结构，如图 6-1 所示。

直线分拣机更加紧凑的设计和高模块化的结构，使其占地面积更小，分拣场地的融合性和适应性更强。

直线分拣机 交叉带分拣系统

图 6-1 直线分拣机与交叉带分拣系统结构对比

直线分拣机可以连续大批次地处理各种类型的包裹，从轻小的信封件到重达30kg 的货物都可以分拣。分拣线的最快运行速度可以达到 1.5m/s，配合精准的定位系统，每小时分拣效率可达 10800 件。经过长时间、高频次的实际使用测试，模块化的机械部件都已经得到了充分的考验，稳定而耐用。直线分拣机主要应用在二级分拣中心和网点的自动化升级等场景。

# 6.2 窄带分拣机

## 6.2.1 窄带分拣机概述

窄带分拣机是将可双向转动的小车作为承载和分拣单元，这些小车沿着特定的驱动主线排列，通过持续循环的运行来实现快件的有效分拣。在操作过程中，工作人员首先将车辆运输过来的包裹放置于不同的输送线上，配套的输送线会将包裹进行合流排序，并经过相机扫描以获取条形码信息，从而确定包裹应该被分配到哪个格口。窄带分拣机的控制装置会接收和处理这些分拣信号，然后根据预定的小车编号，当主线上的分拣小车到达相应的格口位置时启动，将包裹分拣到相应的格口滑槽中，以达到分拣的目的。

窄带分拣机不严格限制包裹的尺寸规格，分拣产品多样化，可以同时分拣大件、小件及纸箱等不同类型的包裹，并且包裹在经过窄带输送线时，都能够安全、准确地到达对应的格口槽中。但考虑到小车的承载能力，要求包裹的重量不超过许可范围，同时包裹的平面尺寸也应不大于皮带机的平面尺寸。

分拣系统的各承载单元采用电滚筒驱动，可使皮带双向运转，能够同时实现包裹双向卸载，从而增加了卸货口。同时，系统引入了图形化的监控系统，可以实时监测分拣系统的运行状态。窄带分拣机还增加了操作日志，详细记录了系统的每一次扫描、识别结果以及每一个指令，以便追溯和分析。总的来说，窄带分拣机具有多分拣出口、分拣产品多样化、格口宽度灵活、分拣能力快、分拣速度可调、承载单元模块化等优点。窄带分拣机的主要功能及实现过程如表 6-1 所示。

表6-1 窄带分拣机的主要功能及实现过程

| 功　　能 | 实　现　过　程 |
|---|---|
| 自动分拣 | 利用红外光通信或无线通信技术，并结合 PLC 进行精确计算，将快件自动准确地推送到指定的多台小车，提高了分拣的准确度 |
| 面单单号获取 | 通过视觉识别系统，自动识别面单上的条形码单号。推荐使用 Code 128 格式的条形码，密度为 0.25mm |
| 快件分拣口信息获取 | 根据快件的面单单号，系统会调用企业数据库服务器的访问接口，检索并获取该快件的目的地分拣口信息 |
| 输送快件至准确格口 | 系统根据快件的目的地分拣口信息，找到对应的格口。当承载快件的小车到达该格口时，通过转动小车上的电滚筒，把快件卸到正确的格口 |
| 实时监控系统运行状态 | 采用图形化的监控系统，实时显示分拣系统的运行状态。在监控界面上，通过不同的颜色或图标直观显示分拣系统的状态，包括正常、暂停和故障等 |

## 6.2.2　窄带分拣机组成

　　窄带分拣机的系统框架如图 6-2 所示。整个系统由机械传输系统、电气控制系统、视觉识别系统和 SDS 系统组成。其中视觉识别系统是采用 500/1200/2000 万像素的固定式图像型高速读码器，使分拣系统能快速地识别快件包裹上的单号。接下来重点介绍机械传输系统、电气控制系统和 SDS 系统的功能。

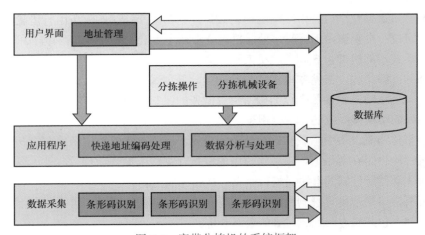

图 6-2 窄带分拣机的系统框架

### 一、机械传输系统

　　根据物流公司的网点配置，机械传输系统可以灵活地调整每个网点的供包段数量、输送轨道长度、小车数量、读码器数量，以及下料格口数量，以满足实际需求。输送轨道为直线，其总长度可以依据各厂房布局进行调整。小车数量可以根据窄带线体长度进行计算。下料格口分布在输送轨道的两侧，其宽度与数量根据所分拣的物品大小和各网点的具体需求进行定制。机械传输系统整体示意图如图 6-3 所示。

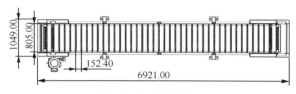

链条式窄带分拣机俯视图

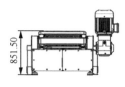

链条式窄带分拣机立面图

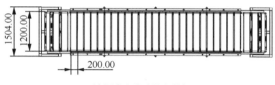

链板式窄带分拣机俯视图

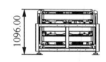

链板式窄带分拣机立面图

图 6-3　机械传输系统整体示意图

窄带分拣机的机械传输系统主要包括五大部分：供包段、输送轨道、链条式端部机架、小车和下料格口。

供包段用于把包裹输送到分拣主线的小车上。为满足不同分拣速度的需求，供包段可被划分为多个区段。

输送轨道是整个设备中小车的运动载体，它与小车连接的链条由行走轮支撑和导向轮定位。在轨道中运行时，输送轨道会带动小车沿主线方向运行。

链条式端部机架包含固定端机架和张紧端机架。固定端机架位于机尾，是主动链轮轴的支撑结构，链轮和电机均与其连接，是主线运行的动力源。张紧端机架位于机头，是从动链轮轴的支撑结构，负责链条的张紧调节。链板式端部机架在机头与机尾处的结构是一致的，主要用于支撑弯轨。

小车是物流设备中承载和运输包裹的单元，沿垂直环形轨道依次布满。这些小车通过螺栓锁定在链条上，跟随轨道中的链条在主线上循环运行。此外，皮带传送单元由驱动器所控制的电滚筒进行驱动，从而完成包裹的分拣动作。

下料格口是包裹寻址到目的地后进行自动下料的辅助装置，可将小车上的包裹准确地卸入包装袋内，完成包裹的最终分拣。

## 二、电气控制系统

整个物流设备的电气控制系统大致可以分为 3 部分：主控柜、车载系统和端部供包皮带机。

主控柜负责设备主线和端部供包机的启动和停止，并在此处完成 DWS 系统、车载系统和视觉识别系统之间的通信。主控柜中的变频器通过接收 PLC 发送的控制信号来调整设备主线的运行速度。实际生产中的主控柜示意图如图 6-4 所示。

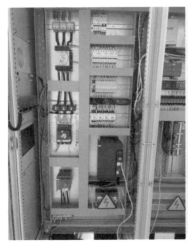

图 6-4　主控柜示意图

　　车载系统主要通过 RS485 有线通信和红外光无线通信两种方式实现包裹的分拣功能。车载系统的主要设备如图 6-5 所示。

（a）48V开关电源　　　　　（b）车载控制器及小车驱动器　　　　　（c）无线通信设备

（d）光通信小车驱动器　　　　　（e）光通信发射器

图 6-5　车载系统主要设备

RS485 有线通信主要包含 48V 开关电源、车载控制器及小车驱动器，以及无线通信设备，如图 6-5（a）～ 6-5（c）所示。其中，48V 开关电源为分拣系统提供动力，车载控制器及小车驱动器用来驱动小车运转，无线通信设备用来实现车载系统与地控系统的通信。

红外光无线通信主要包含 48V 开关电源、光通信小车驱动器及光通信发射器，其中光通信小车驱动器如图 6-5（d）所示，光通信发射器如图 6-5（e）所示。其中，48V 开关电源为分拣系统提供动力，光通信小车驱动器及光通信发射器用来驱动小车运转。

在实际运作中，无论是通过 RS485 有线通信还是红外光无线通信，车载系统都是通过无线通信设备接收上位机软件发送的分拣指令，确保分拣动作的精确执行。

端部供包皮带机主要用于实现包裹的上包操作，它由对射光电和皮带机两部分组成。对射光电主要用于判断包裹的位置，并绑定上包小车的编号。而皮带机的主要作用则是将包裹有效地输送到主线。

## 三、SDS 系统

SDS 系统是窄带分拣机的数据交换及控制平台，承担着系统中枢的作用。从分拣系统开始运行至分拣结束，以及系统停止运行，SDS 系统都是在不停地接收和处理机械传输系统、电气控制系统、视觉识别系统、企业服务器等子系统发送过来的消息，同时也实时地发送相应的执行命令至各个子系统，具体流程如图 6-6 所示。

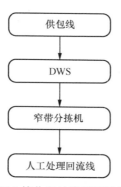

图 6-6　SDS 接收和处理子系统信息流程

SDS 系统通常可以与企业的数据库进行连接，以判断快件是否符合规定，并获取快件的目的地分拣口信息。SDS 系统能够与窄带分拣机进行信息交互，提示系统是否允许供包，并通过 DWS 系统获取快件的面单号、重量和体积等信息。在快件被成功分拣到目的地分拣口后，SDS 系统会记录快件的分拣结果信息，并将其上传到企业的数据库服务器。SDS 系统的主控界面如图 6-7 所示，其包含功能区，历史信息展示区，子设备连接状态区，当前分拣数据区，总数、识别率、回流率、分拣率展示区以及当前信息展示区等。

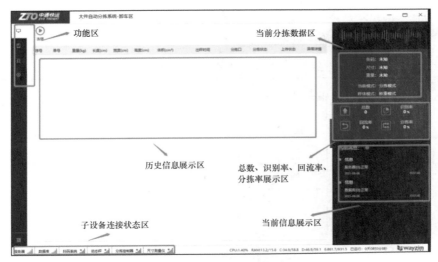

图 6-7 SDS 系统的主控界面

## 6.2.3 窄带分拣机工作原理

窄带分拣机的分拣过程如图 6-8 所示，具体如下。

（1）通过导入机构将包裹导入窄带分拣机。导入效率应满足窄带分拣机的效率要求，且包裹状态能够满足窄带分拣机自动分拣的要求。

（2）包裹进入水平或爬坡皮带机进行输送。

（3）包裹通过归中机构调整位置，以确保从输送机传输的包裹在经过整位后能够居中传输并保持一定的间距，且包裹状态能够满足窄带分拣机自动分拣的要求。

（4）包裹经过条形码扫描称重装置。这个装置可以识别出包裹上的条形码或二维码，并根据需要绑定重量信息。

（5）包裹经过分拣模块时，系统会对包裹进行检测。若发现异常包裹，则将包裹导入异常滑槽重新输送；若检测无误，则导入正常滑槽，然后装车运输。

图 6-8 窄带分拣机的分拣过程

## 6.2.4 窄带分拣机性能参数及关键技术

### 一、窄带分拣机性能参数

窄带分拣机主要由供件、小车和格口等部件组成。这些部件的相关参数是衡量分拣机性能的重要指标，也是用户在选择分拣机时需要考虑的关键因素。窄带分拣机的基本性能参数如表 6-2 所示。

表6-2　窄带分拣机的基本性能参数

| 系 统 部 件 | 相 关 性 能 | 相 关 参 数 |
|---|---|---|
| 供件 | 供件方式 | 由端部供件 |
| | 称重能力 | 具备 |
| 小车 | 小车节距 | 152.4/200mm |
| | 小车尺寸 | 宽度 800/1000/1200mm |
| | 皮带尺寸 | 118/163mm |
| | 主线驱动方式 | 永磁直线电机 / 异步电机 |
| | 小车驱动方式 | 电滚筒滚动 |
| | 小车供电方式 | 接触式供电 |
| | 小车组合形式 | 多车联动 |
| 格口 | 格口宽度 | 750 ～ 3000mm |
| | 格口间距 | 根据实际需求设置 |
| | 单独的异常格口 | 根据实际需求设置 |
| 其他 | 扫描方式 | 六面扫码 |
| | 扫描识别率 | 99% |
| | 分拣准确率 | 99.99% |
| | 运行噪声 | 机头机尾：78dB，中间：72dB |

## 二、窄带分拣机关键技术

为保证分拣系统的实用性与美观性，同时兼具技术上的先进性，系统集成了以下一系列的科研成果。

- 主线驱动技术：驱动通常采用异步电机和永磁直线电机两种形式。根据负载的要求，选择相应功率的异步电机。异步电机具有速度快、启停灵敏、能耗低且噪声小的特点，适用于链条式窄带结构。而永磁直线电机则可以均匀分布在线体运转方向上，使整圈传动链受力均匀，从而延长使用寿命。对于较长的线体，更适合用永磁直线电机驱动，且适用于链条式和链板式窄带结构。

- 上料快件自动居中技术：上料时通过居中排序技术，能够把快件移动到运转皮带和主线的中间位置。

- 高可靠的工业无线及红外光通信技术：在分拣系统的运行中，所有的通信速度都是以毫秒计。只要稍有延迟，就会对系统的正常运转产生影响。因此，采用了世界领先的工业无线及红外光通信技术。这两种技术具有通信稳定、速度快的特点。

- 图像扫码系统：该系统通过对快件面单的快速拍照，然后根据照片迅速识别出面单单号，完全替代了人工扫描。

- 芯片化控制系统：根据最优的设计方案，定制分拣系统所需的主板和芯片。

# 第 7 章

# 交叉带分拣系统的调试与运维

　　交叉带分拣系统是邮政快递智能分拣装备的核心部分，也是应用最广泛的部分。只有在安装并调试完成后，交叉带分拣系统才能正常工作并对快件进行分拣。在对快件进行分拣的过程中，需要进行运营和维护。良好的运营和维护可以提升设备的工作效率，并延长其使用寿命。如果出现停转、错误分拣等异常情况或故障，需要及时进行故障诊断和维修，直到设备恢复正常工作。

## 7.1　安装与调试

　　本节主要介绍交叉带分拣系统的安装与调试，包括交叉带分拣系统的电气安装与调试和机械安装与调试。

### 7.1.1　电气安装与调试

#### 一、电气布局以及安装顺序说明

　　（1）电气部件数量计算规则。

　　小车控制器数量 = 小车数量 /16；小数部分直接进 1。

　　车载断路器数量 = 集电臂数量 = 小车数量 /32；小数部分采用四舍五入制。

　　直线电机数量 = 小车数量 /36；小数部分采用四舍五入制。

　　48V 电源数量 = 小车数量 ×0.6/50；小数部分采用四舍五入制。

　　防碰撞装置数量 = 直线电机数量。

　　下料口控制器数量 = 单边直线道下料口数量 /32；小数部分直接进 1。

　　（2）电气布局说明——图纸部分。

　　每个场地都有对应的电气原理图和 PLC 的接线 IO 对照表。电气原理图中包含两份图纸，一份是滑触线连接件和中心馈电连接件的布局图，另一份是 48V 电源、直线电机、安装装置和漏波线缆的位置布局图。在现场实施过程中，必须严格按照图纸进行安装，否则可能会导致配线不足或网线不够的问题。滑触线连接件和中心馈电连接件的布局如图 7-1 所示。

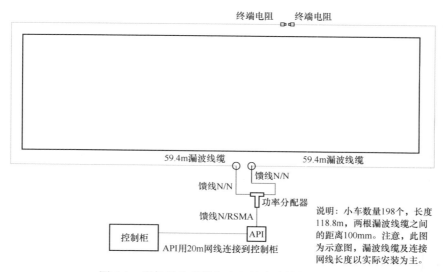

图 7-1 滑触线连接件和中心馈电连接件的布局

（3）电气布局说明——IO 对照表。

每个场地的 IO 对照表都主要用于安全装置的接线对照，包括急停信号、防碰撞装置信号和车载电源报警信号。在接线时，需要结合电气原理图上安全装置的排序和 IO 对照表上的排序进行接线，不能打乱顺序；否则，将影响 WCS 上安装报警装置位置的准确性，进而增加维修时间，并影响故障排查的时效性。IO 对照表如图 7-2 所示。

（4）设备部件安装顺序说明。

主线安装是整个设备安装的第一步，主要分为画线、龙门架安装，轨道安装、电气辅件安装、行车架安装以及小车安装等几个部分；钢平台安装主要分为支腿的安装、平台的铺设、供包机的摆放以及护栏的安装等几个部分；下料口的安装主要分为支架的安装、大板的安装、三角的安装以及整体调整等几个部分。

| 模块 | 符号 | 地址 | 注释 | | 符号 | 地址 | 注释 |
|---|---|---|---|---|---|---|---|
| | CPU_输入0 | I0.0 | 光电计数 | | CPU_输出0 | Q0.0 | 速度信号 |
| | CPU_输入1 | I0.1 | 复位信号 | | CPU_输出1 | Q0.1 | 拍照1 |
| | CPU_输入2 | I0.2 | | | CPU_输出2 | Q0.2 | 拍照2 |
| | CPU_输入3 | I0.3 | | | CPU_输出3 | Q0.3 | |
| | CPU_输入4 | I0.4 | | | CPU_输出4 | Q0.4 | 灰度仪触发 |
| | CPU_输入5 | I0.5 | | | CPU_输出5 | Q0.5 | 供包台同步信号 |
| | CPU_输入6 | I0.6 | | | CPU_输出6 | Q0.6 | 红灯 |
| | CPU_输入7 | I0.7 | 急停锁 | | CPU_输出7 | Q0.7 | 绿灯 |
| | CPU_输入8 | I1.0 | 急停按钮 | | CPU_输出8 | Q1.0 | 风扇 |
| | CPU_输入9 | I1.1 | 启动按钮 | | CPU_输出9 | Q1.1 | 黄灯 |
| | CPU_输入10 | I1.2 | 停止按钮 | | CPU_输出10 | Q1.2 | 蜂鸣器 |
| ST40 | CPU_输入11 | I1.3 | 复位按钮 | | CPU_输出11 | Q1.3 | 蓝灯 |
| | CPU_输入12 | I1.4 | 电机1保护 | | CPU_输出12 | Q1.4 | 直流制动 |
| | CPU_输入13 | I1.5 | 电机2保护 | | CPU_输出13 | Q1.5 | 安全继电器复位 |
| | CPU_输入14 | I1.6 | 电机3保护 | | CPU_输出14 | Q1.6 | 皮带机急停 |
| | CPU_输入15 | I1.7 | 电机4保护 | | CPU_输出15 | Q1.7 | |
| | CPU_输入16 | I2.0 | 电机5保护 | | | | |
| | CPU_输入17 | I2.1 | 电机6保护 | | | | |
| | CPU_输入18 | I2.2 | 电机7保护 | | | | |
| | CPU_输入19 | I2.3 | 电机8保护 | | | | |
| | CPU_输入20 | I2.4 | 电机9保护 | | | | |
| | CPU_输入21 | I2.5 | 电机10保护 | | | | |
| | CPU_输入22 | I2.6 | 电机11保护 | | | | |
| | CPU_输入23 | I2.7 | 电机12保护 | | | | |

图 7-2 IO 对照表

在确保安装质量的情况下，为了缩减设备的安装时间，在机械部分安装到一定程度的时候，电气部分是可以并行安装的。具体来说，当主线安装到行车架部分的时候，钢平台、相机支架、主线线槽等都是可以同时安装的。待主线线槽安装完成，整个设备就可以全面进入电气安装阶段。具体请参考设备部件安装流程图。

（5）设备部件安装流程图说明。

设备部件安装流程如图 7-3 所示。

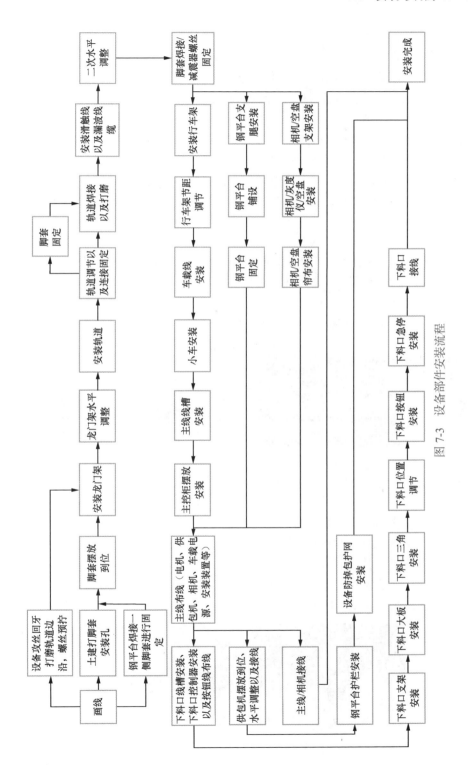

图 7-3 设备部件安装流程

## 二、车载电气安装

（1）小车数字含义说明。

交叉带分拣系统的小车按照每 16 辆为一个小组进行分组，但由于环线尺寸不同，最后一组小车可能不是 16 辆。在这种情况下，也将剩余小车作为新的一组。小车边沿的黄色支撑杆上有上下两行数字，上面是连续的数字，表示小车的编号；下面采用 **-##（如 24-09）的形式，其中 **（24）代表该小车在第几（24）组小车内，##（09）代表该小车是当前小组中的第几（9）号小车。小车的编号如图 7-4 所示。

（2）小车拨码说明。

小车控制器和驱动器的拨码配置采用等比数列的形式，从第一位到第七位分别代表的数值是 1、2、4、8、16、32、64。根据小车边沿黄色支撑杆上的编号格式 **-##，** 代表的是小车控制器的编号，## 代表的是当前小车在当前组内的序号，也就是小车驱动器的编号。例如 07-06，07 代表的是第七组小车，按照等比数列计算，7 可以分解为 4+2+1，也就是小车控制器的第 1、2、3 位拨码拨至 ON 状态，06 代表的是当前组的第六辆小车，6 可以分解为 4+2，因此小车驱动器拨码的第 2、3 位拨至 ON 状态。小车驱动器拨码如图 7-5 所示。

图 7-4　小车编号

图 7-5　小车驱动器拨码

（3）车载线安装规范。

车载控制系统是以 16 辆小车为一组进行控制的，因此每组车载线通常有 16 个接头。由于某些车载线可能需要连接少于或多于 16 辆小车，尤其是在配置最后一组小车时，车载线的接头可能不是 16 个。车载线通过卡扣和 M4*16 的带三件套螺丝固定在行车架的内侧面（卡扣呈外八字形，方便车载线布线）。在固定卡扣之前，螺钉必须涂抹上螺纹胶。行车架与行车架之间的车载线利用 2*2.5 的单芯铜线进行固定。车载线的固定方式如图 7-6 所示，螺丝和螺纹胶如图 7-7 所示。

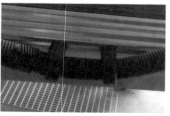

图 7-6　车载线的固定方式

图 7-7 螺丝和螺纹胶

（4）小车安装说明。

小车是安装在行车架上的固定螺栓上面，无论主线运行方向是顺时针还是逆时针，小车驱动器的边缘都靠近主线的内侧。在放置好小车之后，使用 13 号快速扳手将 4 颗固定螺栓锁紧。在此过程中，禁止用手按压小车的任何一个角，以防止小车因受力不平衡而导致某个角翘起。安装完小车后，将小车的控制线和电源线插入小车驱动器中。车载线的出线三通应尽量保持与水平面呈约 15° 的角度。车载线与行车架图 13 号扳手如图 7-8 所示，车载线与波纹管卡口图车载线与小车驱动器如图 7-9 所示。

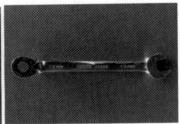

图 7-8 车载线与行车架的连接及 13 号扳手

图 7-9 车载线与波纹管卡口的连接及车载线与小车驱动器的连接

（5）车载通信布线说明。

车载控制器共有 3 路 RS485 通信接口和 1 路 CAN 总线通信接口。第一路 RS485 通信接口是备用接口，第二路 RS485 通信接口用于向其所连接的小车组发送控制命令，第三路 RS485 通信接口用于车载程序的烧录和小车故障的反馈。CAN 总线通信接口主要用于车载数据的传输和光电信号的传输。车载线的首尾在出厂时会被打上编号，分别是 1、2、3 和一个空白编号组。其中，编号 1 的车载线连接控制器的第一路 RS485 接口，编号 2 的车载线连接控制器的第三路 RS485 接口，编号 3 的车载线连接控制器的 CAN 总线接口，空白的一组车载线连接控制器的第二路 RS485 接口。车载线与车载控制器的连接方式如图 7-10 所示，车载线与小车驱动器的连接方式如图 7-11 所示。

图 7-10　车载线与车载控制器的连接

图 7-11　车载线与小车驱动器的连接

（6）车载通信布线说明。

车载通信布线如图 7-12 所示。

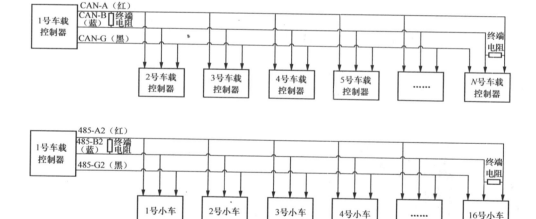

图 7-12　车载通信布线

（7）车载通信接线说明。

车载控制器的通信线采用的是开环式首尾相连的结构，即除了最后一组与第一组断开，其余都是连接在一起的。在这种布局中，前一组的尾端通信线处装有子弹头端子，当前组的控制器配备有 3P 公头。在接线过程中，需要将前一组的尾端 3P 母头插入当前组通信线的子弹壳端子中。此项操作需注意的是，首尾的通信线顺序要对上，即 1 号对 1 号、2 号对 2 号、3 号对 3 号，千万不可连接错，连接好之后要用扎带将其固定牢靠。第一组小车控制器需要在 1、3 号线上并联 1 个 120Ω

的电阻，加在红蓝线之间，并进行错位处理，加完后一定要用焊锡将其焊接牢固，最后用绝缘胶带将处理过的地方包裹好；最后一组小车的头车 1、2、3 号通信线也

要按照第一组的方式进行处理，当单条线上的小车数量大于 320 时，需并联两个电阻。车载通信线的首尾线标如图 7-13 所示。

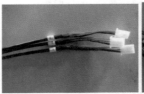

图 7-13　车载通信线的首尾线标

（8）集电臂电气接线规范。

从碳刷引出的 3 根线按顺序分别对应 48V、0V 以及地线，并由上到下依次接在端子排的左侧。接线完成后，将碳刷的 3 根线用扎带固定好，如图 7-14 和图 7-15 所示。断路保护器安装在奇数组小车的 2 号小车上。首先，将断路保护器连带安装盒安装在专用铝板上，然后将铝板安装在奇数组小车的 2 号小车靠近主线的外侧端。断路保护器的一端（标记为 L1/L3/L5）接集电臂内侧的接线端子，并与碳刷的线并在一起；另一端（标记为 L2/L4/L6）接在每组 1 号小车的电源连接盒内的端子上。断路保护器所使用的线缆是 RVV3*4 型号，颜色分别是棕色、蓝色以及黄绿色，依次对应 48V、0V 以及地线。需要注意的是，接好线后，要确保线缆的走向不会与皮带接触或被卡住，并且将电源线与车载波纹管用扎带固定在一起，防止因运行导致的磨损或损坏。与集电臂接线的一端，裸露的电线不得与集电臂的机械组件产生接触，防止运行中的摩擦导致铜丝裸露。图 7-16 和图 7-17 展示了车载断路保护器和 48V 电源连接盒的示意图。

图 7-14　接线端子

图 7-15　集电臂

图 7-16　车载断路保护器

图 7-17　48V 电源连接盒

（9）车载电源布线以及接线说明。

车载电源线采用闭环连接的方式，所有的连接都通过电源连接盒内的端子排串联在一起，电源连接盒安装在每组小车的1号车行车架上面，并使用M4规格的三件套螺丝进行固定。电源连接盒内有一个3P端子排，端子排从上至下接线的电气属性依次为48V、0V以及大地，对应线缆的颜色分别为棕色、蓝色以及黄绿色。接线盒左侧有两个进线孔，上面的进线孔为前一组48V电源线的进线处，下面的进线孔为当前组48V电源线的进线处；右侧同样有两个进线孔，上面的进线孔为断路保护器48V电源线的进线处，下面的进线孔为备用进线孔。具体的车载电源布线原理如图7-18所示。

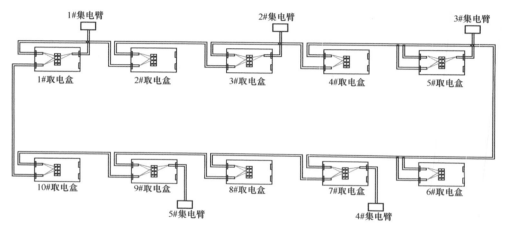

图7-18 车载电源布线原理

（10）车载计数光电与复位光电的安装以及接线。

计数光电采用对射光电，型号为GSE6-P1112。复位光电采用镜面反射光电，型号为GL6-P1112。计数光电选择D挡位，复位光电选择L挡位。

首先，将复位光电的支架安装在计数光电支架上面，用M3螺丝和平垫圈进行初步固定，并在背面使用螺母进一步固定。然后，将计数光电和复位光电安装到相应的位置。安装时要注意，计数光电采用一正一反的安装方式，即一个光电的线朝支架方向，另一个光电的线朝支架的反方向。在固定线缆时，要标记每根线对应的光电。

将光电支架安装在1号小车的头部和尾号小车的尾部行车架上，并确保其位于行车架的内圈部分。使用M5螺丝和平垫圈将支架固定在行车架上，确保支架与行车架铁柱的底部和行车架的横梁底部齐平。

对两对光电的线缆进线进行接头处理。将3根棕色线并在一起，压接一个5557端子；将3根蓝色线并在一起，压接一个5557端子；将复位光电的黑色线单独压接一个端子；将计数光电中带旋钮的光电的黑色线也单独压接一个端子。接下来，将棕色线接到车载控制器的 12V+ 上，将蓝色线接到 12V- 上。将计数光电接到车载控制盒光电接口的 IN4 上，将复位光电接到车载控制盒光电接口的 IN3 上。两者之间使用一个 2*4p（2×4 引脚）的 5557 端子接头连接。具体接线方式如图 7-19 所示。

图 7-19 车载计数光电与复位光电的安装以及接线方式

（11）车载复位挡板以及地控复位挡板安装规范。

车载复位挡板安装于 1 号光电挡板与尾号光电挡板的轨道内侧之间，与地面复位光电的位置应尽量对齐，如图 7-20 所示。安装完成之后，将安装车载复位光电的小车与挡板推至一致，并使用直角尺沿着光电水平面测量，尽量确保直角尺保持在复位挡板的中间位置。

地控复位挡板安装在 1 号小车的头部和尾号小车的尾部行车架上面，且位于行车架的外圈部分，如图 7-21 所示。用 M5 螺丝和平垫圈将固定支架安装于行车架上面，再将反光板安装在支架上面，调整反光板的位置时，需要确保地控复位挡板小车与地控复位光电的位置一致。具体操作是使用直角尺沿着光电水平面进行测量，确保直角尺能够保持在复位状态。

图 7-20 车载复位挡板安装示意图

图 7-21 地控复位挡板安装示意图

（12）车载漏波。

① 车载漏波配件清单。

车载漏波的主要部件包括：一个西门子客户端、一个 RSMA 终端电阻、一个明纬 48V 转 24V 电源、一块专用安装铝板、一根西门子天线、一个天线支架、一根馈线以及一根专用网线。如果线上的 AP（Access Point，无线接入点）数量超过两个，则需要在客户端中增加一个 KEY-PLUG。具体配置如图 7-22 所示。

图 7-22　漏波配件

客户端型号为 W734-1，终端电阻型号为 6GK57951TR100AA6，明纬电源型号为 SD-50C-24，天线型号为 ANT793-4MN，馈线型号为 6XV18755CH10，KEY-PLUG 型号为 KEY-PLUGW740。

② 车载漏波安装及接线规范。

将西门子天线安装支架使用 M5 螺丝和平垫圈固定在尾车前端和倒数第二个小车尾端的行车架上，并且位于漏波线缆一侧。在安装固定时，左右位置的固定标准是尽量使漏波线缆位于安装支架孔的正下方，上下位置的固定标准是将漏波线缆固定在支架上后，天线底面离漏波线缆表面的距离应在 80 ～ 100mm 之间。

西门子客户端和明纬电源应固定在专用安装铝板上。将铝板使用 M6 内六角蘑菇头螺丝固定在尾车上，位置位于驱动器的另一侧。西门子客户端应靠近西门子天线，而明纬电源则更接近 1 号小车。

将西门子天线通过馈线连接到西门子客户端的 A1 接口处，并在 A2 接口处安装一个终端电阻。在连接过程中，务必注意避免馈线与小车的三角板接触。如果发生接触，由于馈线的硬度较高，在设备运行过程中很容易导致馈线磨损。明纬电源的输入端采用一根长度约为 800mm 的 2*0.75 两芯线。线的一端压接针型端子并连接到电源模块的输入端，棕色线接 48V，蓝色线接 0V；另一端压接 RNB1.25-6 的 O 型端子，从 1 号小车的电源接线盒内取电，接线方式相同，棕色线接 48V，蓝色线接 0V。最后，将西门子客户端的 WLAN 口用专用网线连接到第一组小车的控制网口上。在此过程中，需要确保所有走线固定牢固，避免与皮带产生摩擦或脱落。线缆应沿着车载的波纹管进行固定，这样才可以确保在主线运行过程中线缆不产生磨损。具体的漏波天线、头车电源和西门子客户端的安装方式如图 7-23 所示。

图 7-23 漏波天线、头车电源和西门子客户端的安装方式

③ 漏波配件方案。

由于设备的大小不同，漏波的配件方案也会有所区别，具体如表 7-1 所示。

表7-1 漏波配件方案

| 序号 | 小车数 | 线体长度/m | AP | AP-KP | 客户端 | 客户端-KP | 功分器 | 漏波网线 |
|---|---|---|---|---|---|---|---|---|
| 1 | 0~142 | 0~85.2 | 1 | 0 | 1 | 0 | 1 | 8m×1 |
| 2 | 142~250 | 85.8~150 | 1 | 0 | 1 | 0 | 1 | 8m×1 |
| 3 | 251~300 | 150~180 | 2 | 2 | 1 | 1 | 0 | 50m×2 |
| 4 | 301~375 | 180~225 | 2 | 2 | 1 | 1 | 1 | 40m×2 |
| 5 | 376~425 | 225~255 | 3 | 3 | 1 | 1 | 0 | 90m×2 |
| 6 | 376~466 | 225~280 | 2 | 2 | 1 | 1 | 2 | 75m×2 |
| 7 | 426~516 | 255~310 | 3 | 3 | 1 | 1 | 1 | 90m×2 |
| 8 | 517~588 | 310~352 | 4 | 4 | 1 | 1 | 0 | 90m×2 |
| 9 | 589~700 | 352~420 | 3 | 3 | 1 | 1 | 3 | 75m×2 |

## 三、主线电气安装

（1）滑触线配件。

交叉带自动分拣机对小车的供电采用接触式方式进行，主要由一根长度为 6m 的滑触线、吊夹、连接件、中心馈电连接件和集电臂组成。吊夹和连接件主要用于固定和连接滑触线，中心馈电连接件用于将外部电源输入滑触线上，集电臂通过与滑触线接触来获取电能。碳刷如图 7-24 所示，连接件如图 7-25 所示。在安装时，需要注意的是吊夹的安装方向。吊夹是 3P（三级）的，其中间部分比上下两端要长，中间多出的部分指向主线的运行方向。中心馈电连接件如图 7-26 所示，滑触线如图 7-27 所示。

图 7-24 碳刷                                  图 7-25 连接件

图 7-26　中心馈电连接件

图 7-27　滑触线

（2）滑触线。

在安装滑触线之前，首先需要在滑触线两端距中心 27.5mm 的距离处用记号笔进行标记，然后使用手工锯将外表皮割掉，最后用小锉刀将毛刺去除。在安装滑触线时，首先从中心馈电连接件处开始安装，将处理好的滑触线插入其中，并确保其位于整个连接件的中心位置。在此过程中，需要特别注意 3 根滑触线应在同一垂直平面上。在安装另一端的滑触线时，要确保与之前的 3 根滑触线相连接。当室内温度低于 10℃时，两者之间保留 5mm 的间隙；当室内温度在 11℃至 40℃之间时，两者之间保留 3mm 的间隙。滑触线末端加工示意图如图 7-28 所示，中心馈电连接件处滑触线的安装如图 7-29 所示。

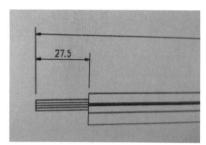
图 7-28　滑触线末端加工示意图

图 7-29　中心馈电连接件处滑触线的安装

（3）漏波线缆安装。

在进行漏波线缆的布线时，应严格按照电气布局图进行布置，确保漏波线缆截断处之间的距离在 80 ～ 150mm 之间。布线完成后，应将漏波线缆固定在卡扣内。注意，漏波线缆的信号传输面（带有凹凸感）应朝正上方放置，且与理想位置的偏移角度不超过 5°。将线缆进行固定后，应尽量使整圈线缆处于同一水平面。如果线缆向上凸起过高，可能会造成小车限位轮上的固定螺栓磨损线缆，导致设备停机。漏波线缆安装示意图如图 7-30 所示，漏波线缆安装角度如图 7-31 所示。

图 7-30　漏波线缆安装示意图

图 7-31　漏波线缆安装角度

（4）漏波线缆接头制作。

漏波线缆安装完成后，需要对截断处进行处理。这可以通过连接一个 N 型接头和馈线来实现，或者通过连接一个 N 型接头和一个 N 型终端电阻来实现，具体可以参考电气布局图说明。

在制作漏波线缆接头时，需要使用专用的做线工具。首先，将漏波线缆末端放入做线工具的导入处，然后顺时针转动工具，以达到规定的切削深度 37mm，使内导体与切削工具相接，从而完成装配连接器的准备。切削完成后，内外导体之间的电介质应被切入 23mm，同时外导体需与线缆表面齐平，而内导体则应超出外导体与线缆表面 14mm 的长度。

拧开连接器并拆下白色塑料环，然后将连接器的两个部分再次松动地拧在一起。将连接器尽可能地推到漏波线缆的剥离端上，并标记好漏波线缆进入线缆护套上的连接器的位置。再次从漏波线缆上拆下连接器并将其打开，将连接器的部件放置在漏波线缆上，并将连接器的右半部分尽可能地推到漏波线缆上，最后将连接器外壳的两个部分拧在一起，直到 O 形环被外壳的外部覆盖。接下来，使用两个 22 号开口扳手进行操作。用一个扳手将连接器的右侧部分保持在固定位置，同时用第二个扳手拧紧套筒（最大扭矩 30Nm）。在此过程中，确保从线缆护套上的标记到连接器的距离不超过 4mm。如果超过这个距离，说明连接器在组装期间位置不正确，需要重新装配连接器。漏波工具如图 7-32 所示。

图 7-32 漏波工具

（5）主线线槽安装。

线槽主要分为普通三米线槽、电机处线槽、供包机处线槽、测速光电线槽和主控柜处线槽五大类。电机处线槽上开有一个直径 22mm 的孔，分别在电机的左右两侧放置一根对应电机的电源布线和信号布线。供包机处线槽中间开有 3 个直径 30mm 的孔，用于供包机的布线。每台供包机都有一个这样的线槽。测速光电线槽在其边缘开有两个直径 30mm 的孔，用于测速光电信号和电源布线。主控柜处线槽由一根 2400mm 的线槽和一个 600mm 的三通组成，根据主控柜进线的位置，内外圈的三通分别位于其中龙门架的左右两侧。

除去以上特殊位置，其余位置都使用普通三米线槽进行布置。线槽与线槽之间采用连接片固定，每个连接片上都用 6 颗螺丝将两根线槽固定在一起，螺丝的紧固工作采用 12 号套筒和电动扳手完成。此外，线槽与线槽之间需要连接一根地线，线槽与龙门架之间采用自攻螺丝进行固定。

（6）漏波线缆 AP 的安装与接线。

漏波线缆 AP 应该安装在 AP 安装盒内，再将 AP 安装盒利用自攻螺丝固定在漏波线缆截断处下方的龙门架上。

漏波线缆 AP 共有 3 根线。第一根是馈线。该线一端连接到主线运行方向起始端的漏波 N 型接头上，另一端连接到 AP 的 A1 端口上。在 A2 端口上，需连接一个 RSMA 终端电阻。第二根是网线。该线连接到电控柜的车载交换机上，并在其上绑定线缆标识牌，标识为 AP*（* 代表 AP 的编号）。第三根是电源线。该线应采用 RVV2*0.75 的两芯线，线缆标识牌为 AP* 电源（* 代表 AP 的编号），线号为 24V-AP* 和 0-AP*，两芯线对应属性为棕正蓝负。将电源线其中一端棕色接在 AP 的 L1+ 上，将蓝色接在 M1 上，另一端的棕色和蓝色分别接在主控柜的 24V-VCC 和 24V-GND 上。在接线前，务必使用 E7508 针型端子进行压接，以确保连接的牢固和安全。

走线时，需要在靠近 AP 安装盒的位置处，使用开孔器开一个直径 30mm 的孔，同时将 AP 安装盒上预留的走线孔敲开一个。不使用的走线孔禁止敲开。在两端的开孔处各安装一个 AD28.5-M28 的快速接头，并在两个接头处套上合适长度的 AD28.5 波纹管。此处禁止采用裸线的方式将网线和电源线放入安装盒内。漏波安装盒安装方式如图 7-33 所示，漏波馈线走线方式如图 7-34 所示，漏波馈线接线处如图 7-35 所示，AP 电阻安装位置如图 7-36 所示，AP 电源与网线接线处如图 7-37 所示，整体安装效果如图 7-38 所示。

图 7-33　漏波安装盒安装方式

图 7-34　漏波馈线走线方式

图 7-35　漏波馈线接线处

图 7-36　AP 电阻安装位置

图 7-37　AP 电源与网线接线处

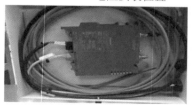

图 7-38　整体安装效果

（7）直线电机安装。

在安装直线电机前，确保行车架次级板首先经过直线电机导入区（即蓝色区域）。在安装直线电机时，需要使用 8 颗 M10 的内六角螺丝进行固定，并使用 8 颗 M8 的内六角螺丝进行位置调节。首先，使用 8 颗 M10 的内六角螺丝对电机进行预固定，但不要将其锁死。然后，通过调节 8 颗 M8 的螺丝来调整直线电机的位置，确保行车架次级板恰好位于直线电机凹槽的中间位置。最后，将直线电机的固定螺丝完全锁紧。

直线电机的接线一共有两根，一根是电源线，另一根是信号线。

电源线采用 RVV4*4 规格的线缆，线缆标识牌为 * 号直线电机。线缆为 4 芯线，颜色分别为棕色、蓝色、黑色和黄绿色，对应的线号为 U*、V*、W* 和 PE（* 代表直线电机的序号）。将这 4 根线的一端分别连接到电机的 U、V、W 端子排和接地端子上，电机接线端需使用 O 型端子进行连接，另一端则连接到主电柜变频器下方的 U、V、W 和 PE 接线端子上，接主控柜端时需使用 E4012 针型端子进行连接。

信号线采用 RVV4*0.75 规格的线缆，线缆标识牌上标有直线电机的编号。线缆为 4 芯线，颜色分别为棕色、蓝色、黑色和黄绿色，对应的线号为 FS-L*、FS-N*、PT-M*、PT-N*（* 代表直线电机的序号）。将这 4 根线一端的棕色和蓝色接到电机的风扇供电端子上，将黑色和黄绿色接到电机的过载保护端子上；另一端则连接到主控柜的电机信号处，两端都需使用 E7508 针型端子进行连接。安装完成后，必须将电机盖板和风扇防护罩装好。直线电机电源接线方式如图 7-39 所示，直线电机信号接线方式如图 7-40 所示，直线电机走线方式如图 7-41 所示，整体安装效果如图 7-42 所示，直线电机走线原理如图 7-43 所示。

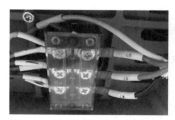

图 7-39　直线电机电源接线方式

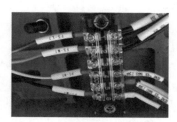

图 7-40　直线电机信号接线方式

图 7-41　直线电机走线方式

图 7-42　整体安装效果

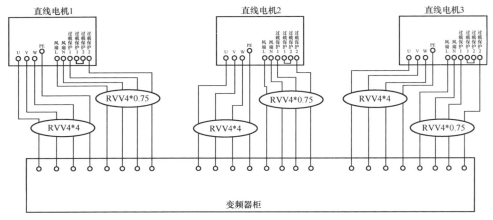

图 7-43 直线电机走线原理

（8）明纬 48V 电源接线。

明纬 48V 电源采用的是 220V 供电，所以使用的线缆规格为 RVV4*4，线缆标识牌为 * 号 48V 电源。电源线为 3 芯线，颜色分别为棕色、蓝色和黄绿色，分别连接到 48V 电源的三相电和地线上，对应的线号分别为 48V-*L1、48V-*N3 和 PE（* 代表电源的序号）。在电源端接线时，需要使用 Y 型端子进行连接；而在主控柜端接线时，需使用 E4012 针型端子进行连接。

明纬 48V 电源信号采用 RVV2*0.75 规格的线缆，线缆标识牌为 * 号 48V 信号。信号线为两芯线，颜色分别为棕色和蓝色，一端与 48V 电源的报警信号延伸线通过压线帽进行短接，另一端接到主控柜的 PLC 输入端和 24-GND 端子排上，两根线对应的线号为棕色为 GZ-M*，蓝色为 GZ-N*（* 代表电源的序号）。在主控柜端接线时，需使用 E7508 针型端子进行连接。

明纬 48V 电源的输出端连接到轨道上安装的空开上，采用的线缆规格为 RVV3*10，颜色分别为棕色、蓝色和黄绿色，分别对应连接到电源的 48V、0V 和地线上。在接电源端时，需要使用 SC10-8 的 O 型端子进行连接，另一端可剥线后直接连接到空开内。明纬 48V 电源走线原理如图 7-44 所示。

（9）测速光电支架定义与安装。

测速光电支架如图 7-45 所示，序号从右往左依次标记为 1 至 7。测速光电支架安装在 U 型支架的右侧，光电挡位拨至 L 挡，第 8 个组件为地控复位光电，其光电挡位同样拨至 L 挡。测速光电支架应尽量安装在离主控柜近的轨道上，安装位置为主线运行方向轨道的前半截，方向为次级板先通过测速光电支架再到复位光电。注意，不可将测速光电支架安装在含有电机、防碰撞装置和 48V 电源的轨道上。

测速光电支架上的 7 组连续的光电元件被称为测速光电。无论设备是顺时针还是逆时针运行，次级板都会先通过 1 号测速光电。在同一节轨道上，如果设备按顺时针方向运行，则测速光电支架的安装位置位于 2 号区域，而如果设备按逆时针方向运行，则测速光电支架的安装位置位于 1 号区域。顺时针方向下的安装位置如图 7-46 所示，逆时针方向下的安装位置如图 7-47 所示。

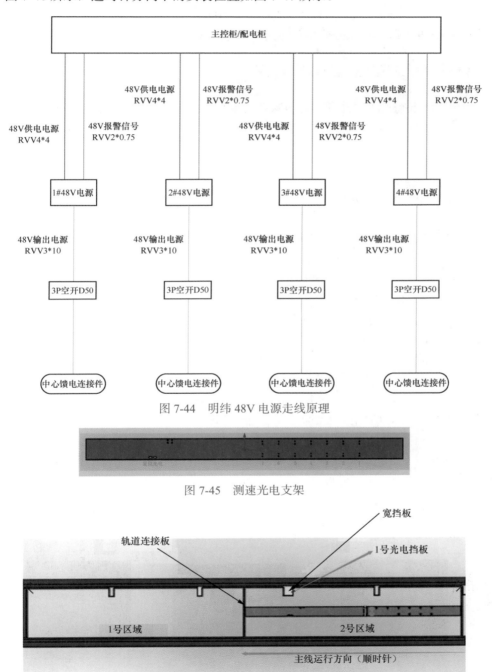

图 7-44　明纬 48V 电源走线原理

图 7-45　测速光电支架

图 7-46　顺时针方向下的安装位置

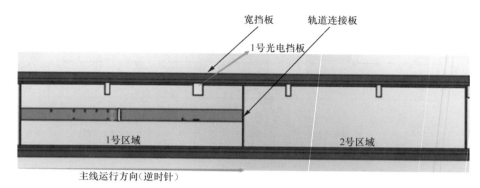

图 7-47　逆时针方向下的安装位置

（10）测速 / 复位光电接线。

将测速光电接线盒利用自攻螺丝固定在测速光电支架下方的龙门架中间，在盒子两侧分别安装一个 AD28.5 的快速接头，用于光电进线以及主控柜处信号和电源线的布线，同时在旁边外圈的线槽处开一个直径为 30mm 的孔，并安装一个 AD28.5 的快速接头，用于主控柜线缆的进线。线槽与接线盒之间的走线必须采用 AD28.5 波纹管进行保护，禁止使用裸线进行布线。

测速和复位光电的线通过扎带固定在支架上，然后 1 号光电汇集的信号线通过一根长度合适的 AD28.5 波纹管引入接线盒。在布线过程中，需要对对应序号的光电信号线进行标记，以确保不会混淆。

主控柜处需要拉两根线进入接线盒内，一根是电源线，线缆规格为 RVV2*0.75，线缆标识牌为测速光电电源。在线缆内部的棕色线接 24V-VCC，蓝色线接 24V-GND，对应的线号分别为 24V-VCC 和 24V-GND。另一根是信号线，线缆规格为 RVV8*0.5，线缆标识牌为测速复位光电。这根线缆有 8 根线，从 1 到 8 的编号依次为 SE-Z01 至 SE-Z08，其中 SE-Z08 是复位光电。在接线盒内，从上到下依次将 1 ～ 8 个光电信号接到 1 ～ 8 接线端子上，10 和 11 接 24V-VCC，13 和 14 接 24V-GND。接线完成后，用盖子将接线盒盖住。光电安装盒的安装方式如图 7-48 所示。线槽与安装盒的连接方式如图 7-49 所示。光电走线方式如图 7-50 和图 7-51 所示。光电盒内的接线方式如图 7-52 所示。光电柜内的接线方式如图 7-53 所示。

图 7-48　光电安装盒安装方式

图 7-49　线槽与安装盒连接方式

图 7-50　光电走线方式

图 7-51 光电走线方式　　图 7-52 光电盒内接线　　图 7-53 光电柜内接线
　　　　　　　　　　　　　　　　　　　方式　　　　　　　　　　方式

（11）主控柜安装与接线。

主控柜应按照规划图中指定的位置进行放置。主控柜后面的线槽开口应与主控柜后面的进线孔对齐，同时线槽底部应安装线槽支撑架，禁止将线槽直接放置在地面或钢平台上。所有主控柜的线缆都应有线缆标识牌，接线部分应压相应的线端子并套上对应的线号。每一根网线也应有线缆标识牌。在布线过程中，应遵循强弱电分离的原则，非必要情况下禁止将强弱电混合走线。异形线槽和网线标识如图 7-54 所示，线缆标识牌和线缆线号如图 7-55 所示。

图 7-54 异形线槽和网线标识

图 7-55 线缆标识牌和线缆线号

（12）急停按钮安装与接线。

下料口按钮的安装标准为，每 10 个下料口处安装一个急停按钮，每个供包机都应有一个主线急停按钮。急停按钮的线缆标识牌为 * 号急停，其中线号分别为 JT-** 和 24V-JT**，其中 ** 代表急停的顺序。

急停线的线缆规格为 RVV2*0.75。该线缆为两芯线，颜色分别为棕色和蓝色。棕色线对应线号 24V-JT**，蓝色线对应线号 JT-**。按钮端的棕、蓝色接线没有限制。在主控柜端，棕色线接 24V-VCC，蓝色线接 PLC 输入点。急停按钮如图 7-56 所示。

## 四、下料口电气安装

下料口线槽有两种尺寸，分别为 50mm×50mm 和 100mm×75mm。50mm×50mm 规格的线槽适用于下料口不含满包光电传感器的情况，而 100mm×75mm 规格的线槽适用于下料口含满包光电传感器的情况。在连接线槽时，需要使用相应的连接片、螺丝和螺母进行固定。此外，线槽之间还需要通过地线连接线进行连接，并使用扳手或套筒紧固螺母。线槽的首尾部分应使用相应的堵头进行密封处理。同时，线槽上的开孔处需要安装 AD28.5 的快速接头。

图 7-56　急停按钮

安装线槽时，需要将开孔处对准下料口的进线孔。在龙门架或安装支架上固定线槽时，应使用 M5.5 外六角燕尾自攻螺丝，并使用手电钻和 M8 加长磁性套筒进行操作。单层 50mm×50mm 线槽的安装位置距离主线线槽为 29cm，而单层 100mm×75mm 线槽的安装位置距离主线线槽为 31cm。双层 50mm×50mm 线槽的安装位置距离下料口安装支架为 6cm，而双层 100mm×75mm 线槽的安装位置比主线线槽低 2cm。

（1）下料口控制器安装。

在带满包光电传感器的方案中，一个控制器可控制 20 个下料口；在不带满包光电传感器的方案中，一个控制器可控制 32 个下料口。使用 M4*8 的螺丝将下料口控制器固定在 IO 安装盒内，IO 安装盒两侧分别有两个直径为 30mm 的孔，根据现场接线情况，在需要进线的孔上安装一个 AD28.5 的快速接头，禁止将不需要使用的进线孔的封盖打开。对于单层线体，应将 IO 安装盒固定在靠近小车的 7 字形支架上，而对于双层线体，则需将 IO 安装盒固定在每组 1 号下料口附近的龙门架上。在双层线体的配置中，需要在主盒旁边再安装一个扩展主机，并使用一根 485 通信线将主机上的 2 号 485 信号与扩展主机上的 2 号 485 信号串联在一起。下料口控制盒如图 7-57 所示。

图 7-57　下料口控制盒

（2）下料口控制器拨码说明。

拨码开关是一种常见的输入设备，用于选择或设置特定的功能或参数。其中，

DIP8 表示强制进入 boot 位，即系统启动时会自动进入指定的引导模式。在单层线拨码方式中，主机的 DIP7 引脚为 ON 状态，而 DIP6 至 DIP1 引脚则表示从机和主机的总数量。这意味着通过不同的组合，可以配置多个从机和主机的数量。对于从机来说，其 DIP7 引脚为 OFF 状态，而 DIP6 至 DIP1 引脚则表示从机的站号（从 2 开始）。通过设置不同的值，可以指定每个从机的地址或标识。

双层线拨码方式相对于单层线拨码方式，增加了一个扩展主机。主机和从机的拨码方式与单层线的一样。在主机上，DIP7 引脚为 ON 状态，而 DIP6 至 DIP1 引脚则表示从机和主机的总数量（不包括扩展主机）。这意味着通过不同的组合，可以配置多个从机和主机的数量。对于从机来说，其 DIP7 引脚为 OFF 状态，而 DIP6 至 DIP1 引脚则表示从机的站号（从 2 开始）。通过设置不同的值，可以指定每个从机的地址或标识。扩展主机的 DIP7 引脚为 ON 状态，而 DIP1 至 DIP6 引脚全部为 OFF 状态。为了方便操作和配置，建议在主机和扩展主机上使用标签纸打印拨码方式，并将其统一贴于外壳的正面固定位置，这样可以避免混淆和错误操作。拨码开关的配置是以等比数列的形式进行的。IO 控制拨码如图 7-58 所示。

（3）下料口控制器接线与布线规范。

下料口的线缆主要由电源线、通信线和网线构成。电源线采用 RVV2*0.75 的线缆进行布线，通信线则采用 RVVSP2*0.75 的线缆进行布线。IO 控制器的电源线以分区的形式进行布线。一个供包区域会有内外两侧下料口，因此每个区域需要拉设两根电源线。如果有两个供件区域，那么总共会有 4 根供件下料口的电源线。如果一个供件区域的路径中有弯道，并且

图 7-58　IO 控制拨码

弯道后还有该区域的下料口，那么需要单独拉设两根电源线为这些弯道后的下料口供电。这些电源线通过并联的方式也为按钮指示灯提供电源。

IO 控制器的电源线是两芯线，线缆的颜色分别为棕色（红色）和蓝色。棕色（红色）线接 24V，接线线号为 24V-IO*；蓝色线接 0V，接线线号为 0V-IO*，其中 * 代表控制器的序号。在主控柜端，棕色（红色）线接一个独立的 1 匹空开，蓝色线接 0V 区域。在控制器一端，棕色（红色）线接控制器 +，蓝色线接控制器 -。电缆标识牌上应标明为 * 区下料口电源。IO 控制器的通信方式是采用一条总线将各个节点串起来的方式进行布线。主机通过网线连接到地控交换机上与 WCS 进行通信。IO 控制器的通信线是双绞屏蔽线，将红色、蓝色以及屏蔽层分别作为通信线的 A/B/G，连接到 IO 控制盒的 A3/B3/G3 口上，线号为 IO-A*、IO-B* 以及 IO-G*，其中 * 代表控制器的序号。

下料口的电源线和 485 通信线都需要使用 5557 端子进行压接。压接完成后，将电源线插入 2*4p 的接插件中，将通信线插入 2*3p 的接插件中。然后，将

2*4p 端子插入 POWER 接口中，将 2*3p 端子插入 A3/B3/G3 接口中。下料口主
盒如图 7-59 所示。

（4）无满包光电传感器。

下料口按钮应安装在下料口上预留的孔位中。
如果有两个孔位，则统一使用上侧的孔位进行安
装。在安装按钮时，需要将其拧紧以确保稳固，
按钮线需要套上波纹管并穿入下料口线槽中。对

图 7-59　下料口主盒

于双层线槽，需要注意走线，避免超出支架，影响封板的安装。按钮的接线方式为
信号线接 14、X1，棕色电源线接 13，蓝色电源线接 X2。按钮的电源线通过串联的
形式将指定区域的下料口按钮连接在一起。通过前一个按钮的母头连接至下一个按
钮的公头，将一个区域的电源连接起来。其中，1 号按钮的电源需要连接至下料口
控制器的电源上。下料口接线方式如图 7-60 所示。

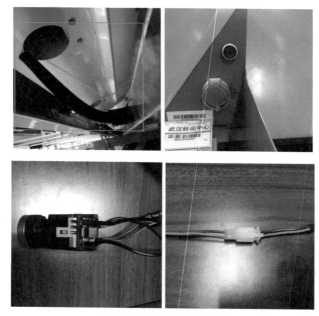

图 7-60　下料口接线方式

按钮信号线（32 芯）是 16 根信号线为一组，插入同一个接插件中。在插入接
插件之前，同一组信号线需要先穿过波纹管接头，避免信号线先插入接插件后，无
法穿过下料口控制盒上的波纹管接头。

根据图 7-60 所示的顺序，将信号线插入 2*8p 的接插件中，并将另一端展开。
当 16 根信号线展开后，使用绝缘胶带在每根信号线的快接插头的 10cm 处缠绕一圈。
这样做可以方便布线，并减少错误的发生。当一组线接入下料口控制器时，将另一
端按顺序接入按钮信号线。信号线使用快速对接插头，确保插头在保护层内并接触

牢固。如果插头外露，使用绝缘胶带进行包裹。下料口 IO 控制器如图 7-61 所示。

根据 IO 控制器的摆放位置，将靠近 IO 控制器的端口定义为当前组的 1 号口，将当前组前 16 个口的信号线依次接到 1 ～ 16 号端子上，将后 16 个口的信号线依次接到 17 ～ 32 号端子上。

图 7-61 下料口 IO 控制器

（5）下料口按钮、光电传感器及报警灯安装及接线。

下料口按钮应安装在下料口上预留的孔位中。如果有两个孔位，则统一使用上侧的孔位。在安装按钮时，需要将其拧紧，按钮线需要套上波纹管并穿入下料口线槽中。按钮的接线方式为 13 号端子接 24V-VCC，X2 号端子接 24V-GND，14 号和 X1 号端子分别作为 IO 控制的输入和输出端。按钮的电源线通过串联的形式将指定区域的下料口按钮连接在一起。通过前一个按钮的母头连接到下一个按钮的公头，将一个区域的电源连接起来。其中，1 号按钮的电源需要连接到下料口控制器的电源上。

提前定制好满包光电传感器线缆，并使用 AD21.2 的波纹管将线缆穿入线槽内部。将电源的正负极通过串联的方式对接好接头，将信号线通过公母子弹头接头连接到 IO 控制盒内。每 20 个下料口（一个 IO 控制器控制的下料口数量）安装一个卡包光电传感器，并将其固定在指定外壳中。然后将外壳固定在指定的下料口位置，并将光电传感器的线通过下料口大板上的孔穿到下方。使用 AD15.8 的波纹管将光电传感器的线穿入下料口线槽中。在中途，需要使用轧带或其他固定物对波纹管进行固定。

每 20 个下料口（一个 IO 控制器控制的下料口数量）安装一个报警灯。安装报警灯时，将其固定在支架上，并将线通过 AD15.8 的波纹管穿入下料口线槽中。在布线过程中，需要使用轧带或其他固定物来固定波纹管。下料口满包光电传感器走线和下料口夹件光电传感器走线如图 7-62 所示。

图 7-62 下料口满包光电传感器走线和下料口夹件光电传感器走线

（6）打印机安装及接线。

每 10 个下料口配备一台打印机，并且下料口的内外圈为对称安装。根据规划图纸，先将打印机的安装托盘固定在下料口的方管上，然后将打印机放置在托盘上面进行固定。打印机有两根线，分别是电源线和网线。这两根线通过 AD25.8 的波纹管进行走线。为了确保整体美观、整洁和牢固，需使用波纹管卡扣来固定波纹管。走线的原则是明线不可裸露。打印机的电源采用取电盒进行供电，将取电盒固定在离打印机最近的龙门架的中间位置。一个取电盒分别给内外圈的两个打印机供电。电源线采用 AD21.2 的波纹管进行布线，并使用 RVV4*4 的线缆。下料口打印机如图 7-63 所示，电源连接盒如图 7-64 所示。

图 7-63　下料口打印机　　　　　　　图 7-64　电源连接盒

## 五、上电前电源短路测试

（1）主电路。

主电路的短路测试主要包括总进电的短路测试以及输出到铜排或各二级供电空开之间的短路测试。测试工具为万用表，将万用表功能选择为测试短路和电阻值的挡位。在断电的情况下，对三相电进行两两之间的测试，然后将三相电分别与零线和地线进行短路测试。如果万用表没有发出报警声音或者电阻值显示为无穷大（0L），则说明主电路正常。此时可以将总电源的空开合闸。万用表示数如图 7-65 所示。

图 7-65　万用表示数

（2）直线电机。

直线电机的供电短路测试主要包括对变频器的输入端电源和输出端进行测试。测试工具为万用表，将万用表功能选择为测试短路和电阻值的挡位。在断电的情况下，对变频器的输入端三相电进行两两之间的短路测试。如果万用表没有报警或显示一定的电阻值，则代表输入端电源正常。接下来，用万用表对变频器的输出端（可量接线端子）进行短路测试。正常情况下，万用表会发出报警声，电阻值显示为 9 ～ 13Ω 之间，并且同一台电机的三相电之间两两相连的电阻值应该在 ±1Ω 的范围内。如果两两之间的电阻值相差过大，则直线电机本身可能存在问题。在这种情况下，需要更换直线电机，并且有问题的直线电机在问题被解决之前不应对其进行上电操作。

　　直线电机的散热风扇通常由 220V 电压供电。为了确保风扇电源的正常，还需要对风扇电源进行短路测试。使用万用表对风扇供电线（棕色线和蓝色线）进行短路测试，可以直接测量接线端子的紧固螺丝。如果万用表没有报警或显示一定的电阻值，则代表风扇电源正常。

　　需要注意的是，以上所述的测试应该对每台电机的电源输入和输出都进行测试，不能进行抽查式的测试。

　　（3）48V 电源。

　　48V 电源的供电短路测试主要包括对 48V 电源的供电输入端电源和输出端进行测试。测试工具为万用表，将万用表功能选择为测试短路和电阻值的挡位。在断电的情况下，对 48V 电源输入端的两相电进行短路测试。如果万用表没有报警或显示电阻值为无穷大，则代表输入端电源正常。

　　测量 48V 电源的输出端时，首先需要断开连接滑触线的 3P 空开。此时，应将所有连接到 48V 电源的 3P 空开都断开，而不是只断开其中一个。然后，使用万用表的黑红表笔测量所有电源输入端的正负极是否短路。如果万用表没有报警或显示电阻值为无穷大，则代表输出端电源正常。接下来，将所有连接到 48V 电源的 3P 空开闭合，并将小车上所有连接集电臂的断路器闭合。此时，测量 3 根滑触线两两之间是否存在短路。在测量时，需要注意红表笔应对准滑触线的正极，黑表笔应对准滑触线的负极，否则万用表会报警。刚开始测量时，万用表可能会报警，但如果表上显示的电阻值不断增大，然后万用表停止报警，则代表小车电源接线没有问题。此外，如果正极与地、负极与地之间的测量没有引发万用表报警，则代表 48V 电源的整体电路是正常的。

　　（4）供包机电源。

　　供包机电源的供电短路测试主要包括对供包机电源的供电输入端和供包机内部的 24V 电源输出进行测试。测试工具为万用表，将万用表功能选择为测试短路和电阻值的挡位。在断电的情况下，对供包机的供电输入端两相电进行短路测试。如果万用表没有报警或显示一定的电阻值，则代表输入端电源正常。接下来，对供包机内部的 24V 电源输出进行短路测试。使用万用表的红表笔对 24V 正极、黑表笔对 24V 负极进行测量。如果万用表不报警且电阻值不断增大，则代表 24V 电源正常输出。

　　（5）相机电源。

　　相机电源的供电短路测试主要包括对相机电源的供电输入端和相机内部的 24V 电源输出进行测试。测试工具为万用表，将万用表功能选择为测试短路和电阻值的挡位。在断电的情况下，对相机供电空开的输出端两相电进行短路测试。如果万用表没有报警或显示电阻值为无穷大，则代表输入端电源正常。接下来，对相机电源箱内的 24V 电源输出进行短路测试。使用万用表的红表笔对 24V 正极、黑表笔对 24V 负极进行测量。如果万用表不报警且电阻值不断增大，则代表 24V 电源输出正常。

　　（6）主控柜电源。

　　主控柜电源的供电短路测试主要包括对主控柜电源的供电输入端和主控柜内部的

24V 电源输出进行测试。测试工具为万用表，将万用表功能选择为测试短路和电阻值的挡位。在断电的情况下，对主控柜电源的供电输入端两相电进行短路测试。如果万用表没有报警或显示电阻值为无穷大，则代表输入端电源正常。接下来，对主控柜内部的 24V 电源输出进行短路测试。使用万用表的红表笔对 24V 正极、黑表笔对 24V 负极进行测量。如果万用表不报警且电阻值不断增大，则代表 24V 电源输出正常。

## 六、车载电气调试说明

（1）漏波客户端 IP 地址修改。

在调试计算机上安装西门子软件 Primary Setup Tool。通电前，先将装置复位（按住复位按钮一段时间，直到指示灯停止闪烁）。复位按钮位于安装 KEY-PLUG 的槽里的 KEY-PLUG 旁边。用网线将计算机和客户端直连。打开 Primary Setup Tool 软件，界面如图 7-66 所示。

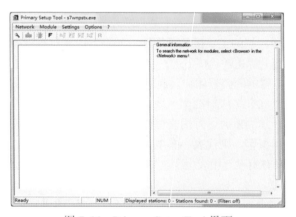

图 7-66　Primary Setup Tool 界面

单击"Settings>Set PG/PC Interface..."，在弹出的对话框中选择"Realtek PCIe GBE Family Controller..."（选择网线所插的有线网卡），单击"OK"按钮，如图 7-67 所示。

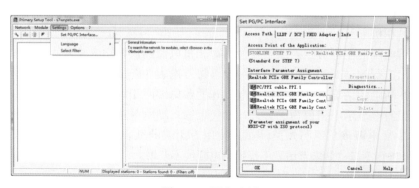

图 7-67　网卡选择

单击"Browse"按钮进行搜索，搜索到设备后按参考表中的相应部件对客户端的 IP 地址、子网掩码以及网关进行修改，如图 7-68 所示。

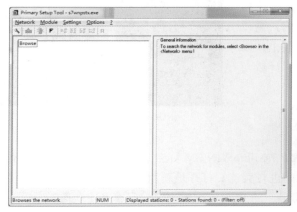

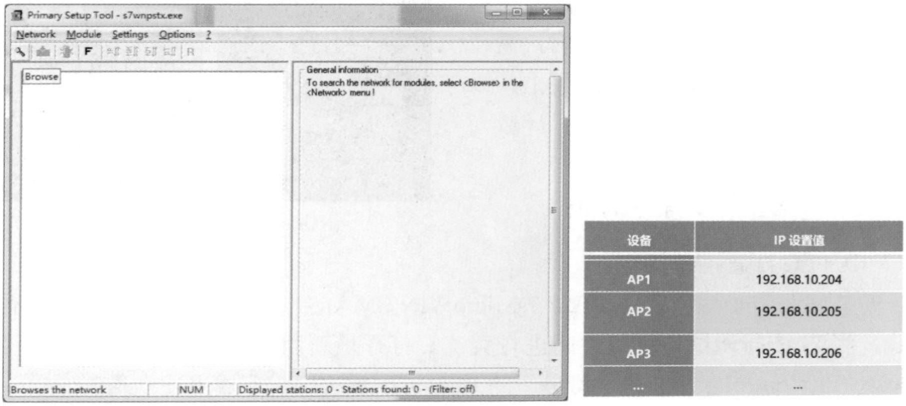

| 设备 | IP 设置值 |
| --- | --- |
| AP1 | 192.168.10.204 |
| AP2 | 192.168.10.205 |
| AP3 | 192.168.10.206 |
| ... | ... |

图 7-68　参数设置

设置好参数后，单击"Download"按钮并确认更改，然后关闭软件；重新打开软件，进行设备搜索以确认参数是否正确设置。如果在搜索过程中发现参数未正确设置，请重复上述步骤，检查并更正参数，然后再次下载和验证。

（2）漏波客户端参数设置。

将调试计算机的 IP 地址更改为 10 网段的 IP 地址，如 192.168.10.220。在浏览器中输入客户端的 IP 地址，进入配置界面，默认密码为 admin。进入配置界面后，重新设置一个新密码 adminwayzim。单击"Load"按钮，给客户端下载配置表，如图 7-69 所示，选择相应的配置文件，并单击"确定"按钮。请注意，带 KEY-PLUG 和不带 KEY-PLUG 的配置文件是不同的。

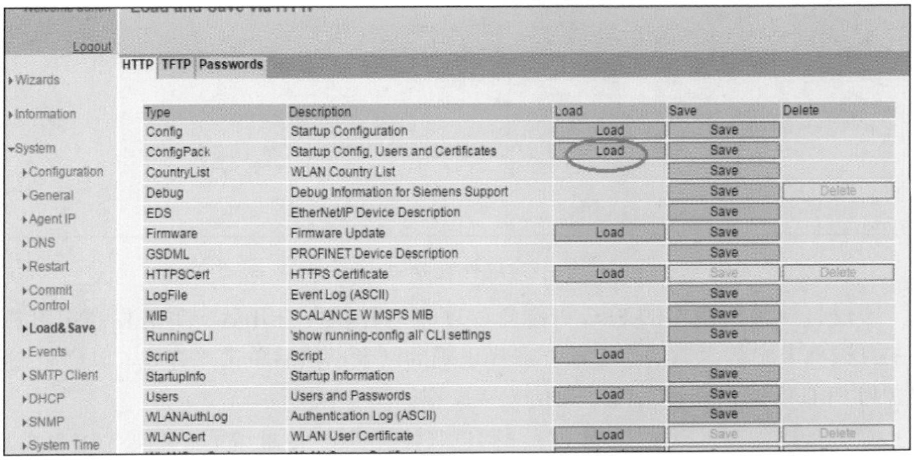

图 7-69　漏波调试界面

（3）计数与复位光电调试。

通电后，请确保计数光电能够完全
遮挡住光电挡板，并且光眼位于光电挡
板上方 15～20mm 的位置。同时，复位
光电的光眼需要能够照到反射板上，以
确保反射光电能够被正常触发。计数与
复位光电如图 7-70 所示。

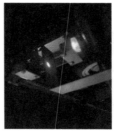

图 7-70　计数与复位光电

## 七、主线电气调试说明

（1）PLC 配置准备工作。

安装好西门子编程软件 STEP 7-MicroWIN SMART V2.3，准备一根长度合适的
网线，将 PLC 与调试计算机之间进行直连。打开最新版本的 PLC 上位机配置软件
Release_PlcControl，并准备一份最新的 PLC 可配置程序。完成上述准备工作后，将
调试计算机连接 PLC 的网口的 IP 地址修改为 192.168.10.12。计算机 IP 地址修改操
作如图 7-71 所示。

图 7-71　计算机 IP 地址修改

通过打开最新版本的 PLC 可配置程序将编程软件打开后，单击程序编辑栏左
侧主要选项卡中的"通信"选项，选择正确的网卡，然后单击"查找 CPU"按钮以
建立与 PLC 的通信连接。PLC 通信连接操作如图 7-72 所示。

单击查找到的 CPU，编辑 PLC 的 IP 地址，将 IP 地址改为 192.168.10.200，将
子网掩码改为 255.255.255.0，最后单击"确定"按钮，如图 7-73 所示。

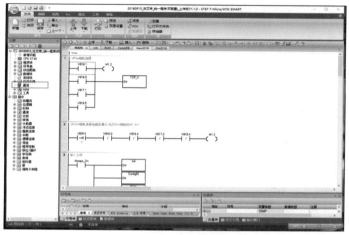

图 7-72　PLC 通信连接

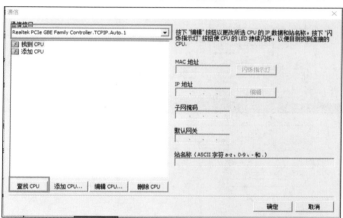

图 7-73　编辑 PLC 的 IP 地址

单击程序编辑栏左侧主要选项卡中的"CPU ST40"，根据 IO 表和现场电柜的模块数量以及类型进行配置。完成配置后，PLC 组态如图 7-74 所示，最后单击"确定"按钮。

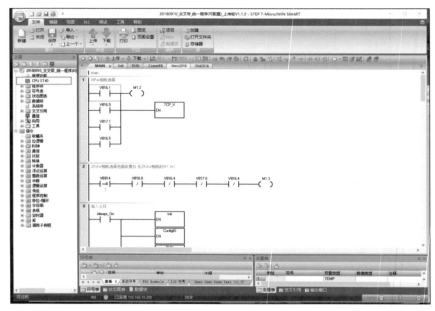

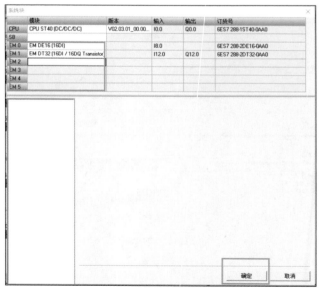

图 7-74　PLC 组态

完成 PLC 的配置后，单击"下载"按钮，并将 PLC 切换到运行状态，如图 7-75 所示。

最后，打开最新版本的 PLC 上位机配置软件 Release_PlcControl，双击"后台设置"按钮，如图 7-76 所示，进入 Release_PlcControl 软件界面。

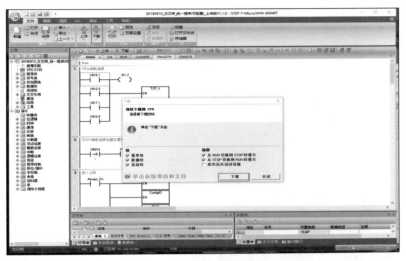

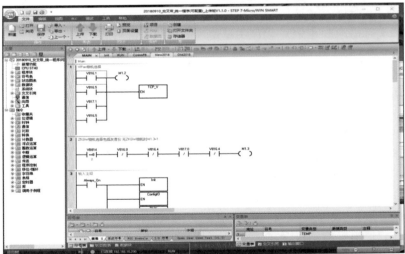

图 7-75 下载配置并切换 PLC 状态

图 7-76 打开 Release_PlcControl 软件界面

（2）PLC 的 I/O 点位配置。

首先，选择正确的目录（通常是打开文件位置的 Config 文件夹），保存设置后，单击操作员进入。可以根据实际场地需求新建文件夹，但注意要将 Config 文件夹中的文件复制到新建的文件夹中。例如，如果要新建无锡中通 1 号线，可以在 Release_PlcControl_201805181118 文件夹中新建无锡中通 1 号线文件夹，然后将 5 个 config 文件复制到该文件夹中即可，如图 7-77 所示。

图 7-77　目录设置

根据实际需求和在 PLC 程序中所使用的模块，进行底层模块的设置。可以通过右击"配置模块"来添加模块，也可以通过右击最后一个模块来删除模块，如图 7-78 所示。

接下来，进行固定参数设置，包括启动报警时间和风扇保持时间的设置以及程序选择。注意，电柜报警灯接线仅有两个继电器模式的话，选择中通老版本，每设置完一步，都需要单击一次"设置"按钮进行保存。

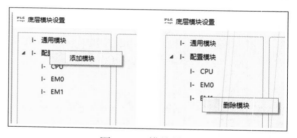

图 7-78　模块设置

系统模块设置需要根据 IO 表进行配置，每项配置完成后，务必保存设置。可以通过查看表格中的数值来判断接线是否正确，信号反馈如图 7-79 所示。

| 名称 | 信号反馈正确值 |
| --- | --- |
| 48V 断电 | 0 |
| 电机保护 | 1 |
| 48V 报警 | 1 |
| 急停开关 | 1 |
| 防碰撞报警 | 1 |

图 7-79　信号反馈

（3）电能表设置。

通电后，进入设置界面，将 CT 变比设置为 30。电能表的设置如图 7-80 所示。

图 7-80 电能表的设置

（4）东芝变频器设置。

在东芝变频器中，将面板罩壳开启后，可以看到各个部分的功能，这些功能如图 7-81 所示。

[罩壳开启]

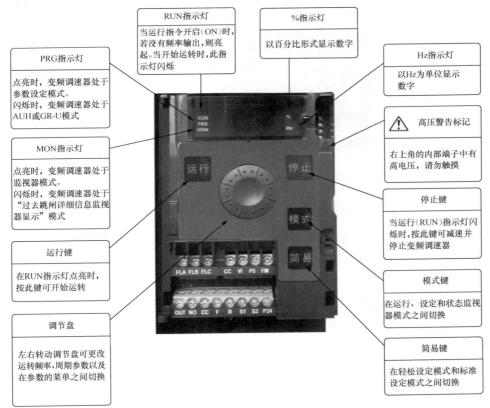

图 7-81 变频器功能

按下面板上的模式按键，可以调出相应的参数码。根据图 7-82 左表中的数值，将参数进行相应的调整。在手动模式下，需要将 CMOD 和 FMOD 均改为 1。完成主线的手动运行后，需要将参数改回原始设置。

| 参数码 | 设置值 | 参数含义 |
|---|---|---|
| F800 | 4 | 通信速率 |
| F801 | 0 | 奇偶校验 |
| F802 | 1 | 变频器编号 |
| F829 | 1 | 通信协议设定 |
| F250 | 3 | DCbrakingstartingfrequency |
| F251 | 100 | DCbrakingcurrent |
| F252 | 5 | DCbrakingtime |
| F311 | 1 | 禁止反转 |
| CMOD | 0 | 指令模式选择 |
| FMOD | 3 | 频率设定模式选择1 |
| ACC | 3 | 加速时间1 |
| DEC | 0.1 | 减速时间1 |
| TYP | 1 | 恢复出厂设置 |

| 参数码 | 设置值 | 参数含义 |
|---|---|---|
| 00-02 | 9 | 参数管理设定 |
| 00-17 | 8 | 载波频率 |
| 00-20 | 1 | 频率指令来源设定（AUTO） |
| 00-21 | 1 | 运转指令来源设定（AUTO） |
| 01-12 | 0.5 | 第一加速时间 |
| 01-13 | 0.5 | 第一减速时间 |
| 07-01 | 100 | 直流制动电流准位 |
| 07-03 | 6.0 | 停止时直流制动时间 |
| 09-00 | 1 | 通信地址 |
| 09-01 | 19.2 | COM1通信传送速 |
| 09-04 | 12 | COM1通信格式 |
| 11-00 | 128 | 进阶参数-系统控制 |

图 7-82　参数配置

（5）台达变频器设置。

台达变频器设置说明如图 7-83 所示。

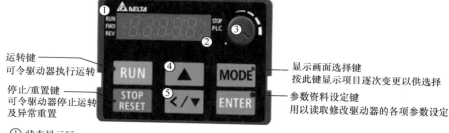

图 7-83　台达变频器设置说明

按下面板上的 ENTER 键，可以调出相应的参数码。根据图 7-82 右表中所对应的值，将参数进行相应的调整。在手动模式下，需要将 00-20 的值改为 7，将 00-21的值改为 1。完成主线的手动运行后，需要将参数改回原始设置。

（6）漏波 AP 的 IP 地址修改。

在调试计算机上安装西门子软件 Primary Setup Tool。通电前，先将装置复位（按住复位按钮一段时间，直到指示灯停止闪烁。复位按钮位于安装 KEY-PLUG 的槽里的 KEY-PLUG 旁边。使用网线将计算机和 AP 直连。打开 Primary Setup Tool

软件，界面如图 7-84 所示。

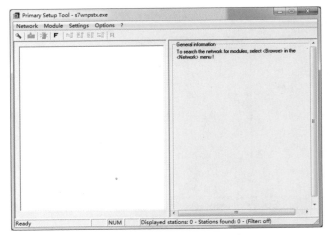

图 7-84　Primary Setup Tool 界面

单击"Settings>Set PG/PC Interface..."，在弹出的对话框中选择"Realtek PCIe GBE Family Controller..."（选择网线所插的有线网卡），单击"OK"按钮，如图 7-85 所示。

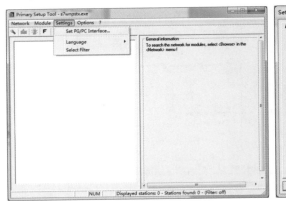

图 7-85　网卡选择

单击"Browse"按钮进行搜索，搜索到设备后按参考表（见图 7-86）中的相应部件对 AP 的 IP 地址、子网掩码以及网关进行修改。

设置好参数后，单击"Download"按钮并确认更改，然后关闭软件；重新打开软件，进行设备搜索以确认参数是否正确设置，如图 7-87 所示。

将调试计算机的 IP 地址更改为 10 网段的 IP 地址，如 192.168.10.220。在浏览器中输入 AP 的 IP 地址，进入配置界面，默认密码为 admin。进入配置界面后，重新设置一个新密码 adminwayzim。单击"Load"按钮，给 AP 下载配置表，选择相应的配置文件，并单击"确定"按钮。注意，带 KEY-PLUG 和不带 KEY-PLUG 的配置文件是不同的。如果需要配置多个 AP，可以下载 204 的配置文件。下载完成后，在设置中单独修改每个AP的IP地址即可。下载配置文件的操作如图7-88所示。

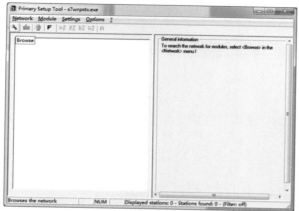

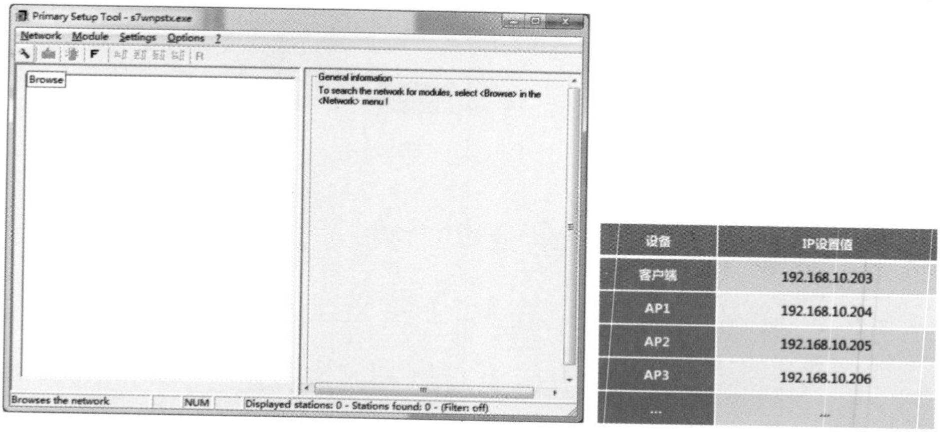

| 设备 | IP设置值 |
| --- | --- |
| 客户端 | 192.168.10.203 |
| AP1 | 192.168.10.204 |
| AP2 | 192.168.10.205 |
| AP3 | 192.168.10.206 |
| ... | |

图 7-86　参数设置

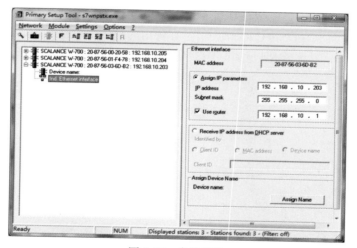

图 7-87　参数确认

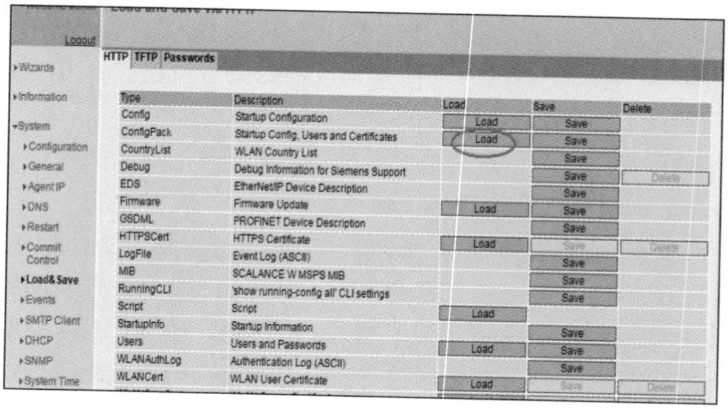

图 7-88　下载配置文件

（7）漏波测试以及验收方法。

使用 ATKKPING 软件进行快速 Ping 测试，以检测丢包情况（可以采用 200ms 的 Ping 间隔时间，并保存测试记录）。同时，记录下丢包时头车所在的位置。观察丢包情况，如果连续丢包，则不合格。注意，在一台多网卡的工控机中运行此软件可能会发生有规律的丢一组包的情况，因此应尽量使用单网卡的调试计算机进行测试。IP 参数设置如图 7-89 所示。

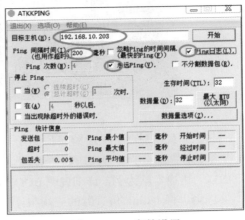

图 7-89　IP 参数设置

设备运行后，将调试计算机连接到车载的交换机上，并将计算机的 IP 地址设置为与客户端相同的网段。打开 IE 浏览器，在 IP 地址栏中输入客户端的 IP 地址"192.168.10.203"，以连接到客户端并登录。在左侧菜单栏中单击"Interface"选项，然后选择"WLAN"选项，进入 WLAN 界面。在界面上方的菜单栏中选择"Signal"，进入信号监测界面。单击界面上的"Start"按钮开始进行信号监测。在运行过程中记录各个点的信号强度，并根据信号强度判断漏波安装是否合格。图 7-90 的左图为正常的信号图，右图为异常的信号图。

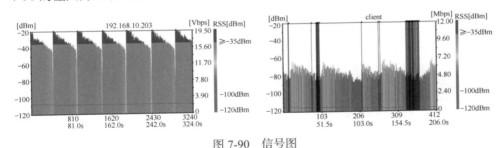

图 7-90　信号图

（8）测速光电以及复位光电调试。

在设备通电后，需要对光电的位置进行检查，确保光电的光眼应与小车次级板的底部保持 10mm 的距离。如果光电位置偏下，可能会导致光电漏检，进而导致速度不稳定。在这种情况下，需要将整个安装支架上移，以确保光电能被完全遮住。在确认光电位置后，还需要检查测速光电的信号顺序。将小车次级板与次级板之间的缺口对准 1 号光电，然后使用万用表检测测速控制器的 1 号光电输入点是否有信号。依次类推，对 7 个光电的信号进行测试。另外，还需要将 1 号小车的尾部上安装的反射板对准地面复位光电，并且确保复位光电的光眼正对反射板的中心。如果位置存在偏差，需要对反射板的上下位置进行调整。测速复位光电如图 7-91 所示。

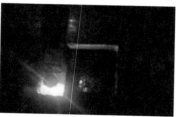

图 7-91 测速复位光电

（9）车载控制器 BOOT 烧录说明。

车载控制器分为"中通"和"顺丰"两款，其正面标识为 Vehicle Control System。下面以"中通"款为例，详细说明 BOOT 烧录与程序更新的步骤。

首先，将 J-Link 仿真器的一端与计算机的 USB 端口连接，另一端与控制盒的 SWD 端口连接。接下来，打开 J-FLASH 软件，并按照以下步骤进行操作：单击"File"菜单，然后选择"New project"选项，新建一个工程文件。单击"Options"菜单，再选择"Project settings"选项，对"Target Interface"项和"CPU"项进行配置。配置完成后，保存工程文件。单击"Save project"按钮，将工程文件保存在指定的文件夹中。需要注意的是，第一次使用 J-FLASH 时需要新建一个工程文件，之后每次使用时只需打开该工程文件即可。BOOT 烧录的具体步骤如图 7-92 所示。

图 7-92 BOOT 烧录

在 BOOT 烧录完成后，需要重新上电。此时，红色指示灯为快闪状态，表示已经进入了 BOOT 模式。烧录界面如图 7-93 所示。

（10）车载控制器更新程序说明。

将计算机连接到地控交换机后，可以按照以下步骤进行设置：打开"网络和共享中心"→找到并单击"更改适配器设置"链接→找到"本地连接"→右键单击该连接，并选择"属性"选项→找到并双击"Internet 协议版本 4（TCP/IPv4）"选项，将 IP 地址改为 192.168.10.12，并确保子网掩码、默认网关和 DNS 服务器的设置与图 7-94 所示的一致。确认所有设置后，单击"确定"按钮保存更改。

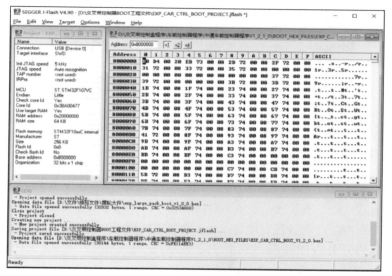

图 7-93　烧录界面

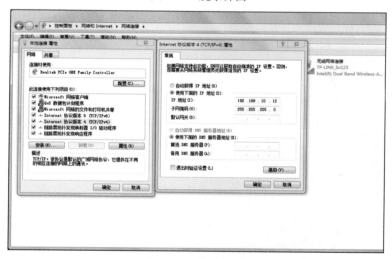

图 7-94　参数设置

更新车载控制器的程序需要按照以下步骤进行操作：首先打开 IAP Tool 软件，这是一个用于烧录和更新车载控制器的软件。其次，在下载更新终端中选择"车载控制"选项，在主机文件中导入主机需要烧录的文件，在从机文件中导入从机需要烧录的文件。再次，设置从机起始站号和从机结束站号，如图 7-95 所示。从机起始站号表示除去主机即为 2 号控制器，而从机结束站号表示最后一个从机控制器编号。假设一台设备有 16 个车载控制器，则从机起始站号为 2，从机结束站号为 16。最后，完成以上步骤后，单击"开始烧录"按钮，程序将自动将更新文件烧录到选定的车载控制器上。等待烧录过程完成后，关闭 IAP Tool 软件。

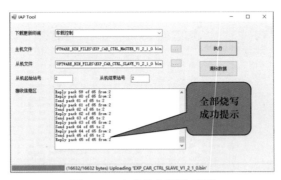

图 7-95  车载控制器编号图

控制盒在出厂前通常已经预装了最新的程序,一般不需要重新烧录。如果只需要更新程序而 BOOT 部分没有变化,也不需要重新烧录 BOOT,可以直接进行程序的更新。拨码开关的 DIP8 拨动到 1 时,可以强制进入 BOOT 模式。如果无法成功进入 BOOT 模式,可能需要重新烧录 BOOT。在重新烧录 BOOT 后,需要断电并重新启动设备,如果指示灯快闪,表示已经进入了 BOOT 模式。在进行程序的更新时,主机的拨码开关 DIP1 必须拨动到 1,而从机则根据各自的站号进行设置,以确保车载主机与从机之间的 485#3 连接稳定。需要注意的是,顺丰车载控制器和中通车载控制器的烧录步骤相同,但程序不同。

(11)接口转换控制器更新程序说明。

接口转换控制器是一种通用型号的控制器,其正面对应名称为 Port Transfer Control System。下面是使用 IAP Tool 软件进行程序烧录的步骤(见图 7-96):首先,打开 IAP Tool 软件,配置下载终端为"接口转换 1";其次,将烧录程序的计算机本地 IP 地址配置为 192.168.10.13;再次,导入烧录文件到烧录软件中;最后,单击"执行"按钮开始烧录程序。

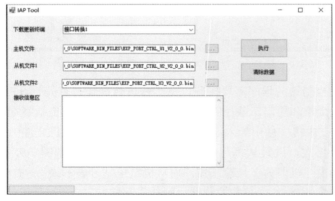

图 7-96  烧录程序

控制盒在出厂前通常已经预装了最新的程序,一般不需要重新烧录。如果只需要更新程序而 BOOT 部分没有变化，也不需要重新烧录 BOOT，可以直接进行程序的更新。如果无法进入 BOOT 模式，可能需要重新烧录 BOOT。在重新烧录 BOOT 后，需要断电并重新启动设备，如果指示灯会快闪，表示已经进入了 BOOT 模式。在进行程序的更新时，U1 对应 SW1，U2 对应 SW2，U3 对应 SW3。

（12）速度控制器更新程序说明。

速度控制器也是一种通用型号的控制器，其正面对应名称为 Main Line Control System。下面是使用 IAP Tool 软件进行程序烧录的步骤（见图 7-97）：首先，打开 IAP Tool 软件，配置下载终端为"速度控制"；其次，将烧录程序的计算机本地 IP 地址配置为 192.168.10.13；再次，导入烧录文件到烧录软件中；最后，单击"执行"按钮开始烧录程序。

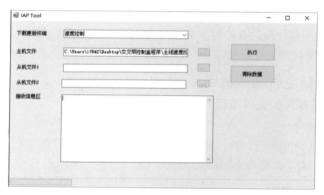

图 7-97　烧录程序

（13）WCS 配置说明。

在配置 WCS 时，需要记录设备部件实际安装的位置信息。以两区供件单层设备为例，需要记录位置信息的部件如表 7-2 所示。

表7-2　需要记录位置信息的部件

| 部 件 名 称 | 数量/位置 | 部 件 名 称 | 数量/位置 |
| --- | --- | --- | --- |
| $X$ 轴小车数量 | — | $Y$ 轴小车数量 | — |
| 1 区相机位置 | — | 2 区相机位置 | — |
| 1 区检查仪位置 | — | 2 区检查仪位置 | — |
| 1 区空盘仪位置 | — | 2 区空盘仪位置 | — |
| 1 区 1～6 号供包机位置 | — | 2 区 6～12 号供包机位置 | — |
| 1 区下料口起始位置 | — | 2 区下料口起始位置 | — |
| 直线电机位置 | — | 防碰撞位置 | — |
| 急停位置 | — | 48V 电源位置 | — |

（14）安全部件测试说明。

设备的安全部件主要包括急停按钮、防碰撞装置和 48V 电源保护装置。

急停部分分为供包机急停、下料口急停和主控柜急停 3 个主要部分。在测试过程中，需要两个人进行配合。其中一个人负责按下三区的急停按钮并复位，另一个人则观察主控柜上的报警灯是否做出相应的反应，以及 PLC 输入指示灯是否正常亮灭。当急停按钮被按下时，报警灯应该处于红灯常亮状态，蜂鸣器会发出长鸣声。同时，WCS 中相应位置的急停状态会变红。

防碰撞装置在每个直线电机的前两节轨道上安装。测试时同样需要两个人进行配合，其中一个人负责依次拉下防碰撞装置并复位，另一个人则观察主控柜上的报警灯是否做出相应的反应，以及 PLC 输入指示灯是否正常亮灭。当防碰撞装置被拉下时，报警灯应该处于红灯常亮状态，蜂鸣器会发出长鸣声。同时，WCS 中相应位置的防碰撞状态会变红。

48V 电源保护装置可以通过手动触发来测试其功能，具体操作是将两芯信号线中的一根拆除，然后观察主控柜上的报警灯是否做出相应的反应，以及 PLC 输入指示灯是否正常亮灭。当信号线被拆除时，报警灯应该处于红灯常亮状态，蜂鸣器会发出长鸣声。同时，48V 电源供电会被切断，并且 WCS 中相应位置的 48V 电源状态会变红。

## 八、下料口电气调试说明

（1）控制器 BOOT 烧录与程序更新说明。

下料口控制器分为"中通"和"顺丰"两款，其中"中通"款的正面对应名称为 Unloading Control System，而"顺丰"款则包括直线分拣 IO 主机和直线分拣 IO 从机，正面对应名称分别为 Unloading Control System< 直线分拣 IO 主机 > 和 Unloading Control System< 直线分拣 IO 从机 >。"中通"款下料口的烧录步骤与车载控制器的一致，主机和从机的程序相同，但是本地 IP 地址不同，为 192.168.10.12；"顺丰"款下料口控制器的主机与从机型号不同，程序也不同，本地 IP 地址为 192.168.10.12。修改 IP 地址与烧录程序的具体操作如图 7-98 所示。

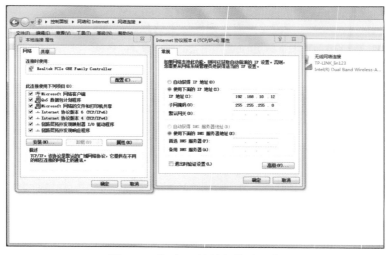

图 7-98　修改 IP 地址与烧录程序

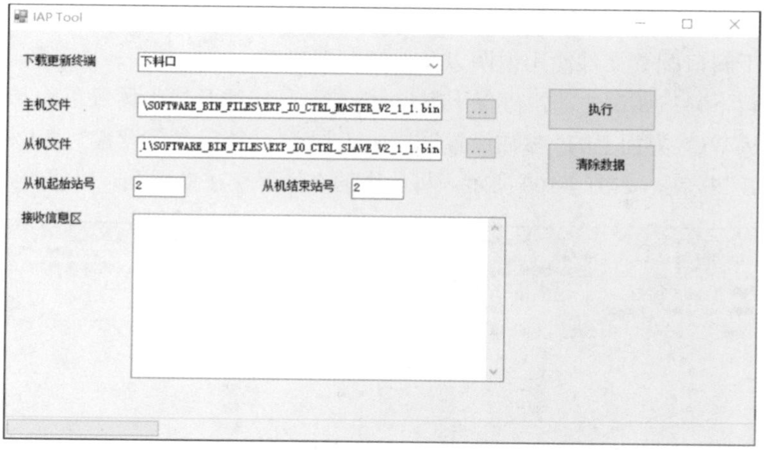

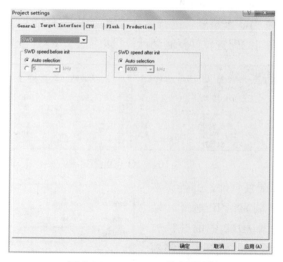

图 7-98　修改 IP 地址与烧录程序（续）

特别需要注意的是，在对顺丰下料口控制器的从机进行 BOOT 烧录时，需要重新配置 J-FLASH。具体的 J-FLASH 重新配置方式可以参考图 7-99。

图 7-99　J-FLASH 重新配置

下料口控制器的 BOOT 烧录和程序更新需要注意以下事项：控制盒在出厂前通常已经预装了最新的程序，因此一般不需要重新烧录。如果只更新程序而 BOOT 部分没有变化，也不需要重新烧录 BOOT，可以直接进行程序的更新。拨码开关的 DIP8 拨动到 1 时，可以强制进入 BOOT 模式。如果无法进入 BOOT 模式，则需要重新烧录 BOOT。在重新烧录 BOOT 后，需要断电并重新启动设备，如果指示灯快闪表示已经进入了 BOOT 模式。在进行程序的更新时，主机的拨码开关 DIP1 必须拨动到 1，而从机则根据各自的站号进行设置，以确保中通下料口控制器的主机与从机之间的 485#3 连接稳定、顺丰下料口控制器的主机与从机之间的 CAN 连接稳定。需要注意的是，顺丰下料口控制器与中通下料口控制器的烧录步骤相同，但程序不同。

（2）下料口配置文件使用说明以及按钮配置说明。

在进行下料口调试之前，确保下料口 IO 控制的接线及拨码设置正确。在调试过程中，先从 WCS 界面上的"参数设置"选项中选择"分拣口参数设置"进入相应界面，单击"导出"按钮，如图 7-100 所示，将导出的文件保存在桌面上，以便查找和使用。

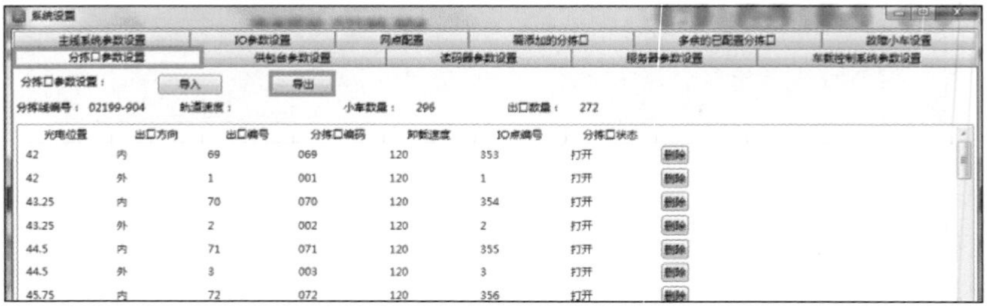

图 7-100　分拣口参数设置

导出的文件将自动以".csv"格式保存为表格形式，这就是要配置的下料口文件。双击打开下料口配置文件后，将出现一个表格。首先，需要对分拣码进行升序排序。排序完成后，就要对"IO 点编号"进行重新配置。在进行"IO 点编号"的重新配置之前，请确保将下料口的配置软件复制到计算机桌面上。IO 点配置如图 7-101 所示。

| | A | B | C | D | E | F | G | H |
|---|---|---|---|---|---|---|---|---|
| 1 | 出口编号 | 光电位置 | 出口方向 | 卸载速度 | 状态 | 分拣码 | IO点编号 | |
| 2 | 1 | 103.5 | 外 | 120 | 打开 | 1 | 65 | |
| 3 | 2 | 104.75 | 外 | 120 | 打开 | 2 | 66 | |
| 4 | 3 | 106 | 外 | 120 | 打开 | 3 | 67 | |
| 5 | 4 | 107.25 | 外 | 120 | 打开 | 4 | 68 | |
| 6 | 5 | 108.5 | 外 | 120 | 打开 | 5 | 69 | |
| 7 | 6 | 109.75 | 外 | 120 | 打开 | 6 | 70 | |
| 8 | 7 | 111 | 外 | 120 | 打开 | 7 | 71 | |

图 7-101　IO 点配置

打开 IO TOOL 配置软件，并确保本地通信 IP 地址、终端通信 IP 地址和端口号正确设置。在图 7-102 中的红色方框内填写控制器数量，包括单层控制器数量（从机加上主机的总数量）和双层控制器数量（从机加上主机的总数量，扩展主机不计算在内）。填写完控制器数量后，单击"设置"按钮进行刷新。刷新后，下方的对话框将显示该数量控制器的所有 IO 点的编号。

配置文件中的分拣码编号与 WCS 界面上下料口的编号相对应。当按下对应的下料口按钮（即关闭按钮）后，

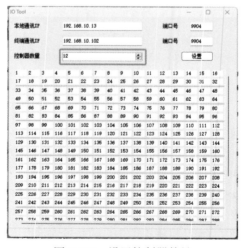

图 7-102　设置控制器数量

按钮指示灯会变红，并且与其对应的 IO 点编号也会变红，如图 7-103 的右图所示（打开按钮后，按钮指示灯会熄灭，并且配置软件上的红色填充会消失）。此时，我们需要将配置软件中变红的数字填入对应分拣码的"IO 点编号"的单元格内（其他按钮的配置步骤与此相同）。请注意，在配置时要关闭 WCS。完成一个下料口按钮的配置后，需要恢复该按钮才能继续配置下一个。IO 点配置如图 7-103 所示。

图 7-103 IO 点配置

在配置文件配置完成后，保存文件并关闭配置软件。然后打开 WCS 软件，选择"分拣口参数设置"选项，并单击导入重新配置后保存的文件。导入后，对比分拣码编号与 IO 点编号是否匹配，以检查配置文件是否被成功导入。

（3）满包光电传感器调试说明。

打开 WCS 软件，首先确认它已与下料口系统连接成功。接下来，遮挡满包光电传感器 1s 以上，观察下料口按钮指示灯是否快速闪烁，并检查 WCS 软件是否显示对应的下料口为满包状态。然后连续按两次开关按钮，观察指示灯是否常亮，并检查 WCS 软件是否显示对应的下料口为关闭状态。此时，如果打印机已经安装并配置完毕，那么此时该组下料口对应的打印机应该会打印包牌出来。再按一次按钮，观察指示灯是否熄灭，并检查 WCS 软件是否显示对应的下料口为打开状态。接着，遮挡卡包光电传感器 1s 以上，观察该组下料口的所有按钮灯是否常亮、黄色报警灯是否常亮、红色报警灯是否闪烁。最后，检查 WCS 软件是否显示该组下料口发生了卡包报警。满包按钮和满包光电传感器如图 7-104 所示。

图 7-104 满包按钮和满包光电传感器

（4）顺丰直线型分拣机下料口调试说明。

打开 WCS 软件，首先确认它已与下料口系统连接成功。接下来，遮挡满包光电传感器后，观察黄色状态按钮灯是否慢速闪烁。取消遮挡后，黄色状态按钮灯应熄灭。关闭下料口的门后，黄色状态按钮灯应常亮。在关门状态下按下绿色打印按钮后，绿灯应闪烁 2s 后熄灭。打开门后，黄色状态按钮灯应熄灭。遮挡满槽光电传感器 1s 以上后，黄色状态按钮灯应快速闪烁，报警塔灯也应快速闪烁。此时，观察 WCS 软件是否显示对应的下料口已关闭。取消遮挡后，按一下黄色状态按钮，黄色状态按钮灯应熄灭。观察 WCS 软件是否显示对应的下料口已打开。下料口按钮和满槽光电传感器如图 7-105 所示。

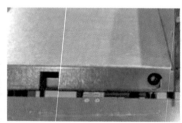

图 7-105　下料口按钮和满槽光电传感器

（5）打印机调试说明。

在调试打印机之前，要先对打印机的 IP 地址进行设置。在开始打印操作之前，确保打印机内装有打印纸，然后连续按两次按钮以执行打印操作。如果无法打印，检查工控机上安装的打印机驱动是否卡死。如果发现驱动卡死，关闭并重新启动驱动。在打印过程中，格口应处于锁定状态。

# 7.1.2　机械安装与调试

## 一、交叉带主线部件的安装

（1）龙门架安装。

步骤一：粗调龙门架调节螺栓。

检查和核对龙门架调节螺栓（外六角 M10*100 螺栓）的伸出尺寸，确保其符合出厂规格要求，即 (42±1)mm。龙门架调节螺栓示意图如图 7-106 所示。

步骤二：调节橡胶减振器。

检查和核对橡胶减振器调节螺杆的安装尺寸，确保其符合出厂规格要求，即 (98±1)mm。橡胶减振器调节螺杆示意图如图 7-107 所示。

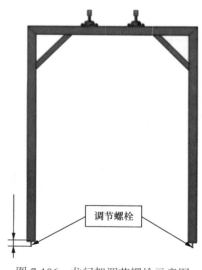

图 7-106　龙门架调节螺栓示意图

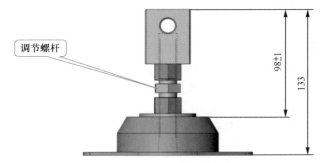

图 7-107 橡胶减振器调节螺杆示意图

步骤三：安装橡胶减振器。

使用外六角 M10*30 螺栓将橡胶减振器牢固地安装在龙门架的顶部。在安装过程中，需要确保两个减振器的高度公差保持在 ±1mm。橡胶减振器的安装示意图如图 7-108 所示。

步骤四：粗装龙门架。

将龙门架插入脚套中，确保龙门架的调节螺栓与脚套之间紧密贴合，没有任何缝隙，如图 7-109 所示。

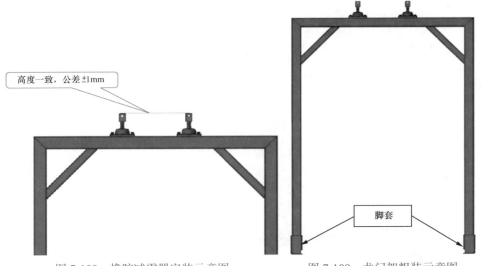

图 7-108 橡胶减震器安装示意图　　　　图 7-109 龙门架粗装示意图

步骤五：调节龙门架水平度。

使用水准仪（这里使用的是博世 GOL32D 水准仪）和高度尺测量和调节龙门架的水平度。

● 水准仪调整方法：将水准仪放置在三脚架上，将三脚架调至合适的高度；调节 3 颗地脚螺丝，使水准仪的水准泡位于圆形刻度中间；将水准仪旋转

180°，如果水准泡仍然在圆形刻度中间，则表示水准仪已经水平；调好后不可移动支架。

- 水准仪移位方法：当场地有遮挡物或测量的安装长度不够时，就需要调整水准仪的位置。先记录下当前水准仪所在支架的高度读数，移动水准仪位置后，再次测量并记录支架的高度读数。计算两次测量的高度差值，得出移动位置后应调整的高度值。水准仪移位示意图如图 7-110 所示。

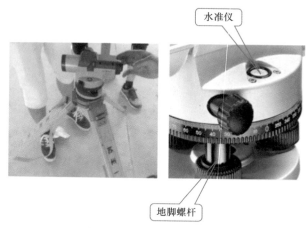

图 7-110　水准仪移位示意图

使用水准仪和高度尺读取龙门架的高度：将带座高度尺分别放置在龙门架的两肩处，确保高度尺与龙门架垂直。然后，通过水准仪的目镜观察高度尺上的刻度线，并记录下读数，如图 7-111 所示。

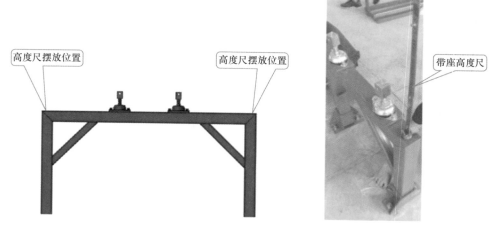

图 7-111　读取龙门架高度

调节龙门架水平度：调节龙门架底部支撑在底座上的 M10*100 螺栓，使高度尺的示数与设计规定的高度值一致。在调节过程中，分别调节龙门架两肩处高度尺的数值，使其公差保持在 ±3mm 范围内。调节龙门架水平度示意图如图 7-112 所示。

（2）轨道安装。

步骤一：轨道安装前准备。

回轨道连接孔：使用直径为 17.1mm 的钻头去除轨道连接孔口的喷塑层。

打磨轨道端面：使用角磨机（配备百叶片）去除轨道端面的喷塑层。

图 7-112 调节龙门架水平度示意图

轨道安装前的准备如图 7-113 所示。

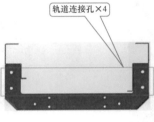

图 7-113 轨道安装前的准备

步骤二：粗装轨道。

相邻的轨道均采用螺栓连接（在摆放轨道时，按照滑触线支架靠轨道外侧的方式摆放）。使用 M10 的螺栓连接 4 组直径为 17.1mm 的轨道连接孔，并在其中间分别穿上导向套管和垫圈套管，另一端采用螺母紧固。使用 M12 的螺栓连接两组直径为 13mm 的减振器安装孔，中间穿过减振器组件的方块中间孔，另一端采用螺母紧固。需要注意的是，在安装时为了后续调节轨道的安装精度，需要将螺母拧紧，但不可以拧死。粗装轨道示意图如图 7-114 所示。

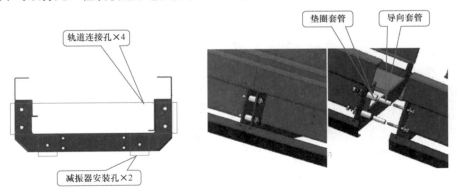

图 7-114 粗装轨道示意图

步骤三：调整轨道。

调整轨道竖直方向对齐的方法：使用一根长木条作为杠杆，并以龙门架作为支点，将木条放在低侧轨道上，并用力压住木条。利用杠杆原理，将低侧轨道翘起，直到两侧轨道在竖直方向上对齐。需要注意的是，竖直方向对齐的误差应不超过0.1mm，以提高安装精度，减少后续打磨的工作量。调整轨道竖直方向对齐的示意图如图 7-115 所示。

调整轨道水平方向对齐的方法：使用 C 型夹夹住轨道连接处，并旋紧螺杆，使轨道在水平方向上对齐。需要注意的是，水平方向对齐的误差也应不超过 0.1mm，以提高安装精度，减少后续打磨的工作量。调整轨道水平方向对齐的示意图如图 7-116 所示。

图 7-115　调整轨道竖直方向对齐示意图　　　图 7-116　调整轨道水平方向对齐示意图

步骤四：紧固轨道。

在确保轨道水平方向和竖直方向均对齐的情况下，紧固连接轨道端面的 6 组螺栓。同时，紧固减振器组件的 4 组安装螺栓。需要注意的是，在紧固减振器安装螺栓时，应保证减振器组件的垂直度。只有当紧固后目视无明显歪斜时，方可认为安装完成。紧固轨道操作示意图如图 7-117 所示。

步骤五：处理轨道接缝。

打磨轨道的方法：使用角磨机搭配百叶片在轨道接缝处约 ±100mm 的位置反复打磨，打磨后，应确保

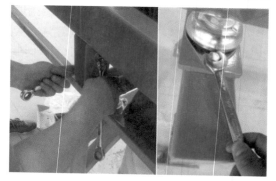

图 7-117　紧固轨道的操作示意图

手摸不出台阶差。对于直轨道的接缝，可以直接进行上述打磨处理。而对于直轨道与弯轨道的接缝、弯轨道与弯轨道的接缝，则需要先进行焊接再进行打磨。需要注意的是，打磨的效果直接影响设备运行时的噪声等级。打磨轨道操作示意图如图 7-118 所示。

轨道上沿的处理方法：首先，对轨道上沿的接缝进行焊接处理。焊接后，使用角磨机搭配百叶片对焊接处进行打磨，使其平整。最后，使用自喷漆对焊接处进行喷涂。需要注意的是，补漆应均匀且无漏喷现象。轨道上沿的处理示意图如图 7-119 所示。

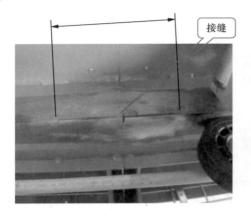

图 7-118　打磨轨道操作示意图　　　　图 7-119　轨道上沿的处理示意图

步骤六：弯轨道加强。

安装弯轨道加强横档的方法：根据图 7-120 所示的方式，在各段弯轨道上安装一套加强横档。

焊接弯轨道加强方管的方法：首先，使用固定夹将加强横档与加强方管固定在一起。然后，依次进行焊接，将加强横档与加强方管、加强方管与龙门架连接起来，如图 7-121 所示。焊接完成后，使用角磨机搭配百叶片对焊接处进行打磨，使其平整。最后，使用自喷漆对焊接处进行喷涂。需要注意的是，补漆应均匀且无漏喷现象。

图 7-120　安装弯轨道加强横档　　　　图 7-121　焊接弯轨道加强方管

步骤七：轨道调平。

轨道调平的方法：首先，在图 7-122 所示的位置测量并调整弯轨道连接处的水平度，确保相邻轨道的高度差不高于 1mm，并且弯轨道入口与出口之间的高度差不高于 3mm。如果需要调整轨道高度，可以通过旋拧减振器组件上的调节螺杆来实现。

图 7-122　轨道水平测量位置

（3）行车架安装及环线周长的调整。

安装行车架的方法：首先，将行车架的首尾相接。然后，使用尾部关节轴承的螺杆穿过车头支架，并拧上螺母。接下来，将调节夹具放置在行车架上，一端用大力钳夹住，另一端用扳手将螺母调至调节夹具刚好顶到行车架的位置。通常，行车架的节距为 600mm，公差为 ±1mm。在调节好节距后，再将所有螺母拧紧。安装行车架的操作示意图如图 7-123 所示。

图 7-123　安装行车架操作示意图

调整行车架环线周长的方法：首先，确保所有行车架安装成闭环。然后，检查行车架的内侧导向轮是否与轨道内侧壁相切且可旋转，同时确认外侧导向轮与轨道外侧壁是否有间隙。如果外侧导向轮与外侧壁相切，则说明行车架环线周长过长，需要将行车架的节距调小。具体操作是从某个行车架开始，逐个将行车架的节距缩短 1mm，直到外侧导向轮与外侧壁有适当的间隙，并且内侧导向轮与内侧壁相切且可旋转。如果内侧导向轮与内侧壁相切，但卡滞或卡死不可旋转，则说明行车架环线周长过短，需要将行车架节距调大。具体操作是从某个行车架开始，逐个将每个行车架的节距增大 1mm，直到外侧导向轮与外侧壁有适当的间隙，并且内侧导向轮与内侧壁相切且可旋转。通过逐步调整行车架节距，可以确保行车架环线周长符合要求，从而保证设备的正常运行。

调整和试运行完成后，需要将双耳垫圈掰弯进行固定。这是因为在主分拣线运行时，行车架环线会受到离心力的作用，导致其周长比静止状态下要大。因此，安装时可以将内侧导向轮与轨道内侧壁相切，从而稍微缩短周长，使小车在轨道内居中，受到的摩擦阻力最小，产生的噪声也最小，也在一定程度上抵消了离心力的影响。双耳垫圈掰弯固定示意图如图 7-124 所示。

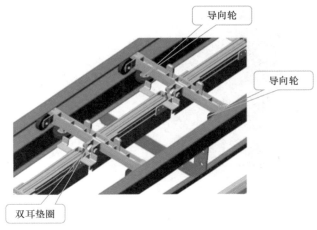

图 7-124　双耳垫圈掰弯固定示意图

（4）小车安装。

安装车体的方法：首先，将小车车体放置在行车架上，确保车体的侧板正好卡在行车架的 M8 带法兰面螺栓上。然后，拧紧带法兰面螺栓，以固定小车车体。小车车体的安装示意图如图 7-125 所示。安装完成后，在小车下方将控制线和电源线插入驱动器中。需要注意的是，小车车体的编号应与行车架的手写编号一致。无论运行方向是顺时针还是逆时针，小车的驱动器都始终位于主线的内侧。

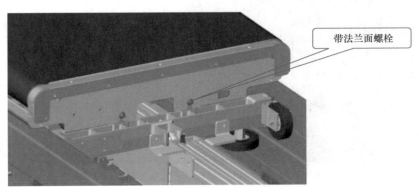

图 7-125　小车车体安装示意图

（5）风琴罩安装。

安装风琴罩的方法：首先，将风琴罩组件放置在两台小车中间，确保风琴罩上的安装凸点与小车上的凹点配合良好。然后，使用沉头螺钉紧固连接，以固定风琴罩。风琴罩的安装示意图如图 7-126 所示。通过正确安装风琴罩，可以保护设备免受灰尘和其他外部因素的影响，同时提高设备的美观度，并延长其使用寿命。

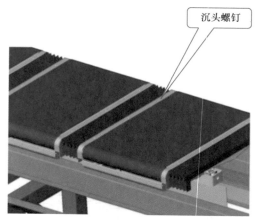

图 7-126   风琴罩安装示意图

## 二、供包机的安装

（1）供包机安装要点。

第一台供包机的安装基准点应位于主导轨接头处沿轨道方向 600mm 的位置或者该距离的整数倍数的位置。供包机之间的标准间距为安装基准点间 3000mm 的距离，或者按照 600mm 的整数倍数增加。供包机的安装基准点需要对准主轨道车位上的光电挡板。供包机的皮带平面应比交叉带小车的皮带平面高出 5mm。供包机的斜机段前沿与交叉带小车的边沿之间应保持 15mm 的间距。四段式供包机的机械原理如图 7-127 所示。

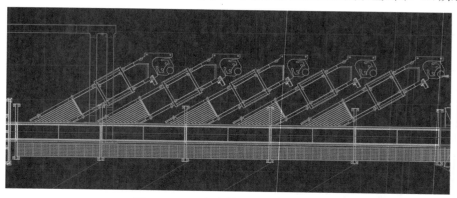

图 7-127   四段式供包机的机械原理

（2）供包机安装规范。

安装供包机时，需要确保钢平台稳固。安装完成后，为防止供包机出现摇晃情况，应将其牢固地固定在钢平台上。通过调节供包机 4 个脚杯上的调节螺丝，可以精细调整供包机各段的高度。在高度调节完成后，使用水平仪对供包机进行水平度的测量。供包机脚杯的水平调节螺丝如图 7-128 所示。

图 7-128　供包机脚杯的水平调节螺丝

（3）供包机称重段调试。

称重段的调试方法：每台供包机的称重段均配备了 4 个压力传感器，将保护压力传感器的支撑杆拧松，使其不再支撑压力传感器。注意，不必取下支撑杆，以方便后续维修时的支撑。支撑杆与压力传感器如图 7-129 所示。

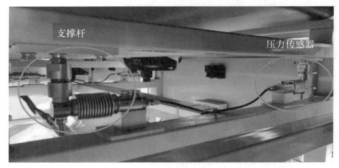

图 7-129　支撑杆与压力传感器

使用两把 24 号扳手调节脚杯上的两个螺母，使压力传感器的两个钢碗中的小球固定不动。如果小球晃动，会影响后续的调秤工作，导致称重结果上下浮动。压力传感器钢碗中的小球如图 7-130 所示。

图 7-130　压力传感器钢碗中的小球

### 三、扫码相机系统的安装（小件五面读码系统）

（1）型材安装检测。

型材支架脚套正确定位的步骤：首先，根据主线龙门架和定位尺寸，确定型材支架脚套的位置。然后，核实该位置的地面平整度。如果需要调整其位置，应提前与相机部门沟通确认。型材脚套定位图如图 7-131 所示。

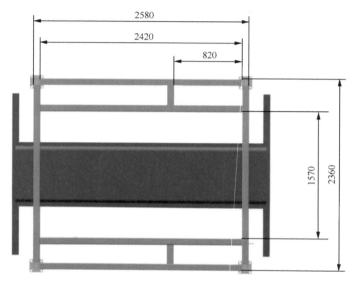

图 7-131　型材支架脚套定位图

① 型材安装。型材安装示意图如图 7-132 所示，其中图（a）为型材安装主视图，图（b）为型材安装左视图，图（c）为型材安装 A 层俯视图，图（d）为型材安装 B 层俯视图。

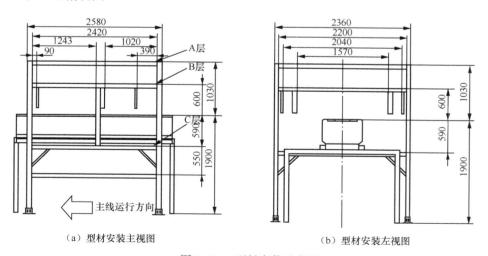

（a）型材安装主视图　　　　　　　　（b）型材安装左视图

图 7-132　型材安装示意图

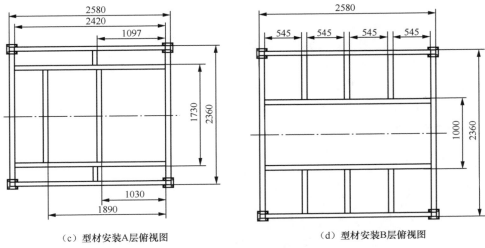

（c）型材安装A层俯视图 　　　　（d）型材安装B层俯视图

图 7-132　型材安装示意图（续）

② 型材定位。首先，相机型材支架的安装必须以小车的中心线为对称轴进行安装。具体定位要求如下：在小车运行方向的左侧，型材距离立柱内侧应为 90mm；在小车运行方向的右侧，型材距离立柱内侧应为 390mm；中间的相机型材距离运行反方向的立柱内侧应为 1097mm；相机顶部的连接型材距离皮带面应为 520mm。相关型材定位示意图如图 7-133 所示。

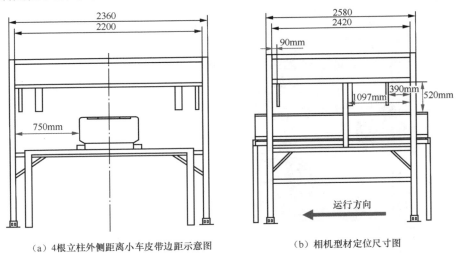

（a）4根立柱外侧距离小车皮带边距示意图 　　（b）相机型材定位尺寸图

图 7-133　型材定位示意图

（2）相机安装。

① 顶扫面阵相机安装。顶扫面阵相机的安装要求：相机镜头应位于小车皮带面上方 750mm 的位置；相机的倾斜角度应保持在 10°～ 15°。顶扫面阵相机的安装示意图如图 7-134 所示。

② 顶扫线阵相机安装。顶扫线阵相机的安装要求：顶扫线阵相机的总物距
（$a+b$，$a$ 指光路上半部分距离，$b$ 指光路下半部分距离）应在 1.1 ～ 1.3m之间；反光镜的角度应为 75°；光幕的安装位置应位于运行反方向光斑落点的 600mm 处；相机型材的底面距离皮带面应为 520mm；光幕与光幕之间的间隔应为 1570mm。顶扫线阵相机的安装示意图如图 7-135 所示。

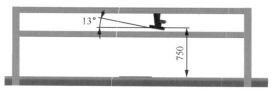

图 7-134 顶扫面阵相机安装示意图

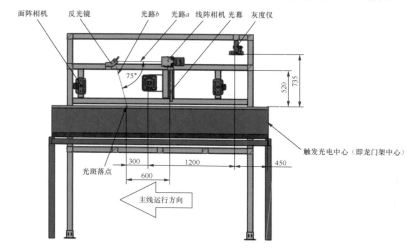

图 7-135 顶扫线阵相机安装示意图

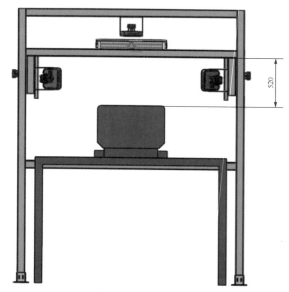

③ 灰度仪相机安装。灰度仪相机的安装要求：灰度仪相机的光源面与皮带面的距离应为 610mm；灰度仪相机在安装时应旋转 90°；灰度仪的倾斜角度应为 0°。灰度仪相机的安装示意图如图 7-136 所示。

图 7-136　灰度仪相机安装示意图

④ 侧扫相机安装。侧扫相机的安装要求：左右相机的垂直距离应为 2080mm；前后相机的垂直距离应为 1210mm；前后相机应与安装在中间位置的相机的镜头位置对称，距离为 950mm；前后相机的左右倾斜角度应约为 31°，上下倾斜角度应为 0°；左右相机的左右倾斜角度应为 0°；前后相机的镜头位置距离皮带面应为 270mm；左右相机的镜头位置距离皮带面应为 330mm；相机走线必须通过线槽，不能通过线槽时需穿波纹管；相机和光源支架必须使用多颗螺丝进行固定。侧扫相机的安装示意图如图 7-137 所示。

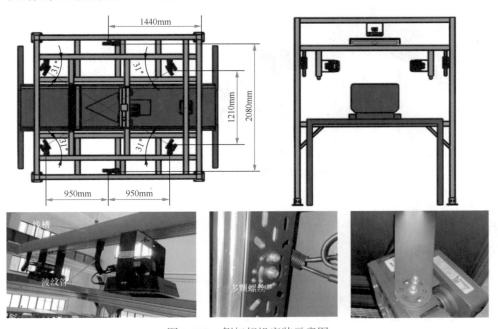

图 7-137　侧扫相机安装示意图

### 四、下料格口的安装

（1）上立柱安装。

图 7-138（a）展示了上立柱 A，上立柱 A 用于连接龙门架和上横梁 A。将上立柱 A 放置在双层下料口的开头和结尾处的龙门架上，如图 7-138（b）所示。使用 80-125U 型箍、80-80 型箍板及 M10 螺母将上立柱 A 固定在龙门架上，并用扳手稍微拧紧螺母。图 7-138（c）展示了上立柱 A 与龙门架的尺寸，用于上立柱 A 的安装检测。图 7-138（d）展示了上立柱 B，上立柱 B 用于连接龙门架、上横梁 A 及上横梁 B。将上立柱 B 放置在双层下料口（除开头和结尾处）中间部分的龙门架上，如图 7-138（e）所示。使用 U 型箍和 M10 螺母将上立柱 B 固定在龙门架上，并用扳手稍微拧紧螺母。图 7-138（f）展示了上立柱 B 与龙门架的尺寸，用于上立柱 B 的安装检测。

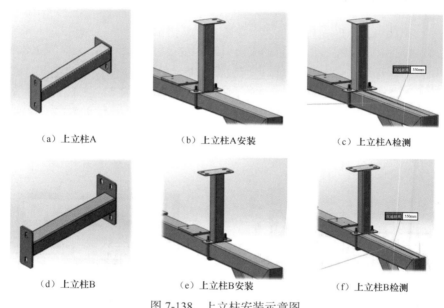

（a）上立柱A　　　　　　　（b）上立柱A安装　　　　　　　（c）上立柱A检测

（d）上立柱B　　　　　　　（e）上立柱B安装　　　　　　　（f）上立柱B检测

图 7-138　上立柱安装示意图

图 7-139 所示为上横梁 A、上横梁 B、上横梁 C、上横梁 D 的示意图。上横梁 A 安装在双层下料口每段的开头和结尾处，与上立柱 A 和上立柱 B 连接。上横梁 B 安装在双层下料口每段的中间部分，与上立柱 B 连接。上横梁 C 安装在双层下料口每段的开头和结尾处，与龙门架和上横梁 D 连接。上横梁 D 安装在双层下料口每段的中间部分，与龙门架和上横梁 C 连接。

（2）上横梁安装。

图 7-140 所示为安装上横梁 A、上横梁 B、上横梁 C、上横梁 D 的示意图。首先，将上横梁 A 放置在双层下料口上层的开头处以及下层第二节的龙门架上，使用 M10*25 螺栓将上横梁 A 固定在上立柱 A 上，并用扳手将螺栓拧紧；将上横梁 B 放置在双层下料口上层和下层中间部分的龙门架上，同样使用 M10*25 螺栓将上横梁 B 固定在上

立柱 B 上，并用扳手将螺栓拧紧；将上横梁 C 放置在双层下料口开头第一节的龙门架上层，并将上横梁 C 镜像放置在双层下料口结尾处最后一节的龙门架上层，使用 80-125U 型箍、80-80 型箍板和 M10 螺母将上横梁 C 与龙门架固定在一起，使用卷尺调整上横梁 C 外侧面与龙门架外侧面之间的尺寸，使其为 35mm，并用扳手将螺母拧紧；将上横梁 D 放置在双层下料口上层中间部分的龙门架上，使用 80-125U 型箍、80-80 型箍板和 M10 螺母将上横梁 C 和上横梁 D 与龙门架固定在一起，并用扳手将螺母拧紧。

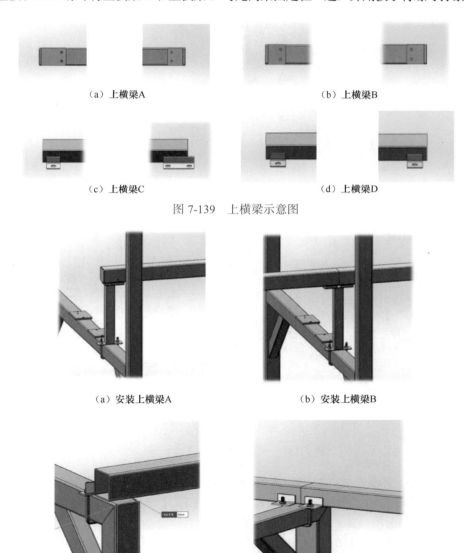

（a）上横梁A       （b）上横梁B

（c）上横梁C       （d）上横梁D

图 7-139　上横梁示意图

（a）安装上横梁A     （b）安装上横梁B

（c）安装上横梁C     （d）安装上横梁D

图 7-140　上横梁安装示意图

（3）出口支架安装。

步骤一：使用 U 型箍和 M10 螺母将出口支架 A 固定在双层下料口的龙门架上。完成固定后，用扳手轻轻拧紧螺母，确保出口支架 A 稳固地安装在位，效果如图 7-141 所示。

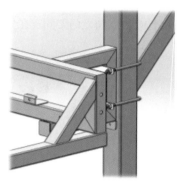

图 7-141　安装出口支架 A

步骤二：使用卷尺仔细测量，将出口支架 A 与双层龙门架的尺寸调整至 216mm。调整到位后，用扳手拧紧螺母，确保出口支架 A 的位置稳固，效果如图 7-142 所示。

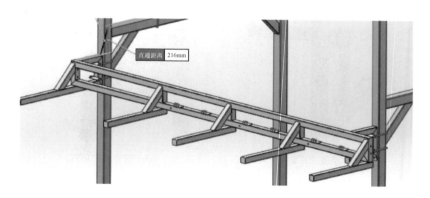

图 7-142　调整出口支架 A 的位置

步骤三：使用 M10*120 螺栓将出口支架 B 与出口支架 A 连接在一起。然后，使用 U 型箍和 M10 螺母将出口支架 B 固定在龙门架上。固定完成后，用扳手轻轻拧紧螺母，确保出口支架 B 稳固地安装在位，效果如图 7-143 所示。

步骤四：使用 M10*120 螺栓将出口支架 C 与出口支架 B 连接在一起。然后，用扳手轻轻拧紧螺栓，确保出口支架 C 稳固地安装在位，效果如图 7-144 所示。

图 7-143 安装出口支架 B

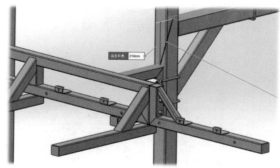

图 7-144 安装出口支架 C

（4）滑槽安装。

将上下料口、斜滑槽、直滑槽和下下料口使用 M10*25 螺栓和 M10 螺母进行拼接。首先，用扳手轻轻拧紧螺母，确保各部分连接稳固。然后，调整滑槽拼接处，使其平整，直到用手触摸时感觉不到明显的台阶。最后，用扳手将螺栓进一步拧紧，确保连接牢固，效果如图 7-145 所示。

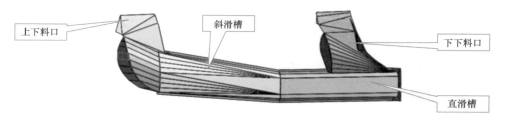

图 7-145 4 个滑槽的连接示意图

将拼接好的滑槽立起，确保上下料口的支撑座与龙门架上层的上横梁 A 紧密贴合。使用 80-125U 型箍、80-80 型箍板及 M10 螺母将其固定在一起，然后用扳手轻轻拧紧螺母。同样地，将下下料口的支撑座与龙门架下层的上横梁 A 紧密贴合，并使用相同的固定件进行固定。最后，将上下料口的法兰与上横梁 C 连接起来，效果如图 7-146 所示。

图 7-146 上下料口的法兰与上横梁 C 连接

将下料口支撑座的侧面与龙门架下层上横梁 A 的侧面之间的尺寸调整至 119mm。然后，使用扳手轻轻拧紧龙门架上下的螺母，确保连接牢固。下料口下层上横梁 A 的连接距离如图 7-147 所示。

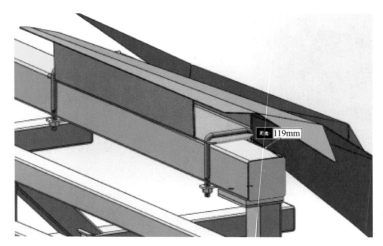

图 7-147　下料口下层上横梁 A 的连接距离

（5）卡槽盒安装。

将卡槽盒放置在直滑槽上，并使用自攻螺丝将其固定。下料口卡槽盒安装示意图如图 7-148 所示。

（6）穿袋杆安装。

每个双层下料口需安装两个穿带杆，使用 M12 螺母将穿带杆固定在出口支架的方管上，效果如图 7-149 所示。

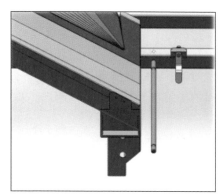

图 7-148　下料口卡槽盒安装示意图　　　　图 7-149　穿袋杆安装示意图

（7）安装挡片。

使用 M8*45 螺栓将挡片和弹簧固定在挡片支架上，然后用扳手轻轻拧紧螺母。每个双层下料口均需要安装两组挡片和弹簧，效果如图 7-150 所示。

（8）外观处理。

检查双层下料口整体是否有掉漆或变形的情况。如果有掉漆，可以使用相同颜色的自喷漆进行修补。外观处理的示意图如图 7-151 所示。

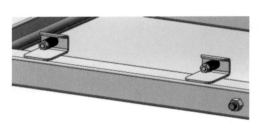

图 7-150 挡片安装示意图

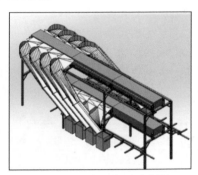

图 7-151 外观处理示意图

### 五、交叉带主线部件的调试

行车架整圈距离调节是指在弯轨道处，调整行车架的导向轮与弯轨道内侧的距离，使行车架的导向轮贴着弯轨道内侧，并与弯轨道外侧保留一定间隙。如果行车架整圈距离过大，即导线轮与弯轨道外侧接触，需要将行车架节距调小。具体方法是将每个行车架的节距调小 1 ～ 2mm，并调整多个行车架，直到调整到位。相反，如果行车架整圈距离过小，即用手轻轻拨动内圈导向轮时感觉拨不动或很紧，则需要将行车架节距调大。同样地，将每个行车架节距调大 1 ～ 2mm，并调整多个行车架，直到调整到位。行车架导向轮的示意图如图 7-152 所示。

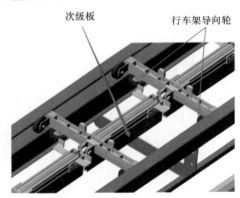

次级板　　行车架导向轮

图 7-152 行车架导向轮示意图

# 7.2 运营与维护

## 7.2.1 电气运营与维护

### 一、主线电气维护说明

主线测速系统由 7 个光电传感器组成的光电传感器组构成，这些光电传感器之间的距离是固定的。当主线移动时，光线会依次透过小车之间的缺口，根据这一序列的中断情况来计算主线的实时速度。如果其中任何一个光电传感器损坏，就会导致速度读取不稳定，通常表现为异常的速度值。为了解决这个问题，需要检查这些光电传感器是否出现异常。通过手动激活每个光电传感器并使用万用表测量其是否有输出电压，可以判断其功能是否完好。如果发现某个光电传感器开关有问题，则需要更换新的光电传感器开关。更换过程中，需将其挡位拨到"L"挡。

（1）电柜元器件功能说明。

电柜内包含PLC的CPU模块、PLC扩展模块、交换机、变频器、主线速度控制器、主电急停按钮、主线急停按钮等器件。为了方便后期维护，在此对电柜内各种元器件的功能进行说明，如表7-3所示。

表7-3　电柜元器件功能说明

| 序号 | 品牌 | 名　　称 | 型　　号 | 电气符号 | 功　　能 | 备　　注 |
|---|---|---|---|---|---|---|
| 1 | 西门子 | PLC的CPU模块 | 6ES7511-1AK02-0AB0 | K1 | 控制分拣带的启停、实施安全防护措施、提供状态灯指示的信息反馈、执行通信信息的交互以及管理各类同步信号 | — |
| 2 | 西门子 | PLC拓展模块 | 6ES75411-AB00-0AB0 | K2 | | — |
| | | | 6ES7131-6BH01-0BA0 | K3 | | — |
| | | | | K4 | | — |
| | | | | K5 | | — |
| | | | | K6 | | — |
| | | | 6ES7132-6BH01-0BA0 | K7 | | — |
| | | | | K8 | | — |
| | | | | K9 | | — |
| | | | | K10 | | — |
| 3 | 西门子 | 交换机 | 6GK5008-0BA10-1AB2 | 地控DK | 执行通信信息的交互，包括照片信息、分拣信息等 | — |
| 4 | 西门子 | | 6GK5008-0BA10-1AB2 | 车载CZ | | — |
| 5 | 西门子 | | 6GK5008-0GA10-1AB2 | 相机XJ | | — |
| 6 | 西门子 | 变频器 | 6SL32101KE217UB1 | VF-n | 用于控制电机工作。如果发生故障，电机可能无法正常工作 | — |
| 7 | wayzim | 主线速度控制器 | MLC103AG | MLCS | 调节和控制主线的运行速度。如果发生故障，主线速度可能会变得不稳定 | — |
| 8 | 施耐德 | 主电急停按钮 | ZB5-AS54C | S3 | 控制总电源急停 | — |

续表

| 序号 | 品牌 | 名　　称 | 型　　号 | 电气符号 | 功　　能 | 备　　注 |
|---|---|---|---|---|---|---|
| 9 | 施耐德 | 主线急停按钮 | ZB5-AS54C | S10 | 控制主线运行急停 | — |
| 10 | 施耐德 | 按钮头 | ZB2-BA3C | S1 | 用于关闭电柜的总电源 | — |
| 11 | 施耐德 | 按钮头 | ZB2-BA4C | S6 | 用于启动主线的运行 | — |
| 12 | 施耐德 | 按钮头 | ZB2-BA5C | S7 | 用于停止主线的运行 | — |
| 13 | 施耐德 | 钥匙开关头 | ZB2-BG2C | S4 | 急停锁，用于复位急停按钮 | — |
| 14 | 施耐德 | 钥匙开关头 | ZB2-BG6C | S9 | 按钮锁，用于控制门板上的按钮是否有效。当按钮锁关闭时，门板上的按钮将无法生效 | — |
| 15 | 施耐德 | 带灯按钮头 | ZB2-BW33C | S2H2 | 用于提示主电源启动状态，按下后可启动主电源 | — |
| 16 | 施耐德 | 带灯按钮座 | ZB2-BWM31C | H1 | 提供电源的状态指示 | — |
| 17 | 施耐德 | 急停按钮防护罩 | ZB2-BZ1605C | — | 防止误触发急停按钮 | — |
| 18 | 威图空调 | 威图空调 | 1200W/1250W，230V，50/60Hz-3370420 | — | 主要用于变频器以及工控机的降温处理 | 空调开启时保证柜门紧闭，防止压缩机过度工作，从而延长其使用寿命，减少冷凝水的产生。建议按照空调侧边的贴纸指示，对空调过滤网定期保养，以避免因冷凝水蒸发器的蒸发速度低于冷凝水生成的速度而引起的溢水问题 |
| 19 | 施耐德 | 塑壳式断路器 | NSX250F | QF1 | 能够在电流超过跳脱设定后，自动切断电流 | — |
| 20 | 施耐德 | 接触器保护罩 | LA9FS703 | — | 防止误触主线缆，避免意外触电 | — |
| 21 | 施耐德 | 交流接触器 | LC1D245M7C | KM1 | 用于控制主电源的接通或断开 | — |
| 22 | 施耐德 | 接触器辅助触点 | LADN11C | | | — |

续表

| 序号 | 品牌 | 名　称 | 型　号 | 电气符号 | 功　能 | 备　注 |
|------|------|--------|--------|----------|--------|--------|
| 23 | 施耐德 | 电力参数测量仪表 | METSEPM 2125C | — | 用于监控和记录用电情况，包括需量、电流、电压、功率，以及总用电量 | — |
| 24 | 施耐德 | 电流互感器 | METSECT5 ME015 | TA1-3 | 将数值较大的一次电流通过一个确定的变比转换为数值较小的二次电流，用来进行保护、测量等 | — |
| 25 | 施耐德 | 相序保护器 | RM22TG20 | JVR | 能够自动识别电源的相序，避免一些特殊机电设备因为电源相序接反（3根火线顺序错误）导致电机反转，从而避免可能引发的事故或设备损坏 | — |
| 26 | 魏德米勒 | 分线器 | WPD107 | — | 分线器的功能类似于插线板，并且相较于铜排具有更好的安全性。它配备了绝缘外壳，能够有效防止触电事故的发生 | — |
| 27 | 施耐德 | 熔断器 | OSMFU132 | F1-9 | 熔断器是一种电流保护器，其工作原理是当电流超过规定值一段时间后，通过自身产生的热量使熔体熔化，从而切断电路 | — |
| 28 | 施耐德 | 浪涌保护器 | IPRF13P+N | QF2-1 | 当电气回路或通信线路受到外界干扰而突然产生尖峰电流或电压时，浪涌保护器能够在极短的时间内导通并分流，从而避免浪涌对回路中的其他设备造成损害 | — |
| 29 | 明纬 | 24V 开关电源 | NDR-480-24 | V5 | 为防碰撞装置、急停灯、IO 盒、安全门等关键设备供电。同时，也 | — |

续表

| 序号 | 品牌 | 名　称 | 型　号 | 电气符号 | 功　能 | 备　注 |
|---|---|---|---|---|---|---|
| 29 | 明纬 | 24V 开关电源 | NDR-480-24 | V5 | 为柜内交换机、PLC、主线速度控制器、按钮灯、主线报警灯等设备供电 | — |
| 30 | 施耐德 | 中间继电器、中间继电器底座 | RXM2LB2BD、RXZE1M2C | KA1-n | 控制 48V 电源的得失电状态 | — |
| 31 | | | | | | — |
| 32 | | | | KA2 | 控制红灯 | 红灯常亮表示线体处于正常的停止状态。红灯闪烁表示线体急停按钮被触发 |
| 33 | | | | KA3 | 控制绿灯 | 绿灯常亮表示主线速度已达到预设值并且稳定运行，同时表示已进入允许分拣模式，供包机工位处以开始人工上包操作 |
| 34 | | | | KA4 | 控制黄灯 | 黄灯常亮表示电机保护被触发、48V电源保护被触发、防碰撞装置被触发 |
| 35 | | | | KA5 | 控制蜂鸣器 | 在启动线体时起警示作用，以及在急停按钮或防碰撞装置触发后起警示作用 |
| 36 | | | | KA6 | 控制蓝灯 | 蓝灯常亮表示处于维护模式 |
| 37 | | | | KA7-n | 控制变频器启动信号 | — |
| 38 | | | | KA8-1 | 控制电机风扇 | — |
| 39 | | | | KA8-2 | 控制电机风扇 | — |
| 40 | | | | KA9-1 | 用于安全继电器的复位 | — |

续表

| 序号 | 品牌 | 名　　称 | 型　　号 | 电气符号 | 功　　能 | 备　　注 |
|------|------|---------|---------|---------|---------|---------|
| 41 | 施耐德 | 安全继电器 | XPSAF5130 | W30、W31 | 该安全继电器在系统发生故障时会按照预定规则进行保护动作。它具有强制导向接点结构，即使在接点熔结的情况下也能确保安全。此外，它还具有双通道信号功能。只有当两个通道的信号都正常时，安全继电器才能正常工作。如果其中一个方向的信号传输出现问题，安全继电器都将停止输出。这种设备通常用于急停信号的控制 | — |
| 42 | 施耐德 | 交流接触器 | LC1D18M7C | KM2-1、KM2-2、KM2-3 | 用于在48V电源触发保护后，切断对应的48V电源输入端 | — |
| 43 | 施耐德 | 1P空开 | IC65NC16A | QF6 | 用于照明的电源切断与保护 | 空开控制设备电源的开关，同时起一定的保护作用 |
| 44 | 施耐德 | 1P空开 | IC65NC16A | QF7 | 用于电机风扇的电源切断与保护 | |
| 45 | 施耐德 | 1P空开 | IC65NC16A | QF14 | 用于下料口的电源切断与保护 | |
| 46 | 施耐德 | 2P漏电空开 | IDPNaVigi+1P+NC10 | QF10 | 用于插座的电源切断与保护 | |
| 47 | 施耐德 | 2P漏电空开 | IDPNaVigi+1P+NC10 | QF13-n | 用于打印机的电源切断与保护 | |
| 48 | 施耐德 | 2P空开 | IC65NC25A | QF3-n | 用于48V电源的切断与保护 | |
| 49 | 施耐德 | 2P空开 | IC65ND16A | QF5-n | 用于相机的电源切断与保护 | |
| 50 | 施耐德 | 2P空开 | IC65ND16A | QF9 | 用于24V电源的切断与保护 | |
| 51 | 施耐德 | 2P空开 | IC65ND50A | QF8-n | 用于供包机的电源切断与保护 | |

续表

| 序号 | 品牌 | 名 称 | 型 号 | 电气符号 | 功 能 | 备 注 |
|---|---|---|---|---|---|---|
| 52 | 施耐德 | 3P 空开 | IC65ND25A | QF15-n | 用于变频器的电源切断与保护 | — |
| 53 | 施耐德 | 4P 空开 | IC65N-4P-D25A | QF2-2 | 作为备用断路器，用于断路的保护 | — |

如果电气元器件损坏需要更换，应及时更新并张贴对应的功能标签。这样可以方便快速查找到相应的功能器件，减少查看线路的时间。

（2）电柜式空调保养说明。

在每台电柜式空调外机的侧面，都贴有维护保养的注意事项。根据这些注意事项的要求定期检查并清理，可以延长空调压缩机的使用寿命。如果长期不清理，空调会报 HP 故障代码并停机。如果未及时发现，柜内温度会快速上升，导致电气器件的功能异常，进而影响现场分拣作业。

在空调运行过程中，请勿开启电柜门，以保证电柜的密闭性。如果敞开柜门，一方面会降低降温效果；另一方面，空调压缩机过滤的空气量会增加，导致冷凝水的生成过多、过快。而由于空调冷凝水蒸发器的蒸发能力有限，集水槽中的水可能会溢出。

## 二、车载系统维护说明

（1）请定期检查是否有货物阻塞在轨道内，以及是否有光电挡板偏斜等情况。如果有的话，可能会导致分拣机系统头车光电发生故障。光电挡板如图 7-153 所示。

（2）请定期检查车载线是否出现因长时间使用而引起的松动、老化或被电机、光电挡板、异物挂断等情况。

（3）在分拣机长期运行后，需注意集电臂的磨损情况。如果磨损严重，需要及时更换集电臂，以保证供电的稳定性。集电臂如图 7-154 所示。

图 7-153 光电挡板

图 7-154 集电臂

## 三、48V 电源维护说明

与空调外机需要防尘类似，48V 电源也安装有防尘罩。防尘罩侧边的防尘网也需定期抽出并清理积累的灰尘和油污，以提高电源的散热能力。

48V 电源模块保证了设备的正常作，如果出现故障需要及时更换，并且更换操作必须在断电情况下进行。48V 电源模块如图 7-155 所示。

图 7-155 48V 电源模块

48V 电源的部分部件名称如表 7-4 所示。

表7-4 部分部件名称

| 序 号 | 名 称 |
| --- | --- |
| 1 | 电源输入端接线端子排 |
| 2 | 电源输出端接线端子排 |
| 3 | 电源保护线接线端子排 |

更换 48V 电源模块的步骤如下。

（1）判断电源是否正常工作。观察电源指示灯绿灯是否常亮。如果是，则使用万用表检查输出端是否有正常的 48V 电压输出；如果不是，则通过利用 PLC 复位的一瞬间查看电源保护点位 I 点是否亮起。如果未亮，则说明保护线异常；如果亮且一段时间后灭，则说明需要更换电源。

（2）在进行更换操作之前，请确保设备已经完全停机并且断电。

（3）在更换电源时，需要依次拆下旧电源的电源输出线、输入线和保护线。电源线为 3 芯线，颜色分别为棕色、蓝色、黄绿色，分别连接到 48V 电源的火线、零线以及地线上，对应的线号分别为 48V-L*、48V-N*、PE；信号线为两芯线，颜色分别为棕色和蓝色，红色代表 24V+，蓝色则进入 PLC 的 I 点。

（4）在更换电源后，需要先进行短路测试。如果测试结果正常，则可以通电并完成更换操作。

## 四、更换交换机

如果需要更换交换机，应及时处理。在更换交换机时，必须在断电情况下进行操作。交换机如图 7-156 所示。

更换交换机的步骤如表 7-5所示。

图 7-156 交换机

表7-5　更换交换机的步骤

| 步　骤 | 步　骤　说　明 |
|---|---|
| 1 | 断电 |
| 2 | 将交换机接线全部拆除 |
| 3 | 取下交换机 |
| 4 | 更换新的交换机，接线（参考旧交换机或电气原理图） |
| 5 | 试运行设备 |

### 五、更换断路器与 24V 开关电源

断路器与 24V 开关电源的更换操作必须在断电情况下进行。

（1）断路器更换。

更换断路器时，将图 7-157 中的螺栓用螺丝刀拧开，将线拔出，更换新的断路器之后按照原样将线复原，再使用螺丝刀将螺丝拧紧。

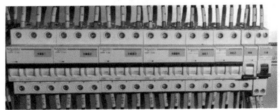

图 7-157　断路器

（2）塑壳断路器更换。

更换塑壳断路器时，将图 7-158 中的螺栓用螺丝刀拧开，将线拔出，更换新的塑壳断路器之后按照原样将线复原，再使用螺丝刀将螺丝拧紧。

（3）24V 开关电源更换。

更换 24V 开关电源时，将图 7-159 中的螺栓用十字螺丝刀拧开，将线拔出，更换新的 24V 开关电源之后按照原样将线复原，再使用十字螺丝刀将螺丝拧紧。

图 7-158　塑壳断路器

图 7-159　24V 开关电源

## 六、相机和照明系统保养说明

相机和照明系统的设计已确保符合 LED 危险类别 RG1 的要求，无须额外维护。尽管如此，为了确保安全，请勿打开相机和照明系统。

尽管 LED 灯的辐射强度通常在人体可接受的范围内，并不会对人体造成危害，但长时间直视照明系统可能会导致临时性的视觉不适，如炫目、闪光盲和色觉损伤，尤其是在环境光线较暗的情况下。因此，请不要长时间直视照明系统，不要打开外壳（因为一旦外壳被打开，照明系统将无法关闭）。同时，必须遵守最新的光辐射保护法规，以确保灯和灯系统的光生物安全性。在清洁过程中，请务必关闭相机系统。

注意，照明系统的前窗由塑料材质制成，而内部与相机系统的接口则由特殊玻璃制成。为了保护这些部件，请勿使用侵蚀性或具有磨蚀作用的清洁剂（如粉末等）。同时，避免进行可能产生划痕或磨损的前窗清洁操作。相机如图 7-160 所示。

## 七、变频器更换

根据不同项目的需求，所使用的变频器也会有所不同。在更换变频器时，必须确保操作在断电情况下进行。

图 7-160　相机

变频器的更换步骤如表 7-6 所示。

表7-6　变频器更换步骤

| 步骤 | 步 骤 说 明 |
| --- | --- |
| 1 | 断电（电压为 380V） |
| 2 | 将变频器接线全部拆除（包括输入 U、V、W、输出 R、S、T、485 通信线） |
| 3 | 松开四周固定螺丝，取下变频器 |
| 4 | 更换新的变频器，接线（参考旧变频器或电气原理图） |
| 5 | 设置参数（参考变频器配置手册） |
| 6 | 试运行设备 |

变频器的参数设置应按照表 7-7 所示的台达变频器参数设置进行。

表7-7 台达变频器参数设置

| 参数码 | 设置值 | 参 数 含 义 | 备　　注 |
|---|---|---|---|
| 00-02 | 9 | 参数管理设定 | 0：无功能<br>1：参数写保护<br>5：KWH 显示内容值归零<br>6：重置 PLC<br>7：重置 CANopen 从站相关设定<br>8：面板操作无效<br>9：参数重置（基底频率为 50Hz）<br>10：参数重置（基底频率为 60Hz） |
| 00-17 | 8 | 载波频率 | 一般负载：2 ~ 15kHz<br>重载：2 ~ 15kHz |
| 00-20 | 1 | 频率指令来源设定<br>（AUTO） | 0：由数字操作器输入<br>1：由通信 RS485 输入（KPC-CC01）<br>2：由外部模拟输入（参数 03-00）<br>3：由外部 UP/DOWN 端子输入<br>4：脉波（Pulse）输入不带转向命令（参考参数 10 ~ 16，不考虑方向）<br>5：保留<br>6：由 CANopen 通信卡输入<br>7：由数字操作器输入<br>8：由通信卡（不含 CANopen 卡）输入<br>注：需要与外部端子功能为 42 或使用 KPC-CC01 进行配合，才有效 |
| 00-21 | 1 | 运转指令来源设定<br>（AUTO） | 0：数字操作器操作<br>1：外部端子操作<br>2：通信 RS-485（KPC-CC01）<br>3：由 CANopen 通信卡输入<br>5：由通信卡（不含 CANopen 卡）输入<br>注：需要与外部端子功能为 42 或使用 KPC-CC01 进行配合，才有效 |
| 01-12 | 0.5 | 第一加速时间 | — |
| 01-13 | 0.5 | 第一减速时间 | — |
| 07-01 | 100 | 直流制动电流准位 | 0 ~ 100% |
| 07-03 | 6.0 | 停止时直流制动时间 | 0.0 ~ 60.0s |

续表

| 参数码 | 设置值 | 参 数 含 义 | 备　　注 |
|---|---|---|---|
| 09-00 | 1 | 通信地址 | 1 ～ 254 |
| 09-01 | 19.2 | COM1 通信传送速度 | 4.8 ～ 115.2kbps |
| 09-04 | 12 | COM1 通信格式 | 1:7N2（ASCII） |
| | | | 2:7E1（ASCII） |
| | | | 3:7O1（ASCII） |
| | | | 4:7E2（ASCII） |
| | | | 5:7O2（ASCII） |
| | | | 6:8N1（ASCII） |
| | | | 7:8N2（ASCII） |
| | | | 8:8E1（ASCII） |
| | | | 9:8O1（ASCII） |
| | | | 10:8E2（ASCII） |
| | | | 11:8O2（ASCII） |
| | | | 12:8N1（RTU） |
| | | | 13:8N2（RTU） |
| | | | 14:8E1（RTU） |
| | | | 15:8O1（RTU） |
| | | | 16:8E2（RTU） |
| | | | 17:8O2（RTU） |
| 11-00 | 128 | 进阶参数 - 系统控制 | Bit0: ASR 自动调整 |
| | | | Bit1：保留 |
| | | | Bit2：保留 |
| | | | Bit3: Dead Time 补偿关闭 |
| | | | Bit7：频率记忆选择 |
| | | | Bit8：保留 |

## 八、头车光电更换

当头车光电出现问题时，需要及时更换，更换操作必须在断电情况下进行。

车载电气的安装规范（车载计数光电与复位光电的安装及接线规范）如下。

（1）计数光电采用对射光电，型号为 GSE6-P1112；复位光电采用镜面反射光电，型号为 GL6-P1112。两者都应选择为 D 挡位。

（2）首先，将复位光电的支架安装在计数光电支架上方，使用 M3 螺丝和平垫圈进行初步固定，并在背面用螺母进一步紧固。接下来，将计数光电和复位光电安装到相应的位置。在安装过程中，请注意计数光电是采用一正一反的安装方式，即一个光电的线朝向支架方向，另一个光电的线朝向支架的反方向。在固定线缆时，要标记每根线对应的光电装置。

（3）将光电支架安装在 1 号小车的头部和尾号小车的尾部行车架上，并确保其位于行车架的内圈部分。使用 M5 螺丝和平垫圈将支架固定在行车架上，确保支架与行车架铁柱的底部齐平，并与行车架横梁底部对齐。

（4）将两对光电的线缆进线进行接头处理。将 3 根棕色线并在一起，压接一个 5557 端子；将 3 根蓝色线并在一起，压接一个 5557 端子；将复位光电的黑色线单独压接一个端子；将计数光电中带旋钮的光电的黑色线也单独压接一个端子。接下来，将棕色线连接到车载控制器的 12V+ 上，将蓝色线连接到 12V- 上。将计数光电连接到车载控制盒光电接口的 IN4 上，将复位光电连接到车载控制盒光电接口的 IN3 上。两者之间使用一个 2*4 的 5557 端子接头连接。复位光电的安装如图 7-161 所示。

图 7-161　复位光电的安装

（5）车载复位挡板应安装在 1 号光电挡板与尾号光电挡板的轨道内侧之间，并尽量与地面复位光电的位置对齐。安装完成后，将安装车载复位光电的小车与挡板推至一致位置，并使用直角尺沿着光电水平面测量，确保直角尺保持在复位挡板的中间位置。

（6）地控复位挡板应安装在 1 号小车的头部和尾号小车的尾部行车架上，并位于行车架的外圈部分。使用 M5 螺丝和平垫圈将固定支架安装在行车架上，然后将反光板安装在支架上。调整反光板的位置时，需要将安装地控复位挡板的小车推动至与地控复位光电的位置一致，具体操作是使用直角尺沿着光电水平面进行测量，确保直角尺能够保持在复位状态。地控、车载复位挡板安装示意图如图 7-162 所示。

图 7-162　地控、车载复位挡板安装示意图

## 九、PLC 组件更换

PLC 是电气模块的重要组成部分，项目不同，PLC 组件也有所不同。更换 PLC 组件时，必须在断电情况下进行。PLC 组件如图 7-163 所示。

（a）

（b）

（c）

图 7-163　PLC 组件

更换 PLC 组件的步骤如表 7-8 所示。

表7-8　更换PLC组件的步骤

| 步骤 | 步骤说明 |
| --- | --- |
| 1 | 先将 24V 电源断电 |
| 2 | 将图 7-163（b）中的接线柱向上拔出，或将接线柱上的线全部拆除 |
| 3 | 以图 7-163（a）中编号为 3 的 CPU 单元为主，将部件 1 和部件 2 向左水平插拔，将部件 4 和部件 5 向右水平插拔。在两侧进行拆分时，请按照从外向内的顺序依次进行。请注意保护插针。拼接结构如图 7-163（c）所示 |
| 4 | 使用一字螺丝刀将固定卡扣向下拔出，如图 7-163（c）中②所示 |
| 5 | 更换新的部件，并将部件依次插回原位 |
| 6 | 如果更换了 CPU 单元，需重新下载程序 |
| 7 | 试运行以测试设备的功能 |

## 十、其他部件更换

其他部件的更换操作也必须在断电情况下进行。

（1）安全继电器更换。

更换安全继电器时，将图 7-164 中的螺栓用一字螺丝刀拧开，将线拔出，更换新的安全继电器之后按照原样将线复原，再使用一字螺丝刀将螺丝拧紧。

（2）熔断器更换。

更换熔断器时，将图 7-165 中的螺栓用螺丝刀拧开，将线拔出，更换新的熔断器之后按照原样将线复原，再使用螺丝刀将螺丝拧紧。

图 7-164　安全继电器

图 7-165 熔断器

（3）分线器更换。

更换分线器时，将图 7-166 中的螺栓用内六角扳手拧开，将线拔出，更换新的分线器之后按照原样将线复原，再使用内六角扳手将螺丝拧紧。

（4）接触器更换。

更换接触器时，将图 7-167 中的螺栓用螺丝刀拧开，将线拔出，更换新的接触器之后按照原样将线复原，再使用螺丝刀将螺丝拧紧。

图 7-166 分线器

图 7-167 接触器

（5）继电器更换。

更换继电器时，将图 7-168 中的螺栓用螺丝刀拧开，将线拔出，更换新的继电器之后按照原样将线复原，再使用螺丝刀将螺丝拧紧。

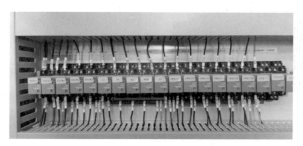

图 7-168 继电器

（6）相序保护器更换。

更换相序保护器时，将图 7-169 中的螺栓用螺丝刀拧开，将线拔出，更换新的相序保护器之后按照原样将线复原，再使用螺丝刀将螺丝拧紧。

（7）滤波器更换。

更换滤波器时，将图 7-170 中的螺栓用螺丝刀拧开，将线拔出，更换新的滤波器之后按照原样将线复原，再使用螺丝刀将螺丝拧紧。

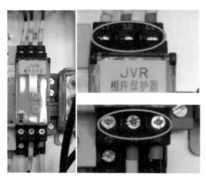

图 7-169　相序保护器

图 7-170　滤波器

## 7.2.2　机械运营与维护

### 一、交叉带主线运营与维护

1．风琴罩组件更换

更换风琴罩组件（包括风琴罩和风琴罩侧板）时，将图 7-171 中箭头所指的螺栓孔上的螺栓拧下即可。

2．三角板更换

三角板位于风琴板下方，起支撑作用。进行更换时，逆时针拧松螺栓，将三角板向上抬起，即可分离三角板。三角板拆卸方式如图 7-172 所示。

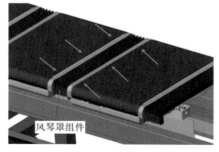

图 7-171　风琴罩组件

图 7-172　三角板拆卸方式

拆卸完风琴罩组件和三角板的小车如图 7-173 所示。

3．小车整体更换

当小车放置在行车架上时，小车的侧板应该正好卡在行车架的法兰螺丝上，更换时将图 7-174 中箭头所指的螺栓孔上的螺栓拧下，换上新的小车后，拧上螺栓即可（将电气线束按照原样连接好）。

图 7-173　拆卸完风琴罩组件和三角板的小车　　　图 7-174　小车整体拆卸效果

4．将小车完全拆分的操作

拆分所需工具：13 号扳手、24 号开口扳手、5 号内六角扳手、4 号内六角扳手、十字螺丝刀。详细步骤如下。

（1）断开总电柜的 48V 电源空开。

（2）从小车驱动器控制端口拔下 485 通信线，并断开电源端口的电源线。

（3）利用十字螺丝刀卸下位于小车两侧的风琴罩。

（4）利用 13 扳手松开位于小车封板两侧的法兰边上的 13 号紧固螺丝。

（5）利用 13 号扳手松开位于小车两侧封板从动滚筒处的调节螺丝。

（6）利用 13 号扳手松开位于小车从动滚筒两端的固定螺丝，并向内推动小车滚筒，使其皮带松懈。

（7）利用 24 号开口扳手将位于主动滚筒两侧的固定螺母卸掉，并从皮带一侧抽出滚筒。

（8）利用 4 号内六角扳手将位于小车从动滚筒处的支撑支架卸下，并将从动滚筒抽出。

（9）利用 4 号内六角和 5 号内六角扳手将一侧侧板的螺丝全部卸下，并将皮带抽出。

5．行车架更换与小车节距调节

更换行车架时，应当整体更换。将图 7-174 中箭头所指的关节轴承位置的螺栓孔上的螺栓拧下，换成新的行车架总装后，拧上螺栓，并对节距进行调整，保证节距不变。行车架整体拆卸效果如图 7-175 所示。

进行行车架整圈距离的调节时，在弯轨道处，行车架的导向轮应该贴着弯轨道内侧，与弯轨道外侧有一定间隙。

　　如果行车架整圈过大，表现为导向轮与弯轨道外侧接触，那么就要将行车架节距调小，具体方法为将每个行车架的节距调小 1 ~ 2mm，多调几个行车架，直到调整到位。如果行车架整圈过小，表现为用手轻轻拨动内圈导向轮时拨不动或很紧，则行车架节距要调大，具体方法为将每个行车架的节距调大 1 ~ 2mm，多调几个行车架，直到调整到位。注意，在进行调整时，需要在行车架上做好编号标记，以便后续维护和更换。另外，带四孔的行车架用于安装集电臂支架，其编号为 1、33、65、97 等，每隔 32 个编号有一个，以此类推。行车架导向轮如图 7-176 所示。

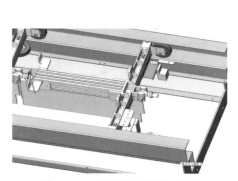

图 7-175　行车架整体拆卸效果

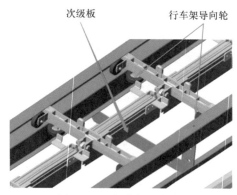

图 7-176　行车架导向轮

**6. 脚轮安装支架更换**

按图 7-177 所示拆卸脚轮安装支架与行走轮，然后进行更换。

（a）脚轮安装支架拆卸效果

（b）行走轮拆卸效果

图 7-177　脚轮安装支架更换

**7. 导向轮更换**

按图 7-178 所示拆分导向轮，然后进行更换。

**8. 次级板更换**

次级板位于行车架两型材中间，更换时，只需将图 7-179 中的螺栓拧下，即可拔出次级板进行更换。

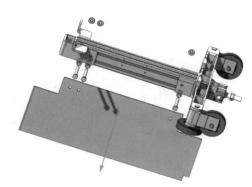

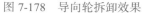

图 7-178　导向轮拆卸效果　　　　　　图 7-179　次级板拆卸效果

### 9. 小车驱动器更换

小车驱动器包括二进制拨码部件、小车电滚筒电源接口、小车电滚筒通信线接口、电源线接口、主控线通信接口及电源指示灯等部件。更换小车驱动器的操作步骤如下。

（1）拨码设置：每组小车共有 16 个拨码，用于区分小车在本组内的位置，以便主控系统能够准确定位和通信。注意，在接入电源线之前，请确保已经正确设置了拨码。此过程需要使用大十字螺丝刀。

（2）首先，将小车驱动器上的线拔下。然后，使用适当的工具拧松固定小车驱动器的 4 颗螺丝，以便将其取出。接下来，将新的且拨码正确的小车驱动器安装到原位。最后，将之前拔下的线重新连接好。

（3）检测更换后的效果。首先，打开 WCS 软件，并单击"用户登录"按钮以登录系统。然后，在界面的右侧选择"功能设置"，再选择"设备维护"选项。接下来，在小车号一栏中填写需要检测的小车对应的小车号。最后，单击"检测"按钮，观察小车是否能够正常执行动作。

### 10. 碳刷更换

碳刷是电气设备中的一个重要组成部分，通常需要周期性地更换以保持设备的正常运行。更换碳刷的操作步骤如下。

（1）碳刷是一种易损件，因此在使用过程中需要定期更换。通常，每个周期结束后就需要更换碳刷。在碳刷铜片上会标有一条使用警戒线，当磨损到低于警戒线时，就需要进行更换。

（2）环线小车一般由两组小车组成，每组满编为 32 辆车。因此，一组取电单位通常包括两组小车的碳刷。

（3）更换碳刷时需要将 48V 电源空开关闭。

（4）使用到的工具有大十字螺丝刀、尖嘴钳、小一字螺丝刀、扎带。

（5）首先，使用尖嘴钳将固定碳刷线的扎带剪断并去除。然后，使用小一字螺丝刀将碳刷与集电臂结合处的卡槽分离。接下来，使用大十字螺丝刀将固定在端子排上的集电臂卸下。最后，安装新的碳刷并复原。

（6）在更换完所有组的碳刷后，需要进行短路测试。具体方法是将碳刷引出的 3 根线从上到下依次连接到端子排的左侧，其电气属性分别为 48V、0V 和大地。

（7）完成更换。

11．清洁刷更换

更换清洁刷时，按图 7-180 所示的方式拧开螺母即可进行更换。

12．小车滚筒更换

小车滚筒可以分为张紧侧滚筒和固定侧滚筒。图 7-181 中的左侧为固定侧滚筒，右侧为张紧侧滚筒。

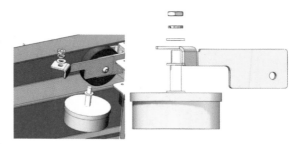

图 7-180　清洁刷拆卸效果

更换小车滚筒的操作步骤如下。

（1）将张紧侧滚筒外侧的螺母拧下，然后将内侧螺母向相反方向拧到顶。

（2）将张紧侧滚筒向内侧推动，此时小车皮带会放松并可以被取下。随后，可以将固定侧滚筒从 U 型槽中取出。

（3）将张紧侧滚筒取出。

（4）替换新的滚筒后，先装张紧侧滚筒，然后装固定侧滚筒，最后装皮带，再通过调整张紧侧滚筒的位置，来调整皮带的张紧程度。

13．小车皮带更换

在更换小车皮带时，首先需要将小车侧板卸下。然后按照滚筒更换的步骤，将张紧侧滚筒放松，这样就可以取下小车皮带。接下来，安装新的皮带，并将张紧侧滚筒旋紧，调节皮带的张紧度即可。注意，更换操作必须在断电情况下进行。小车皮带拆卸效果如图 7-182 所示。

图 7-181　滚筒

图 7-182　小车皮带拆卸效果

## 二、供包机运营与维护

1．直线电机更换

电机故障一般分为以下几种。

（1）PLC上的电机保护信号消失，此时对应的电机使能信号将被切断，以保护电机，避免其在异常情况下运行。

电机保护信号消失的原因分为以下两种。

- 保护信号线由于接线松动、老鼠啃咬等导致断路。此时，建议使用万用表测量各个节点的通断情况，并逐级进行排除。
- 电机过热或过流，都可能会触发电机的自主保护机制。因此，请检查电机风扇是否正常运转，以排除过热的可能。另外，当电机对应的变频器断电后，请检查电机三相绕组两两之间的阻值。如果阻值低于5Ω甚至为0，则可能是由于绕组之间阻值过低引起的过流报警。如果出现这种情况，建议更换电机。在更换过程中，可以参考交叉带IO表中的内容进行接线。交叉带IO表如图7-183所示。

| 模块 | 符号 | 地址 | 注释 | | 符号 | 地址 | 注释 |
|---|---|---|---|---|---|---|---|
| ST40 | CPU_输入0 | I0.0 | 光电计数 | | CPU_输出0 | Q0.0 | 速度信号 |
| | CPU_输入1 | I0.1 | 复位信号 | | CPU_输出1 | Q0.1 | 拍照1 |
| | CPU_输入2 | I0.2 | | | CPU_输出2 | Q0.2 | 拍照2 |
| | CPU_输入3 | I0.3 | | | CPU_输出3 | Q0.3 | |
| | CPU_输入4 | I0.4 | 空盘光电1 | | CPU_输出4 | Q0.4 | 灰度仪触发 |
| | CPU_输入5 | I0.5 | 空盘光电2 | | CPU_输出5 | Q0.5 | 供包台同步信号 |
| | CPU_输入6 | I0.6 | | | CPU_输出6 | Q0.6 | 红灯 |
| | CPU_输入7 | I0.7 | 急停锁 | | CPU_输出7 | Q0.7 | 绿灯 |
| | CPU_输入8 | I1.0 | 急停按钮 | | CPU_输出8 | Q1.0 | 风扇 |
| | CPU_输入9 | I1.1 | 启动按钮 | | CPU_输出9 | Q1.1 | 黄灯 |
| | CPU_输入10 | I1.2 | 停止按钮 | | CPU_输出10 | Q1.2 | 蜂鸣器 |
| | CPU_输入11 | I1.3 | 复位按钮 | | CPU_输出11 | Q1.3 | 蓝灯 |
| | CPU_输入12 | I1.4 | 电机1保护 | | CPU_输出12 | Q1.4 | 直流制动（预留） |
| | CPU_输入13 | I1.5 | 电机2保护 | | CPU_输出13 | Q1.5 | 安全继电器复位 |
| | CPU_输入14 | I1.6 | 电机3保护 | | CPU_输出14 | Q1.6 | 皮带机急停 |
| | CPU_输入15 | I1.7 | 电机4保护 | | CPU_输出15 | Q1.7 | |
| | CPU_输入16 | I2.0 | 电机5保护 | | | | |
| | CPU_输入17 | I2.1 | 电机6保护 | | | | |
| | CPU_输入18 | I2.2 | 电机7保护 | | | | |
| | CPU_输入19 | I2.3 | 电机8保护 | | | | |
| | CPU_输入20 | I2.4 | 电机9保护 | | | | |
| | CPU_输入21 | I2.5 | 电机10保护 | | | | |
| | CPU_输入22 | I2.6 | 电机11保护 | | | | |
| | CPU_输入23 | I2.7 | 电机12保护 | | | | |

图7-183 交叉带IO表

（2）变频器报警导致变频器未给电机提供输出，导致此情况的可能性较多。当这种情况发生时，变频器的液晶面板上会显示相应的故障代码，凭这些代码在变频器说明书中进行搜索，以了解具体的故障原因和解决方法。

（3）当速度信号缺失时，变频器无法正常工作。在这种情况下，变频器的液晶面板上的Frequency界面将没有数字显示。建议检查速度板卡下端的串口线，以及接线端子是否接触不良或短路。这些都可能导致变频器无法接收到速度信号。如果检查后未发现接线问题，则应考虑是速度板卡出现了故障，此时建议更换速度板卡。变频器的Frequency界面和速度信号接线端子分别如图7-184和图7-185所示。

直线电机主要由电机外壳、电机定子、电机风扇、电机导向块、电机电源接线排、电机风扇与电机保护接线排、固定螺丝、调节螺丝、特铸支架、集电臂、碳刷及接线端子排等部件组成，其实物图如图7-186所示。

图 7-184 变频器 Frequency 界面

图 7-185 速度信号接线端子

2．更换直线电机的操作步骤

（1）判断电机是否正常的方法是测量三相绕组两两之间的电阻值。正常情况下，三相绕组两两之间的电阻值应该在 11Ω 左右，并且每个值之间的差异不应超过 1Ω。

（2）更换电机需在停机和断电的情况下进行。

（3）直线电机的安装方向为行车架次级板先经过直线电机的导入区（蓝色区域部分）。

（4）安装直线电机时，采用 8 颗 M10 的内六角螺丝进行固定，然后采用 8 颗 M8 的内六角螺丝进行位置调节。

图 7-186 直线电机

（5）先用 8 颗 M10 的内六角螺丝对电机进行预固定，但不要将其完全锁紧。然后通过调节 8 颗 M8 的内六角螺丝对直线电机的位置进行调整，确保行车架次级板的位置在直线电机的凹槽中间，最后再将直线电机的固定螺丝完全锁紧。

（6）电源线缆由 4 芯线组成，颜色分别为棕色、蓝色、黑色和黄绿色，对应的线号为 U*、V*、W* 和 PE，其中 * 代表直线电机的序号。这些线分别连接到电机的 U、V、W 端子排上以及接地排上。

（7）信号线线缆由 4 芯线（两根两芯线）组成。4 芯线的颜色分别为棕色、蓝色、黑色和黄绿色，对应的线号为 FS-L*、FS-N*、PT-M* 和 PT-N*，其中 * 代表直线电机的序号。请按照标号正确接线。

（8）整体安装完成后，必须将电机盖板和风扇防护罩装好。

3．板卡更换

板卡部件与型号如表 7-9 所示，相关板卡部件如图 7-187 所示。

表7-9 板卡部件与型号

| 编 号 | 部 件 名 称 | 品 牌 | 规 格 型 号 |
|---|---|---|---|
| 1 | 下料口板卡 | wayzim | UCS108AG |
| 2 | 车载板卡 | wayzim | VCS101AG |
| 3 | 小车驱动器 | wayzim | ERD201BG |
| 4 | 主线速度板卡 | wayzin | — |

下料口板卡

车载板卡

小车驱动器

主线速度板卡

图 7-187 相关板卡部件

更换板卡的操作步骤如表 7-10 所示。

表7-10 更换板卡的操作步骤

| 步 骤 | 步 骤 说 明 |
|---|---|
| 1 | 确认原来板卡的程序版本号 |
| 2 | 断电 |
| 3 | 将插头拔掉，拆下板卡的 4 颗固定螺丝 |
| 4 | 查看拨码，将新板卡按照旧板卡设置拨码 |
| 5 | 更换新板卡，并刷写原来版本的程序 |
| 6 | 试运行，测试设备功能 |

4．更换工控机

工控机实物图如图 7-188 所示，部件名称如表 7-11 所示。注意，更换操作必须在断电情况下进行。

图 7-188 工控机

表7-11  部件名称

| 编　　号 | 部 件 名 称 | 品　　牌 | 规 格 型 号 |
|---|---|---|---|
| 1 | 工控机 | 研华 | MIC-7700H I7 16G256G 2Gbe |

更换工控机的操作步骤如表 7-12 所示。

表7-12  更换工控机的操作步骤

| 步骤 | 步 骤 说 明 |
|---|---|
| 1 | 在工控机可以开机的情况下进行 WCS 备份。如果工控机无法开机，请联系软件技术支持 |
| 2 | 将工控机断电 |
| 3 | 将工控机的电源线、网线、视频线拔下 |
| 4 | 使用十字螺丝刀卸下工控机的固定螺丝 |
| 5 | 更换新的工控机，并将电源线、网线等复原 |
| 6 | 设置工控机的网口 IP，并安装 WCS 软件。如果需要帮助，可以联系软件技术支持 |
| 7 | 试运行，测试设备功能 |

5. 防碰撞装置更换

确保防碰撞装置在供应商组装好后发货，并在更换时进行整体更换。根据图 7-189 中箭头所指的位置，将螺栓孔上的螺栓拧下，并更换为新的防碰撞装置总装。安装完成后，对防碰撞装置进行微调，以确保其不会与次级板发生剐蹭。请注意，更换操作必须在断电情况下进行。

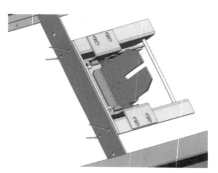

图 7-189  防碰撞装置拆卸效果

# 7.3  常见故障及处理

本节主要介绍交叉带分拣系统在使用过程中常见的故障和故障诊断方法。常见的问题主要包括相机、灰度仪、PLC 控制系统、地控控制系统、交换机、电控柜、电机、急停按钮、变频器、电源，以及防碰撞装置等方面的问题，如表 7-13 所示。

表7-13  常见问题汇总

| 序号 | 部件 | 问题描述 | 可能原因及排查方向 | 查 询 方 式 |
|---|---|---|---|---|
| 1 | 相机 | 不拍照 | 1. 检查相机触发线是否短路或断路 | — |
| | | | 2. 检查端子保险丝是否被烧断 | — |
| | | | 3. 检查 PLC 上的相机触发是否单击穿透 | — |
| | | | 4. 检查是否设置了无货不拍模式。若项目配置为无货不拍模式，则在灰度仪未识别到有货的情况下，系统不会进行拍照操作 | — |

续表

| 序号 | 部件 | 问题描述 | 可能原因及排查方向 | 查 询 方 式 |
|---|---|---|---|---|
| 1 | 相机 | 不拍照 | 5. 灰度仪的数据没有发送给 PLC。在无货不拍模式下的项目操作中，如果灰度仪的数据没有发送给 PLC，读码相机将不会进行拍照 | — |
| 2 | 灰度仪 | 不拍照 | 1. 检查触发线是否短路或断路 | — |
| | | | 2. 检查端子保险丝是否被烧断或未合闸 | — |
| | | | 3. 检查 PLC 上的灰度仪触发是否单击穿透 | 使用万用表测量 Q 点电压 |
| | | WCS 未收到灰度仪数据 | 1. 检查是否因超低温、无触发、灰度仪质量问题或灰度仪参数配置问题导致灰度仪宕机 | — |
| | | | 2. 确认 PLC 中 VB814 是否配置对应的灰度仪 TCP 通信块，并且该通信块是否被置为 1 | 监测 PLC 状态图表中 VB814 的值 |
| | | | 3. 检查 PLC 与 WCS 通信的端口是否被占用，确保网络中没有其他设备使用相同的端口，导致端口发生冲突 | — |
| 3 | PLC 控制系统 | 通信故障 | 通过在 WCS 工控机上抓包，检测通信端口是否都有数据 | — |
| 4 | 地控控制系统 | 车载通信故障 | 1. 检查漏波通信是否正常，跑线时通过连续 Ping 测试 AP 和客户端的 IP 地址，看是否丢包 | |
| | | | 2. 确认车载头车 UPS 接线是否正确 | — |
| | | | 3. 检查车载线是否短路或断路 | — |
| | | | 4. 检查供电是否不稳、车载 UPS 接线是否正确 | — |
| | | 漏波通信故障 | 1. 客户端因超低温而不工作 | 低温场地需提前进行供电预热，未来极寒场地会改用低温芯片 |
| | | | 2. 检查漏波馈线或接头处是否有磨损或松动 | — |
| | | | 3. 检查 AP 的网线是否松动 | 通过 Ping 测试检测 |
| | | | 4. 检查供电是否不稳、车载 UPS 接线是否正确 | — |
| | | 头车多 / 少光电 | 检查车载计数和复位光电是否正常、光电挡板与计数复位光电支架是否正常、轨道内是否有杂物 | — |

续表

| 序号 | 部件 | 问题描述 | 可能原因及排查方向 | 查 询 方 式 |
|---|---|---|---|---|
| 5 | 交换机 | 通信不正常 | 1. 检查两个交换机之间是否连接了两根或以上的网线，是否形成了网络风暴 | 检查网络拓扑结构，验证硬件连接和型号 |
| | | | 2. 检查网线头卡扣是否断裂，网口是否松动 | — |
| | | | 3. 检查西门子百兆和千兆交换机是否用混，因为两者外形一样，只能通过机身上的型号区分 | 6GK5008-0GA10-1AB2 为千兆 6GK5008-0BA10-1AB2 为百兆 |
| 6 | 电控柜 | 继电器不吸合 | 1. 检查 PLC 上的 Q 点是否有输出。若有输出，则检查继电器的接线，常见为螺丝松动导致接触不良 | — |
| | | | 2. 检查保护信号是否消失。如果保护信号消失，则 PLC 判断为电气件报警，需要断电保护，主动切断输出。例如，电机保护触发，变频器启动的继电器不会吸合 | — |
| | | 主交流接触器无法吸合 | 1. 对于有相序保护器的电柜，检查是否因为相序改变导致相序保护器触发 | — |
| | | | 2. 检查按钮锁是否被上锁，导致按钮信号失效 | — |
| | | | 3. 检查电柜门上的主电急停按钮是否被按下 | — |
| | | 主线莫名停线 | 1. 防碰撞装置发生轻微擦碰但未锁定触发状态，PLC 检测到信号，但未来得及发送状态给 WCS | — |
| | | | 2. 检查个别场地下料口的 24V 供电是否与主电柜内的 24V 供电并联混用，下料口的个别短路引起主电柜内电源保护后自动断电，此时 PLC 未供电，无法发送数据给 WCS 进行显示 | — |
| 7 | 电机 | 不工作 | 1. 检查变频器启动的使能信号是否给到变频器 | — |
| | | | 2. 检查速度板卡是否给变频器发送工作频率，查看变频器显示器上的频率显示，排查速度板卡信号线短路或断路，以及检查速度板卡拨码是否与变频器品牌对应 | — |

续表

| 序号 | 部件 | 问题描述 | 可能原因及排查方向 | 查询方式 |
|---|---|---|---|---|
| 7 | 电机 | 不工作 | 3. 检查三相绕组是否存在短路 | 使用万用表测量三相绕组间的电阻，正常为 $11\Omega\pm1\Omega$ |
| | | | 4. 检查电机保护是否触发或配置的电机保护数据是否消失 | — |
| | | | 5. 检查电机风扇是否正常工作，过热会使电机报警 | — |
| | | | 6. 电机休眠启动 | 对照 IO 表检查 PLC 状态灯，检查上位机中电机保护的配置信息是否正确 |
| | | 线速不稳 | 1. 检查行走轮在过弯时是否抱死 | — |
| | | | 2. 检查测速光电是否接线正确 | — |
| | | | 3. 检查速度板卡信号线是否短路或断路 | 使用 USB 转串口工具抓包分析数据 |
| | | | 4. 检查是否有反转的电机 | |
| 8 | 急停按钮 | 触发 | 1. 用叉形端子检查接线是否松动 | — |
| | | | 2. 在 PLC 中，检查常开和常闭触点的设置是否正确 | — |
| | | | 3. 检查常开和常闭的触点是否正确使用 | — |
| 9 | 变频器 | 故障 | 不同品牌的变频器通常会有不同的故障代码，这些故障代码可以帮助用户锁定问题点 | |
| 10 | 电源 | 无法上电 | 1. 建议安装防尘罩以保护电源。灰尘过多会对电源寿命产生严重影响 | — |
| | | | 2. 检查电源保护信号线是否触发，电源是否被断电保护 | — |
| 11 | 防碰撞装置 | 故障 | 1. 检查防碰撞装置信号线是否断路或接触不良 | — |
| | | | 2. 检查防碰撞装置支架缺口是否位置不对，导致无法锁定支架，微动开关一直处于触发状态 | — |
| | | | 3. 检查西门子微动开关是否存在故障 | — |

# 第 **8** 章

---

# 单机设备的调试与运维

邮政快递智能分拣设备的良好运行离不开设备的调试与运维。首先，设备进入场地后需要进行安装和调试。只有当设备安装到位并且调试正常后，智能分拣流水线才能够安全地启动和运行。零件示意图保证了安装时配件的准确性，而安装步骤说明则确保了每个零部件的正确安装顺序。在设备运行过程中，还需要进行正确操作和维护。老化的配件需要及时更换为新配件，易消耗的零件也需要经常检查和更换，这样才能保证智能分拣设备长期高效运转。此外，在设备运行过程中可能会出现常见故障，这时需要驻场维护保养人员快速解决，以保证快递包裹的高效率流转。

## 8.1　安装与调试

本章主要讲解叠件分离设备、单件分离设备和摆轮设备的安装与调试，目的是让安装人员能够按照给定的步骤和相应的零部件清单正确进行安装，并在安装完成后根据场地特点和电气化设备的特性进行设备调试，为后续的安全运行奠定基础。

### 8.1.1　叠件分离设备的安装与调试

#### 一、叠件分离设备的安装

每套叠件分离设备主要由多个皮带机模块组成，如图 8-1 所示。每个模块都配备了一条皮带和一个伺服电机，使得每条皮带都可以独立运行。此外，每个单元都可以单独更换，以便于维护和升级。

皮带机模块的数量和拉锯段的倾斜角度（22°）等具体细节如图 8-2 所示。

支架和相机角度位置的调整应尽量覆盖全部皮带机模块，如图 8-3 所示。

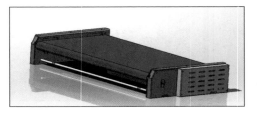

图 8-1　皮带机模块

图 8-2   皮带机组合

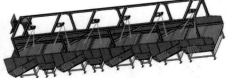

图 8-3   支架和相机

安装注意事项：相邻的皮带机模块应对称安装，即主动辊相邻安装，两侧的张紧度应适当调节，方便控制两个模块之间的间隙，该间隙控制在 2mm 左右为宜，如图 8-4 所示。

### 二、叠件分离设备的调试

在驱动器低速控制单个皮带机模块运行，控制皮带与两侧的距离，并观察跑偏条是否跳出槽口（皮带表面是否有明显突出），然后将驱动器调至正常速度，观察皮带两侧，偏向哪一侧就张紧哪一侧的调节螺钉（或者松另一侧的螺钉）。皮带机俯视图如图 8-5 所示，皮带机侧面图如图 8-6 所示。

图 8-4   皮带机对称安装

图 8-5   皮带机俯视图

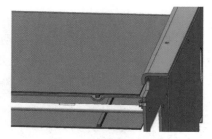

图 8-6   皮带机侧面图

## 8.1.2   单件分离设备的安装与调试

### 一、单件分离设备的安装

发散区为整机，如图 8-7 所示。

发散区设备的现场安装流程如下。

1. 根据现场布局，将发散区布置于输入皮带机之后，如图 8-8 所示。窄口为进料口，宽口为出料口，箭头为物料运输方向。

2. 将发散区中心与进料皮带中心对齐，保证设备中心线处于一条直线上。

3. 调节脚杯高度，保证发散区皮带表面的高度等于或略低于（不超过 5mm）

进料皮带的高度，如图 8-9 所示。

图 8-7　发散区整机

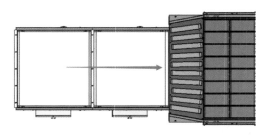

图 8-8　发散区布局

4. 根据设备尺寸，有的分散区侧板需要与前道的进料皮带机通过螺栓锁紧，如图 8-10 所示（图中尺寸为不需要锁紧）。

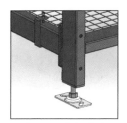

图 8-9　脚杯高度

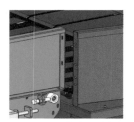

图 8-10　侧板连接

5. 完成整机安装后，在进行伺服电机的线路布设时，在对应伺服线束上打上标签，以方便后期检查和维修。线束进入线槽时，必须套波纹管，并在线槽入口处装上波纹管接头，如图 8-11 所示。

分离区为整机模块，需二次组装，单套整机模块如图 8-12 所示。

图 8-11　波纹管接头

图 8-12　分离区整机模块

根据乙方需求，分离区一般由 4 排或 5 排模块组成，每排包含 7 个或 8 个单元。整个设备由两组机架和两块挡板构成，并且具有方向性，左右并不对称。因此，在安装过程中需要明确设备的运行方向。为了确保正确安装，在分离机出厂前，制造商会在机架上标明运行方向，并使用箭头进行标示。图 8-13 展示了一个 5×8 配置的方案，该方案中每个单元都按照图中所示的方向进行了编号。在安装过程中，单元的编号和安装位置必须准确无误。

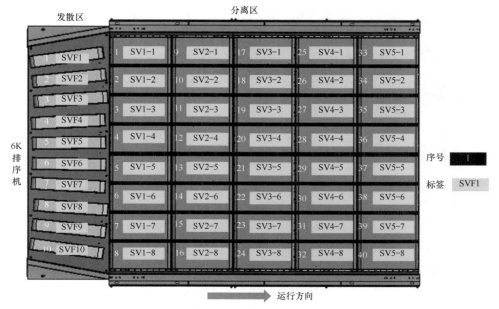

图 8-13 分离区编号方式

分离区设备的现场安装流程如下。

1. 根据出厂机架上的箭头标记方向，将分离区整机模块和侧板进行二次组装。在安装过程中，需要确保所有型材表面对齐，脚杯高度调节一致，并使用螺栓锁紧侧板，如图 8-14 和图 8-15 所示。

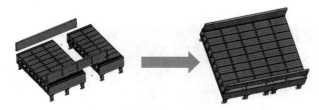

图 8-14 分离区整机模块和侧板组装方式

2. 根据现场布局，将分离区布置于发散区之后，且保证设备中心线处于一条直线上。箭头为物料运输方向，如图 8-16 所示，机架上箭头标记的方向须与设备运行方向一致。

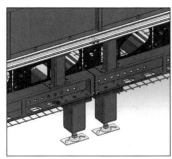

图 8-15 分离区脚杯高度

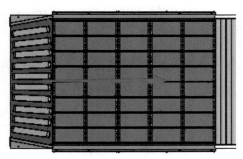

图 8-16 物料运输方向

3．调节脚杯高度，保证分离区皮带表面的高度与发散区皮带的高度相同，如图 8-17 所示。

4．将分离区侧板与前道发散区的侧板对齐并使用螺栓锁紧，如图 8-18 所示。

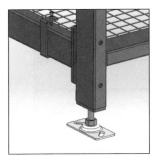 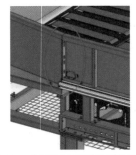

图 8-17　调节脚杯　　　　　　　　图 8-18　分离区与发散区侧板连接

5．完成整机安装后，在进行伺服电机的线路布设时，在对应伺服线束上以及对应快插口处打上标签，以方便后期检查和维修。线束进入线槽时，必须套波纹管，并在线槽入口处装上波纹管接头，如图 8-19 所示（图示暂未安装快插接头）。

居中区为整机，如图 8-20 所示。绿色直排辊筒区为增补区，可根据乙方需求进行增减。如果有直排辊筒区，则必须先安装直排辊筒区和前道的分离区（调节脚杯使两者辊筒高度相同，同时确保两边侧板对齐并用螺栓锁紧）。

 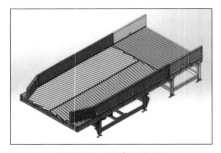

图 8-19　对应快插口打上标签　　　　图 8-20　居中区整机

居中区设备的现场安装流程如下。

1．根据现场布局，将居中区布置于分离区之后，且保证设备中心线处于一条直线上，如图 8-21 所示，箭头为物料运输方向。

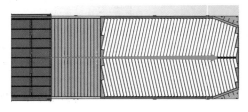

图 8-21　物料运输方向

2．调节脚杯高度，保证居中区辊筒的上表面与分离区皮带的高度相同，如图 8-22 所示。

3．将居中区侧板与前道分离区的侧板对齐并使用螺栓锁紧，如图 8-23 所示。

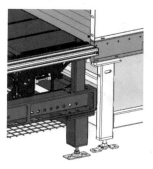

图 8-22　居中区脚杯调节

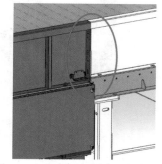

图 8-23　分离区与居中区侧板连接

4．完成整机安装后，在进行电机的线路布设时，在对应电机线束上打上标签，以方便后期检查和维修。线束进入线槽时，必须套波纹管，并在线槽入口处装上波纹管接头。

相机支架为分散发货，包括铝型材支架和相机模组。

铝型材支架由铝型材组成，型材截面规格有 80mm×80mm 和 40mm×80mm 两种。在组装时，每两根铝型材连接的地方都必须用直角件，不能缺省。相机支架主视图和俯视图安装尺寸如图 8-24 和图 8-25 所示，具体尺寸会根据场地需求变化。

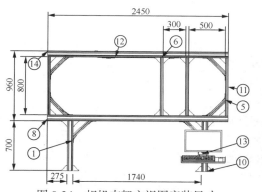

图 8-24　相机支架主视图安装尺寸

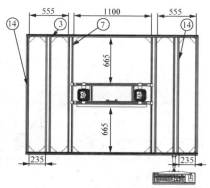

图 8-25　相机支架俯视图安装尺寸

铝型材支架安装完成后，再安装相机模组，如图 8-26 所示。

相机支架的现场安装流程如下。

1．根据现场布局，将相机支架布置于分离区，且保证两相机的连线中心（四相机则为四相机连线中心）位于分离区中心，如图 8-27 所示。安装完成后，测量检验相机距离皮带面的高度，两相机方案的高度需至少为 1900mm，四相机方案的高度需至少为 1600mm。

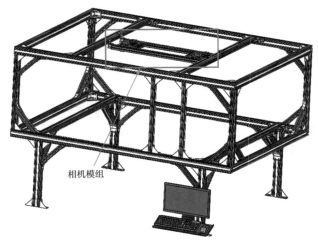

图 8-26 相机模组安装

2．安装工控机柜，并通过线槽来安排走线。工控机柜应安装在相机支架入口处的位置。虽然工控机柜的安装高度可以调节，但与皮带面的距离不得小于 1.1m。此外，在相机支架上，任何走线都不能裸露或以飞线的方式连接，必须通过塑料线槽固定在型材表面上。线槽可以使用切割工具切割出所需的任意长度。

3．安装显示器支架。显示器支架同样位于相机支架的入口处位置。

4．悬挂遮阳布。遮阳布应使用魔术贴粘贴在相机支架上。魔术贴的一面为毛面，另一面为勾面，背面有胶贴，具体如图 8-28 所示。在悬挂完成后，需要进行检查，确保分离区皮带上没有阳光光斑。

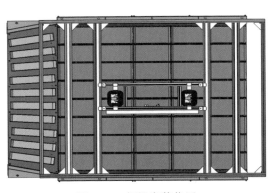

图 8-27 相机安装位置

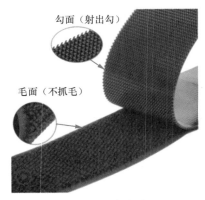

图 8-28 魔术贴

5．完成相机支架的安装后，工控机柜线束进入线槽时，必须套波纹管，并在线槽入口处上波纹管接头。

线槽为分散发货，需在现场拼接安装。

根据现场设备布局走线以及电柜位置安装线槽，安装线槽时有以下几点注意事项。

1. 线槽的排布应保持 90°，横平竖直，不得斜拉。当线槽横跨通道或平台时，确保无线裸露在外，以防止绊倒和发生意外。

2. 线槽底部必须垫上马卡，两端必须安装堵头，这样做既能保护线槽内的电线，也能达到防水的效果，如图 8-29 所示。

3. 线槽内必须使用不连续的隔板，进行强弱电分离。强电靠近电柜，弱电靠近设备，如图 8-30 所示。

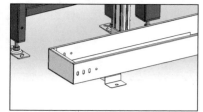

图 8-29 马卡及堵头安装

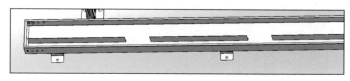

图 8-30 强弱电分离隔板

4. 其他线束进入线槽时，必须套波纹管，并且在连接处需使用管接头。

5. 在完成线槽的安装和走线后，必须将线槽盖盖上并锁紧。

## 二、单件分离设备的调试

在现场需要检查大小电柜的供电情况，以及快插线（包括伺服快插、电柜间快插）的连接是否正确。

线缆排布的说明如下。

（1）电源线排布。各电柜供电线缆的排布如图 8-31 所示，线缆的型号如表 8-1 所示。如果需要调整电柜的位置，请确认线缆的长度是否合适。

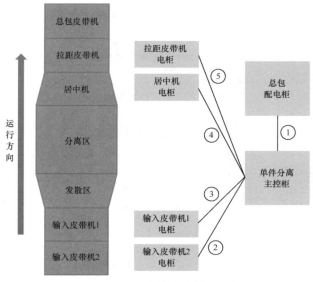

图 8-31 各电柜供电线缆的排布

表8-1　线缆型号

| 编　　号 | 线　缆　型　号 |
| --- | --- |
| 1 | YC3*10+2*6 |
| 2 | RVV5*1.5 |
| 3 | RVV5*1.5 |
| 4 | RVV5*1.5 |
| 5 | RVV5*1.5 |

（2）信号线排布。各电柜间快插线缆的排布如图 8-32 所示，线缆的型号与说明如表 8-2 所示。如果需要调整电柜的位置，请确认线缆的长度是否合适。

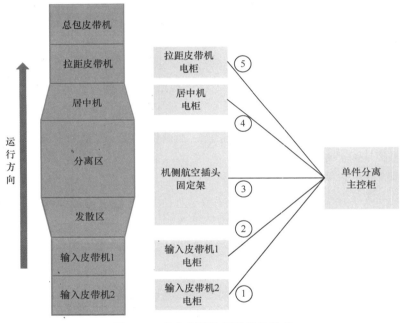

图 8-32　各电柜间快插线缆的排布

表8-2　线缆的型号与说明

| 编　　号 | 线　缆　型　号 | 说　　明 |
| --- | --- | --- |
| 1 | 6 芯信号线 RVV8*0.5 | 输入皮带机 2 电柜与主控柜进行信号交互 |
| 2 | 6 芯信号线 RVV8*0.5 | 输入皮带机 1 电柜与主控柜进行信号交互 |
| 3 | 伺服电机动力线、编码器线 | 确保线缆标签与机侧固定架上的航空插头一一对应，并牢固对接 |
| 4 | 3 芯信号线 RVV3*0.5 | 居中机电柜与主控柜进行信号交互 |
| | 双绞屏蔽线 RVVSP 2*0.75 | |

续表

| 编　号 | 线　缆　型　号 | 说　明 |
|---|---|---|
| 5 | 网线 CAT6A SFTP 7/0.16 AWG26/27 L=10M<br>双绞屏蔽线 RVVSP 2*0.75 | 拉距皮带机电柜与主控柜进行信号交互 |

**注意**：双绞屏蔽线需要按照主控柜、居中机电柜、输入皮带机1电柜和输入皮带机2电柜的顺序进行串行连接。

（3）光电、相机和工控机相关的线缆排布如图8-33所示，线缆型号与说明如表8-3所示。

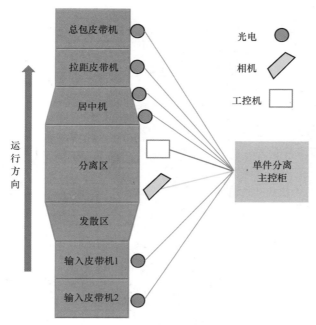

图 8-33　光电、相机和工控机相关线缆排布

表8-3　线缆型号与说明

| 图　标 | 线　缆　型　号 | 说　明 |
|---|---|---|
| 光电 ● | 光电线 RVV3*0.5 | 棕色代表正，蓝色代表负，黑色用作信号线 |
| 相机 ▱ | 相机电源线 | 使用相机自带的电源线，分别连接到主控柜的端子排 P24.1（+）、0V（−）上 |
| 工控机 □ | 工控机电源线 | 连接到从主控柜拉出的拖线板上 |
| | 网线 CAT6A SFTP 7/0.16 AWG26/27 L=10M | 连接到交换机的网口上 |

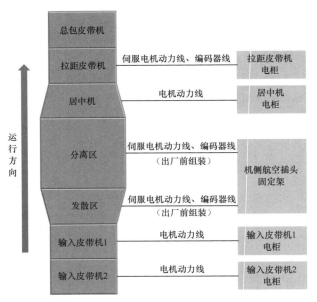

图 8-34　电机相关线缆排布

（4）电机相关的线缆排布如图 8-34 所示，线缆说明如表 8-4 所示。

主控柜与小电柜接线说明。

（1）输入皮带机 2 电柜的柜内布局如图 8-35 所示，接线示意图如图 8-36 所示。

**表8-4　线缆说明**

| 线 缆 名 称 | 线 缆 型 号 |
|---|---|
| 伺服电机动力线 | S6-L-M100-7.0-BN |
| 伺服电机编码器线 | S6-L-P100-7.0-BN |
| 电机动力线 | RVV4*0.5 |

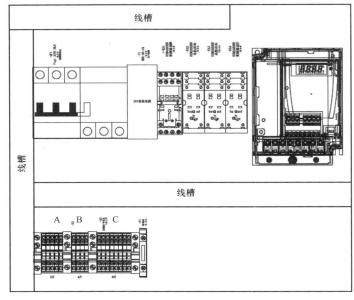

图 8-35　输入皮带机 2 电柜的柜内布局

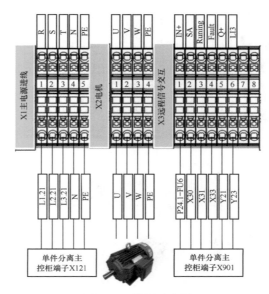

图 8-36　接线示意图

- A：主电源。R、S、T、N、PE 为标准的三相五线的输入电源。
- B：电机线。U、V、W、PE 是连接输入皮带机 2 的电机驱动线。在通电测试后，确认皮带的运行方向是否正确。如果不正确，需要换向（将 U、V、W 中的任意两根线进行互换）。
- C：信号线。将一根多芯线的一端插入此电柜的 -X3 端子排，另一端插入主控柜的联动信号 X901 端子排。

（2）输入皮带机 1 电柜的柜内布局如图 8-37 所示，接线示意图如图 8-38 所示。

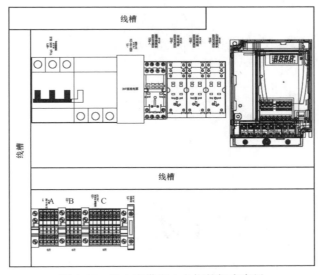

图 8-37　输入皮带机 1 电柜的柜内布局

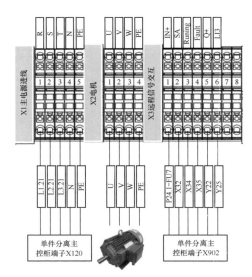

图 8-38　接线示意图

- A：主电源。R、S、T、N、PE 为标准的三相五线的输入电源。
- 电机线。U、V、W、PE 是连接输入皮带机 1 的电机驱动线。在通电测试后，确认皮带的运行方向是否正确。如果不正确，需要换向（将 U、V、W 中的任意两根线进行互换）。
- C：信号线。将一根多芯线的一端插入此电柜的 -X3 端子排，另一端插入主控柜的联动信号 X902 端子排。

（3）居中机电柜的柜内布局如图 8-39 所示，接线示意图如图 8-40 所示。

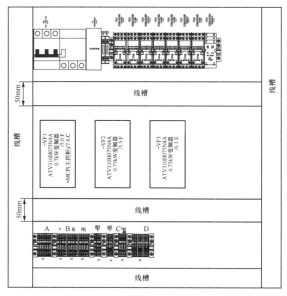

图 8-39　居中机电柜的柜内布局

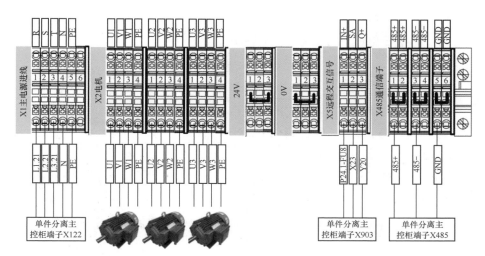

图 8-40 接线示意图

- A：主电源。R、S、T、N、PE 为标准的三相五线的输入电源。
- B：电机线。U1、V1、W1、PE 是连接直段 1 台电机的驱动线。在通电测试后，确认皮带的运行方向是否正确。如果不正确，需要换向（将 U1、V1、W1 中的任意两根线进行互换）。U2、V2、W2、PE 是连接斜向 1 台电机的驱动线。在通电测试后，确认皮带的运行方向是否正确。如果不正确，需要换向（将 U2、V2、W2 中的任意两根线进行互换）。
- C：信号线。将一根 3 芯线的一端插入此电柜的 -X3 端子排，另一端插入主控柜的联动信号 X903 端子排。
- D：485 通信线。将一根两芯屏蔽线的一端插入此电柜的 -X485 端子排，另一端插入主控柜的 X485 端子排。

（4）拉距皮带机电柜如图 8-41 所示，接线示意图如图 8-42 所示。

- A：主电源。R、S、T、N、PE 为标准的三相五线的输入电源。
- B：信号线。将一根两芯线插入此电柜的 -X3 端子排，另一端插入主控柜的联动信号 X904 端子排。
- C：伺服线。将伺服动力线的 U、V、

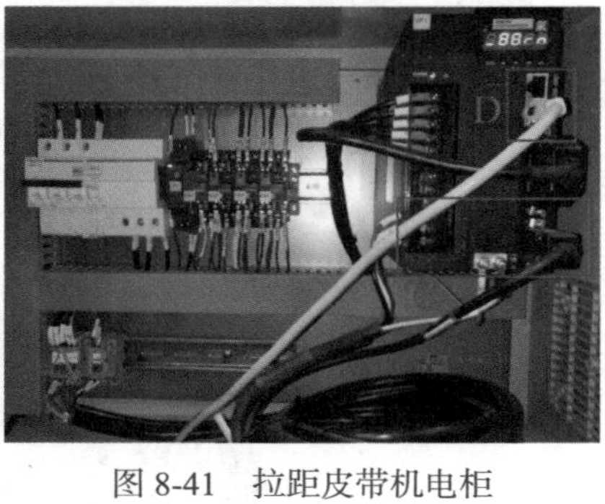

图 8-41 拉距皮带机电柜

W、PE 连接到驱动器上，将编码器线插入 CN2 编码器接头并锁紧螺丝。
- D：网线。将网线的一端插入此电柜内伺服驱动器的 IN 插口，另一端插入主控柜最后一台伺服控制器的 OUT 插口。

（5）相机电源线需接入主控柜端子排，如图 8-43 所示。在连接过程中，应先将相机电源的 24V+ 与相机保险丝进行串联，然后再将串联后的线路接入端子排内。

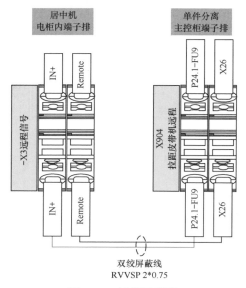

图 8-42　接线示意图

图 8-43　相机电源线接线图

（6）485 通信线接线的方式如图 8-44 所示。

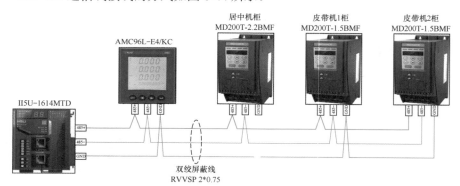

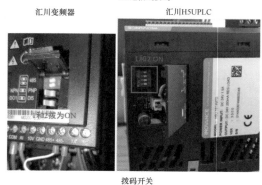

图 8-44　485 通信线接线

在 485 通信链路中，首尾两个设备需要并联一个 120Ω 的电阻，防止通信干扰。如果设备内置有拨码电阻，则将拨码开关打开即可。

在进行 485 手拉手接线时，需要使用端子进行压接，接线方式如图 8-45 左图所示。

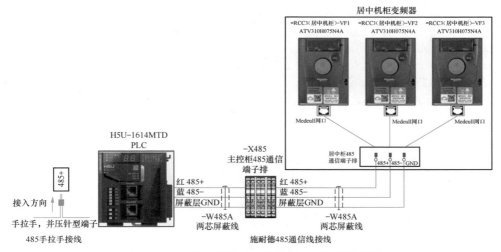

图 8-45　485 手拉手接线与施耐德 485 通信线接线

（7）施耐德 485 通信线的接线方式如图 8-45 右图所示。

施耐德 485 通信线分为 3 段：第一段是从 PLC 到主控柜的 485 端子排，这部分出厂时已经接好；第二段是从主控柜的 485 端子排到居中机的 485 端子排；第三段是从居中机的 485 端子排到变频器，这部分出厂时也已经接好。

在连接主控柜的 485 端子排到居中机的 485 端子排时，需要使用双绞屏蔽线作为 485 通信线。其中一根线连接 485+，另一根线连接 485-，屏蔽层则连接到 GND。

下面介绍输入皮带机的参数设置（施耐德变频器参数设置）。

施耐德变频器的参数设置需要按照 ATV310 系列的操作指南进行。通常情况下，只需要使用 MODE 键、ESC 键和导航按钮，如图 8-46 所示。

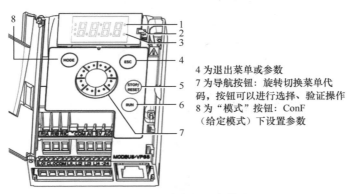

图 8-46　施耐德变频器参数设置

输入皮带机使用施耐德变频器（IO控制）的参数设置如表8-5所示。

表8-5 施耐德变频器（IO控制）参数设置

| 皮带机参数 | | | V1.3版本-居中机参数1.5kW | | | V1.3版本-居中机参数3kW | | |
|---|---|---|---|---|---|---|---|---|
| 参数 | 设定值 | 含义 | 参数 | 设定值 | 含义 | 参数 | 设定值 | 含义 |
| 205 | 02 | 变频器运行 | 205 | 02 | 变频器运行 | 205 | 02 | 变频器运行 |
| 206 | 01 | 无故障 | 206 | 01 | 无故障 | 206 | 01 | 无故障 |
| 308 | 100 | 最大频率 | 308 | 100 | 最大频率 | 308 | 100 | 最大频率 |
| 401 | 183 | 旋钮控制 | 401 | 183 | 旋钮控制 | 401 | 183 | 旋钮控制 |
| 406 | 02 | 分离模式 | 406 | 02 | 分离模式 | 406 | 02 | 分离模式 |
| 503 | L2H | 反转 L2 触发 | 512.2 | 100 | 高速最大频率100Hz | 512.2 | 100 | 高速最大频率100Hz |
| 512.2 | 100 | 高速最大频率100Hz | 507.0 | L2H | 2 个预置速度 | 507.0 | L2H | 2 个预置速度 |
| 507.0 | L3H | 2 个预置速度 | 507.3 | — | 高速 | 507.3 | — | 高速 |
| 507.3 | — | 高速 | 512.0 | — | 低速 | 512.0 | — | 低速 |
| 512.0 | — | 低速 | 305 | 4 | 额定电流 | 305 | 5.2 | 额定电流 |
| — | — | — | 207 | 1 | 过载延时 /s | 207 | 1 | 过载延时 /s |
| — | — | — | 208 | 120 | 过载百分比 | 208 | 110 | 过载百分比 |

注：

1. 施耐德变频器的速度需要使用测速仪进行测量。根据实际测量结果，可以对高低速参数507.3 和 512.0 进行相应的修改。

2. 若出现远程反转，可以通过交换 U、V、W 相中的任意两相来解决。

加速时间：501.0

减速时间：501.1

恢复出厂设置：将参数 102 设定为 64

**注意：**

1）在寒冷气候下，如果皮带机无法启动，可以尝试将参数 207（过载延时）增加至 5s，同时适当增大加速时间和减速时间。

2）对于 V1.0 版本的施耐德变频器（IO 控制）的参数设置，只需将参数 205 设定成 01（无故障），并将参数 206 设定成 02（变频器运行），其余参数设置与 V1.3 版本的变频器一致。

输入皮带机使用施耐德变频器（485 通信）的参数设置如表 8-6 所示。

表8-6 施耐德变频器（485通信）的参数设置

| 参　　数 | 设　定　值 | 含　　义 |
|---|---|---|
| 205 | 02 | 变频器运行 |
| 206 | 01 | 无故障 |
| 308 | 100 | 最大频率 |
| 401 | 183 | 旋钮控制 |

续表

| 参 数 | 设 定 值 | 含 义 |
|---|---|---|
| 406 | 02 | 分离模式 |
| 407 | 01 | 端子命令 |
| 503 | L2H | 反转 |
| 507.0 | L3H | 高速触发 |
| 507.3 | 程序内给定 | 高速频率 |
| 512.0 | 参数手动设置 | 本地频率（0.6m/s） |
| 512.2 | 100 | 高速最大频率 100Hz |
| 305 | | 额定电流 |
| 207 | 暂不设定 | 过载延时 /s |
| 208 | | 过载百分比 |
| 701 | 居中机: 5，输入皮带机 1: 6，输入皮带机 2: 7 | Modbus 站号 |
| 702 | 36 | Modbus 波特率 |
| 703 | 05 | Modbus 格式 8N2 |
| 704 | 5 | Modbus 格式 |

下面介绍居中机的参数设置。

居中机使用施耐德变频器（IO 控制）的参数设置如表 8-7 所示。

表 8-7　施耐德变频器（IO 控制）的参数设置

| V1.3版本-居中机参数1.5kW | | | V1.3版本-居中机参数3kW | | |
|---|---|---|---|---|---|
| 参数 | 设定值 | 含 义 | 参数 | 设定值 | 含 义 |
| 205 | 02 | 变频器运行 | 205 | 02 | 变频器运行 |
| 206 | 01 | 无故障 | 206 | 01 | 无故障 |
| 308 | 100 | 最大频率 | 308 | 100 | 最大频率 |
| 401 | 183 | 旋钮控制 | 401 | 183 | 旋钮控制 |
| 406 | 02 | 分离模式 | 406 | 02 | 分离模式 |
| 512.2 | 100 | 高速最大频率 100Hz | 512.2 | 100 | 高速最大频率 100Hz |
| 507.0 | L2H | 2 个预置速度 | 507.0 | L2H | 2 个预置速度 |
| 507.3 | — | 高速 | 507.3 | — | 高速 |
| 512.0 | — | 低速 | 512.0 | — | 低速 |
| 305 | 4 | 额定电流 | 305 | 5.2 | 额定电流 |
| 207 | 1 | 过载延时 /s | 207 | 1 | 过载延时 /s |
| 208 | 120 | 过载百分比 | 208 | 110 | 过载百分比 |

注：在 V1.0 版本的施耐德变频器（IO 控制）中，居中机 KA01 的线圈应接在 A05 和 A06 上。其中，KA01 是运行继电器（运行状态为 1，停止状态为 0）；而 KA02 则是故障继电器（故障状态为 1，正常状态为 0）。参数 205 应设置为 01，参数 206 应设置为 02。对于 V2.0 版本的变频器，其设置方式与 V1.0 版本的相同。

而在 V1.3 版本的施耐德变频器（IO 控制）中，居中机 KA01 的线圈应接在 A07 和 DC0V 上。同样地，KA01 是运行继电器（运行状态为 1，停止状态为 0）；而 KA02 则是无故障继电器（无故障状态为 1，故障状态为 0。参数 205 应设置为 02，参数 206 应设置为 01。对于 V2.0 版本的变频器，其设置方式也与 V1.3 版本的相同。

**注意：**

1）在寒冷气候下，如果皮带机无法启动，可以尝试将参数 207（过载延时）增加至 5s，同时适当增大加速时间和减速时间。

2）对于 V1.0 版本的施耐德变频器（IO 控制）的参数设置，只需将参数 205 设定成 01（无故障），并将参数 206 设定成 02（变频器运行），其余参数设置与 V1.3 版本的变频器一致。

居中机使用施耐德变频器（485 通信）的参数设置如表 8-8 所示。

表8-8 施耐德变频器（485通信）参数设置

| 参　　数 | 设 　定 　值 | 含　　义 |
|---|---|---|
| 205 | 02 | 变频器运行 |
| 206 | 01 | 无故障 |
| 308 | 100 | 最大频率 |
| 401 | 183 | 旋钮控制 |
| 406 | 02 | 分离模式 |
| 407 | 01 | 端子命令 |
| 503 | L2H | 反转 |
| 507.0 | L3H | 高速触发 |
| 507.3 | 程序内给定 | 高速频率 |
| 512.0 | 参数手动设置 | 本地频率（0.6m/s） |
| 512.2 | 100 | 高速最大频率 100Hz |
| 305 | | 额定电流 |
| 207 | 暂不设定 | 过载延时 /s |
| 208 | | 过载百分比 |
| 701 | 居中机：5，输入皮带机 1：6，输入皮带机 2：7 | Modbus 站号 |
| 702 | 36 | Modbus 波特率 |
| 703 | 05 | Modbus 格式 8N2 |
| 704 | 5 | Modbus 格式 |

下面介绍拉距皮带机的参数设置。

控制器为汇川 PLC 时，通常使用汇川 IS620N 或 IS660N 系列伺服驱动器，其按键说明如图 8-47 所示。

IS620N 伺服驱动器的参数设置如表 8-9 所示。

| 名称 | | 常规功能 |
|---|---|---|
| ○ MODE | MODE键 | 各模式间切换<br>返回上一级菜单 |
| ○ ▲ | UP键 | 增大LED数码管闪烁位数值 |
| ○ ▼ | DOWN键 | 减小LED数码管闪烁位数值 |
| ○ ◀◀ | SHIFT键 | 变更LED数码管闪烁位<br>查看长度大于5位的数据的高位数值 |
| ○ SET | SET键 | 进入下一级菜单<br>执行存储参数设定值等命令 |

图 8-47　按键说明

表8-9 IS620N伺服驱动器的参数设置

| 参 数 | 设定值 | 含 义 | 备 注 |
|---|---|---|---|
| H00-00 | 14101 | 电机编号 | 老款驱动器的默认值为 14000 |
| H02-02 | 0 | 电机旋转方向 | 若要实现反转，则将参数更改为 1 |
| H03-02 | 48 | 正转点动 | 刷机后设置 |
| H03-04 | 49 | 反转点动 | 刷机后设置 |
| H03-06 | 2 | 故障复位 | — |
| H04-00 | 2 | 电机运行指示 | — |
| H04-02 | 11 | 故障指示 | — |
| H06-04 | 1000 | 点动速度 | — |
| H06-05 | 2000 | 加速时间 /ms | — |
| H06-06 | 2000 | 减速时间 /ms | — |

若 H03-02 和 H03-04 无法设为指定值，则说明驱动器没有刷底层，无法本地启动，但可以正常远程操作。

一些不常用参数的说明如下。

若需要恢复出厂设置，可以将 H02-31 设置为 1。

拉距报错 Er.B00 表示位置偏差过大，PLC 报错 9510 表示跟随误差值超出了范围。

H08-15=1 表示负载转动惯量比。

H09-00=1 表示自调整模式选择（标准刚性表格式）。

H09-01=12 表示刚性等级选择。

IS660N 伺服驱动器的参数设置如表 8-10 所示。

表8-10 IS660N伺服驱动器的参数设置

| 参数 | 设定值 | 含 义 | 备 注 |
|---|---|---|---|
| H00-00 | 14101 | 电机编号 | — |
| H02-02 | 0 | 电机旋转方向 | 若要实现反转，则更改参数为 1 |
| H03-02 | 6 | 多段速 CMD1 | — |
| H03-04 | 7 | 多段速 CMD2 | — |
| H03-06 | 2 | 故障复位 | — |
| H03-08 | 40 | 使能 | — |
| H03-09 | 1 | DI4 点位逻辑取反 | 本地旋钮新增触点后也无须设置，如果需要修改伺服参数，需要先把此参数改为 0 |
| H03-10 | 0 | DI5 不使用 | — |
| H12-20 | 0 | 第一段速度指令 /rpm | — |
| H12-22 | 2000 | 第一段速度加减速 /(m/s) | — |
| H12-23 | 800 | 第二段速度指令 /rpm | — |
| H12-25 | 2000 | 第二段速度加减速 /(m/s) | — |
| H12-26 | −800 | 第三段速度指令 /rpm | — |
| H12-28 | 2000 | 第三段速度加减速 /(m/s) | — |
| H04-00 | 2 | 电机运行指示 | — |

续表

| 参数 | 设定值 | 含　义 | 备　注 |
|---|---|---|---|
| H04-02 | 11 | 故障指示 | — |

H03-09=0 时可以修改伺服参数，即旋钮在非本地模式下才可更改伺服参数。

拉距报错 Er.B00 表示位置偏差过大，PLC 报错 9510 表示跟随误差值超出了范围。

一些不常用参数的说明如下。

H02-31=1 表示恢复出厂设置。

H08-15=1 表示负载转动惯量比。

H09-00=1 表示自调整模式选择（标准刚性表格式）。

H09-01=12 表示刚性等级选择。

下面介绍分离区伺服参数的设置。

对于汇川伺服驱动器系列（SV600N、SV630N、SV660N），在分离区的配置中，无须设置参数。H02-31=1 表示恢复出厂设置，H02-02=0/1 表示更改电机旋转方向，0 表示正转，1 表示反转。

单件分离与总包对接信号如表 8-11 和表 8-12 所示，相应的电路图如图 8-48 和图 8-49 所示。

表8-11　单件分离与总包对接信号1

| | | 单件分离设备DO接口描述 | | |
|---|---|---|---|---|
| Input/Output | 单 件 分 离 | 连 接 方 向 | 总　　包 | Input/Output |
| Output | 设备本地 / 远程 | ——————————▶ | 单件分离本地 / 远程 | Input |
| Output | 设备流水 / 测量 | ——————————▶ | 单件分离流水 / 测量 | Input |
| Output | 设备允许供件 | ——————————▶ | 单件分离允许供件 | Input |
| Output | 设备高效 / 低效 | ——————————▶ | 单件分离高效 / 低效 | Input |
| Output | 设备故障 | ——————————▶ | 单件分离故障 | Input |
| Output | 设备运行 | ——————————▶ | 单件分离运行 | Input |
| Output | 设备急停 | ——————————▶ | 单件分离急停 | Input |

总包与单件分离交互信号均采用无源干接点形式，详细说明如下。

1. 单件分离运行：当信号为 TRUE 时，单件分离运行；当信号为 FALSE 时，单件分离停止。

2. 单件分离故障：当信号为 TRUE 时，单件分离无故障；当信号为 FALSE 时，单件分离出现故障。

3. 单件分离允许供件：当信号为 TRUE 时，允许前级缓存运行；当信号为 FALSE 时，不允许前级缓存运行。

4. 单件分离急停：当信号为 TRUE 时，单件分离急停；当信号为 FALSE 时，单件分离无急停。

5. 单件分离流水 / 测量：当信号为 TRUE 时，处于测量（分离）模式；当信号为 FALSE 时，处于流水模式。

6. 单件分离本地 / 远程：当信号为 TRUE 时，处于远程模式；当信号为 FALSE 时，处于本地模式。

7. 单件分离高效 / 低效：当信号为 TRUE 时，处于高效模式；当信号为 FALSE 时，处于低效模式。

表8-12  单件分离与总包对接信号2

| | | DI接口描述 | | |
|---|---|---|---|---|
| Input/Output | 单件分离 | 连接方向 | 总包 | Input/Output |
| Input | 远程启动 / 停止 | ←———————————— | 单件分离启动 / 停止 | Output |
| Input | 远程测量 / 流水 | ←———————————— | 单件分离测量 / 流水 | Output |
| Input | 远程允许运行 | ←———————————— | 单件分离允许运行 | Output |
| Input | 远程急停 | ←———————————- | 单件分离急停 | Output |
| Input | 远程复位 | ←———————————— | 单件分离复位 | Output |
| Input | 远程高效 / 低效 | ←———————————— | 单件分离高效 / 低效 | Output |

总包与单件分离交互信号均采用无源干接点形式，详细说明如下。

1. 远程启动 / 停止：当信号为 TRUE 时，单件分离执行启动；当信号为 FALSE 时，单件分离执行停止。

2. 远程允许运行：当信号为 TRUE 时，允许单件分离运行；当信号为 FALSE 时，不允许单件分离运行。

3. 远程测量 / 流水：当信号为 TRUE 时，单件分离进入流水模式；当信号为 FALSE 时，单件分离进入测量（分离）模式。

4. 远程复位：当信号为 TRUE 时，单件分离执行复位；当信号为 FALSE 时，复位取消。

5. 远程高效 / 低效：当信号为 TRUE 时，单件分离进入分离高效模式；当信号为 FALSE 时，进入分离低效模式（预留）。

6. 远程急停：当信号为 TRUE 时，单件分离执行急停；当信号为 FALSE 时，单件分离取消急停。

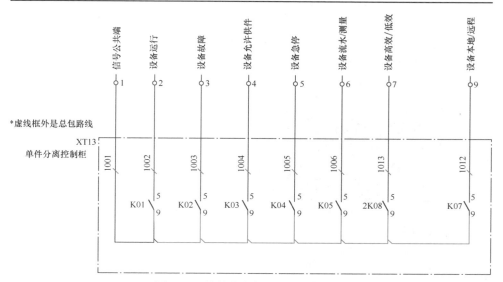

图 8-48  单件分离与总包对接信号 1

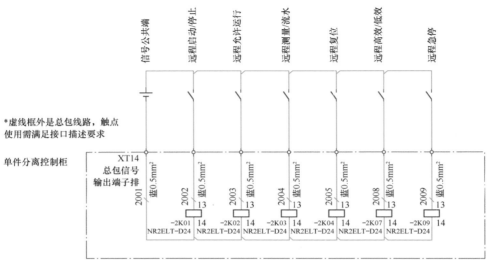

图 8-49 单件分离与总包对接信号 2

## 8.1.3 摆轮设备的安装与调试

### 一、摆轮设备的安装

这里使用图 8-50 所示的摆轮作为示例来介绍摆轮设备的安装，其属于摩擦式摆轮，其三视图如图 8-50 所示。

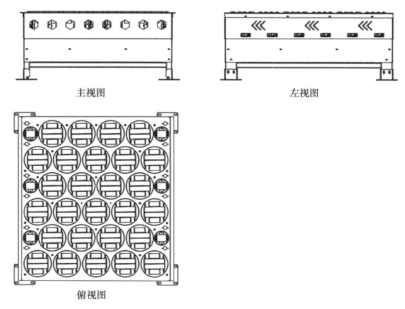

图 8-50 摆轮三视图

摆轮的自重为 400 ～ 450kg，设计时需要考虑承重。常见的安装方式有以下 3 种。

● 第一种：摆轮放置在桁架上，并使用抱箍将摆轮脚垫固定在方管（尺寸一般为 100mm×100mm）上。在摆轮底部需要预留维护空间，以便单人进行操作和维护，如图 8-51 所示。

● 第二种：摆轮安装在钢格栅上，但如果无法在钢格栅上开设检修口或没有检修空间，建议将摆轮的最低高度设置为高于 800mm，以确保维护和检修的便利性，如图 8-52 所示。

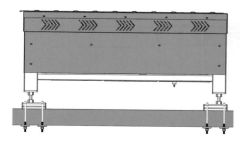

图 8-51　摆轮固定在桁架上　　　　图 8-52　摆轮固定在钢格栅上

● 第三种：摆轮安装在地面上，如果需要维护，建议将摆轮的最低高度设置为高于 800mm，可以使用膨胀螺丝来固定地脚，以确保摆轮的稳定性和安全性，如图 8-53 所示。

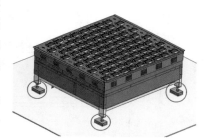

摆轮设备的安装方向应按照图 8-54 中箭头所示的方向进行安装。摆轮本体上的箭头方向应与皮带机的运行方向保持一致。此外，摆轮单元的黄色盖板上还标有运行方向指示，如图 8-55 所示。

图 8-53　摆轮固定在地面

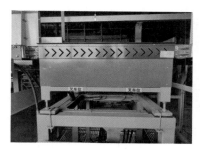

图 8-54　摆轮安装方向　　　　图 8-55　黄色盖板方向指示

摆轮设备与皮带机的匹配非常重要，它们之间的间距应保持在 8 ～ 10mm 之间。

这样可以确保摆轮能够准确地检测到皮带机的位置和运动状态，从而保证设备的正常运行。如果间距过大或过小，都可能导致摆轮无法准确检测到皮带机的位置，进而影响设备的控制精度和稳定性。因此，在安装摆轮设备时，务必注意与皮带机的匹配，并保持适当的间距。

摆轮单元滚筒的上表面应比前后皮带机的表面略高，范围控制在 2～5mm 之间，如图 8-56 所示。

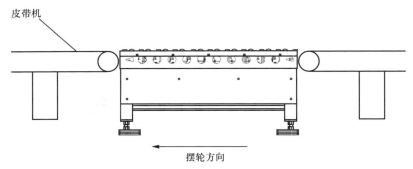

图 8-56　摆轮与皮带机高度示意图

摆轮入口处安装有入口过渡条，如图 8-57 所示。该过渡条通过紧定螺钉固定，其长度 $L1$ 与对应摆轮的宽度保持一致，长度 $L2$ 与对接皮带机的宽度保持一致。

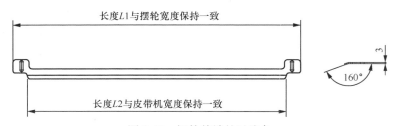

图 8-57　摆轮前端的过渡条

摆轮两侧安装有与滑槽之间的过渡条，这些过渡条通过紧定螺钉固定在摆轮两侧。该过渡条的长度应与对应摆轮的长度保持一致。

摆轮与滑槽末端通常需要预留 800mm 的空间，如图 8-58 所示，以便摆轮能够顺利地进入滑槽并完成运行。在一些场景中，摆轮线体的宽度较大，此时滑槽需要进行相应的调整。具体的调整尺寸应根据场景的二维图来确定，以确保摆轮和滑槽之间的匹配性。

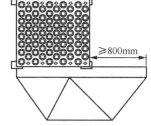

图 8-58　摆轮与滑槽对接

摆轮本体和控制柜之间的布线距离默认是 5m，如果不是 5m，建议备注。由于涉及伺服系统，因此布线距离通常建议不超过 10m，超过 10m 时需要采取特殊的防干扰措施。最长的布线距离为 20m。常见控制柜的安装方式有以下两种。

第一种：不落地安装，具体包括吊装安装和托盘安装，吊装安装如图 8-59 所示，托盘安装如图 8-60 所示。

图 8-59　吊装安装

图 8-60　托盘安装

第二种：落地安装，具体包括马卡安装和底座安装，马卡安装如图 8-61 所示，底座安装如图 8-62 所示。

图 8-61　马卡安装

图 8-62　底座安装

摆轮设备控制柜的安装标准及要求如下。

（1）应按施工图的布置，将控制柜按照顺序逐一放置在桁架上。

（2）控制柜的位置调整结束后，应用螺栓将柜体与桁架进行紧固。

（3）每台控制柜应单独与桁架连接，可采用铜线将柜内的 PE 排与接地螺栓可靠连接，并加弹簧垫圈进行防松处理（TN-S 动力接入的小功率控制柜除外）。每扇柜门应分别用铜编织线与 PE 排可靠连接。

（4）应检查线路是否因运输等因素而松脱，并逐一进行紧固。同时，检查电器元件是否损坏。

（5）原则上，控制柜的控制线路在出厂时就进行了校验，因此不应对柜内线路私自进行调整，发现问题应与供应商联系。

（6）在触电危险性大或作业环境较差的场所，应采用防护等级高的箱柜，安装环境应防尘、防水。

（7）落地安装的柜底座应高出地面 200mm。

（8）确保柜前方 0.8 ～ 1.2m 的范围内无障碍物。

（9）控制柜的安装环境与使用环境应该安全可靠，不能有安全隐患。

## 二、摆轮设备的调试

（1）摆轮设备功能简述。

- 当控制柜侧边的隔离开关打开并接通后，控制柜内部处于通电状态，此时柜门上的白色电源指示灯会亮起。

- 当旋转本地/远程旋钮到本地状态时，按下启动按钮后，摆轮驱动器的电滚筒单元开始转动，此时绿色指示灯会持续亮起。

- 通过旋转左、中、右旋钮，摆轮转向机构可以执行左摆、回正和右摆的动作。

- 在紧急情况下，迅速按下急停旋钮可以切断摆轮设备动力驱动部分的电能供应，此时红色急停指示灯和黄色故障指示灯会亮起。一旦紧急情况得到解决，需要手动旋转急停旋钮以关闭急停指示灯，并按下复位按钮将摆轮设备恢复到初始状态。

（2）摆轮设备转向调试。

在摆轮控制柜的初始化状态下，摆轮转向机构会出现以下几种情况。

1）在整组摆轮初始化复位过程中存在位置偏差。

- 汇川参数 H05-36 的默认数值为 6000。如果寻零回正的角度偏向寻零方向，可以增大 H05-36 的数值；如果角度偏向相反方向，则可以减小 H05-36 的数值。每改变 100 的数值，对应的回正角度将变化 1°。

- 正弦 EA190 参数 PB-08 的默认值为 -6500。如果寻零回正的角度偏向寻零方向，可以增大 PB-08 的数值；如果角度偏向相反方向，则可以减小 PB-08 的数值。每改变 100 的数值，对应的回正角度将变化 1°。

2）整排摆轮不执行初始化动作。

- 如果伺服未使能，它将无法执行回原动作。此时，应检查伺服的使能状况，并进入该伺服的 DI 参数监控界面，来查看使能 DI 点是否有信号。

- 如果伺服已使能，检查伺服回原 DI 点位是否接收到来自 PLC 控制器发出的信号。通过监控伺服的 DI 参数来查看相应的 DI 点是否有信号。

3）整排摆轮初始化不复位。

- 确认接近开关信号是否成功上传给伺服控制器。通过监控伺服 DI 参数来查看相应的 DI 点是否有信号。如果发现没有信号上传，可能是由于接线错误、拉杆未靠近接近开关或接近开关损坏等原因导致的。此时，可以检查摆轮本体上的接近开关状态以进一步确定问题所在。

- 如果接近开关信号已成功上传给伺服控制器，查看 DI 点对应的功能号角是否正确。然后，进入伺服 DO 参数监控界面，检查伺服回原完成信号是否发送到 PLC 控制器的相应点位。

4）单排摆轮不执行初始化。

- 检查伺服的使能状态。如果伺服处于未使能状态，它将无法执行回原动作。通过进入该伺服的 DI 参数监控界面，查看使能 DI 点是否有信号。

- 如果伺服已使能，进入伺服 DI 参数监控界面，查看回原 DI 点是否有信号。

- 如果伺服回原 DI 点有信号，需检查伺服控制器参数。进入点动状态，检查伺服与电机之间的连接是否正确，并确保电机与减速机匹配合适。

5）单排摆轮初始化不复位。

- 检查接近开关信号是否成功上传给伺服控制器，通过监控伺服 DI 参数，查看相应的 DI 点是否有信号。如果发现没有信号上传，可能是由于接线错误、拉杆未靠近接近开关或接近开关损坏等原因导致的。此时，可以检查摆轮本体上的接近开关状态以进一步确定问题所在。

- 如果接近开关信号已上传给伺服控制器，查看 DI 点对应的功能号角是否正确。然后，进入伺服 DO 参数监控界面，检查伺服回原完成信号是否发送到 PLC 控制器的相应点位。

（3）摆轮设备转向监控。

1）转向动力驱动伺服 DI&DO。

- 在伺服参数和 PLC 控制器程序正确写入的情况下，当摆轮控制柜通电时，PLC 控制器会输出点位信号给伺服相应的 DI 点。这样，伺服就会开始使能并执行摆轮的初始化动作以寻找原点。注意，汇川伺服的 DI5 接收使能信号，DI9 接收回原触发信号；而正弦伺服的 DI1 接收使能信号，DI3 接收回原触发信号。

- 当摆轮正常寻找到原点后，原点信号会被发送到伺服控制器的 DI 点。然后，伺服控制器的 DO 点会输出回原完成信号给 PLC 控制器。一旦 PLC 接收到了伺服控制器上传的回原完成信号，它就可以执行伺服多段位置选择，从而控制摆轮向左、向右或在中间摆动。注意，汇川伺服的 DI8 接收原点信号，DO5 输出回原完成信号；而正弦伺服的 DI6 接收原点信号，DO1 输出回原完成信号。

- PLC 控制器输出点位信号给到伺服 DI 点位时，可以选择多段位置 1 或者多段位置 2。当伺服的 DI 点位接收到来自 PLC 控制器的信号时，开始执行伺服内部相应的位置参数。通过切换输出信号，PLC 选择伺服多段位置的 DI 信号，从而实现对摆轮左、中、右摆动的控制。注意，汇川多段位的 bit1 和 bit2 分别对应 DI1 和 DI2；正弦多段位的 bit0 和 bit1 分别对应 DI4 和 DI5。

- 伺服在运行过程中可能会发生故障，伺服控制器会通过 DO 点输出故障信号给 PLC 控制器。PLC 控制器根据需要，输出点位给伺服驱动器的故障复位 DI 点，以复位一些软件故障。注意，汇川伺服系统中，DI4 接收故障复位信号，而 DO4 则输出伺服故障信号。同样地，在正弦伺服系统中，DI2 接收故障复位信号，而 DO4 则输出伺服故障信号。

2）转向动力驱动伺服 DI&DO 监控。

● 伺服 DI 功能监控参数：H0B-03，按 SET 键进入参数设置。

汇川伺服系统中，DI1 代表多段位 1，DI2 代表多段位 2，DI4 代表伺服故障，DI5 代表伺服使能，DI8 代表原点信号，DI9 代表回原和定原。

在观察伺服面板的 DI 功能显示时，从右往左依次为 DI1 到 DI9。如果上方的晶体管亮起，则表示该 DI 通道没有信号输入；如果下方的晶体管亮起，则表示该 DI 通道有信号输入。

在控制器程序下载完成后，DI5 会显示有信号。当进行手动左摆和右摆操作时，DI1 和 DI2 分别会有信号显示。按下复位按钮后，DI4 和 DI9 会有信号显示。如果模拟输入原点信号，DI8 会有信号显示。

● 伺服 DO 功能监控参数：H0B-05，按 SET 键进入参数设置。

DO4 用于输出伺服系统的故障指示信号，DO5 用于输出回原完成信号。

在观察伺服面板的 DO 功能显示时，从右往左依次为 DO1 到 DO5。如果上方的晶体管亮起，则表示该 DO 通道没有信号输出；如果下方的晶体管亮起，则表示该 DO 通道有信号输出。

在控制器程序下载完成后，当伺服系统执行完回原动作后，DO5 会输出回原完成信号。而如果伺服在运行过程中出现故障，DO4 则会输出相应的故障信号。

（1）伺服 DI 功能监控参数：D0-12，按 SET 键进入参数设置。

DI1 用于输入伺服系统的使能信号，DI2 用于输入伺服系统的复位信号，DI3 用于输入回原触发信号，DI4 和 DI5 分别用于输入多段位 1 和多段位 2 的信号，DI6 用于输入原点信号。

在观察伺服面板的 DI 功能显示时，从右往左依次为 DI1 到 DI6，单击 "<" 符号，以调出 DI6，如果 DI6 有信号输入，则数值会显示为 1；如果没有信号输入，则数值会显示为 0。

在控制器程序下载完成后，如果 DI1 有信号输入，则系统会相应地做出反应。当进行手动左摆和右摆操作时，DI5 和 DI6 分别会有信号输入。按下复位按钮后，DI2 和 DI3 会有信号输入。如果模拟输入原点信号，DI6 会有信号输入。

（2）伺服 DO 功能监控参数：D0-13，按 SET 键进入参数设置。

DO1 用于输出回原完成信号，DO4 用于输出伺服系统的故障指示信号。

在观察伺服面板的 DO 功能显示时，从右往左依次为 DO1 到 DO5。如果数值为 1，则表示相应的 DO 通道有信号输出；如果数值为 0，则表示该 DO 通道没有信号输出。

在控制器程序下载完成后，当伺服系统执行完回原动作后，DO1 会输出回原完成信号。而如果在伺服运行过程中出现故障，DO4 则会输出相应的故障信号。

在摆轮设备驱动器的调试过程中，当涉及多个驱动器时，可能会出现以下情况。

1）摆轮控制柜上电初始化完成，启动时出现单元未转动。

- 使用万用表检查 48V 驱动电源的输出电压是否为额定电压 48V。
- 检查摆轮本体底部驱动器线槽上的驱动器红色指示灯是否亮起，确保驱动器模板及驱动器供电正常。
- 检查控制柜内部的启动继电器是否亮起。若继电器已亮起，使用万用表检查继电器触点是否导通，以及摆轮本体上的启动端子和驱动器电源负极的供电端子（黑色供电线所接的分线器）是否导通。
- 当部分单元未转动时，可以尝试调换转动和未转动单元的驱动器插口，以确认是单元损坏还是驱动器损坏。

2）摆轮控制柜未初始化完成，单元直接转动。

- 检查控制柜内部的启动继电器是否亮起，若继电器已亮起，用万用表检查继电器触点是否导通，以及摆轮本体上的启动端子和 48V- 供电端子（黑色供电线所接的分线器）是否导通。
- 拔掉启动信号线后，如果单元仍然转动，需要依次断电并拆除每组驱动器上接线柱的红黑接线。首先拆除第一组驱动器的接线，然后重新上电观察。如果未拆线的驱动器组所带的单元仍然转动，说明短路故障可能发生在第二组驱动器组上。继续拆除第二组驱动器组上的红黑接线，并重新上电观察。重复以上步骤，依次拆除其他组驱动器上的红黑接线，并观察单元是否仍然转动。
- 确定了短路的驱动器组后，拔掉所有单元，用万用表测量红黑接线柱是否短路。若红黑接线柱未短路，则检查单元是否有短路。

# 8.2　运营与维护

本节是对叠件分离设备、单件分离设备以及摆轮设备的运营和维护进行讲解，目的是让驻场的设备运营人员能够正确对设备中的零部件进行系统性的拆装检查以及对易损件和疲劳件进行相应的更换，为设备的长期稳定运行提供保障。

## 8.2.1　叠件分离设备的运营与维护

叠件分离设备在长时间运行后会出现皮带的磨损和同步带的断裂，因此需要及时更换皮带和同步带。

### 一、叠件分离设备皮带更换

皮带更换流程如下。

（1）拆下叠件分离设备的侧板，然后拆下模块电机的驱动线和编码器线的接头，并拆下叠件模块。

（2）在没有安装电机的一侧，松开安装侧板与支撑面板、轴承座以及固定圆钢之间的锁紧螺丝，然后将安装侧板拆下，如图 8-63 所示。

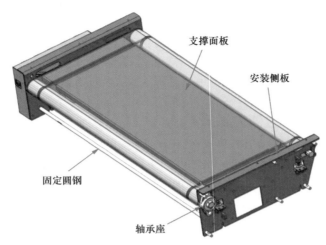

图 8-63 拆下安装侧板

（3）取下旧的皮带，并将新的皮带安装上去。

（4）将安装侧板重新安装上去。

（5）将模块复原，连接电机线，并上电进行皮带跑偏调节。根据皮带的偏移方向，调整相应的调节螺钉（或者松开另一侧的螺钉）。

## 二、叠件分离设备同步带的张紧和更换

（1）张紧同步带：首先，将减速机安装板的锁紧螺钉调松。其次，调节电机侧的张紧块紧定螺钉，使得同步带能够上下浮动约 1cm，不要过松或过紧。最后，将减速机安装板的固定螺钉锁紧，如图 8-64 所示。

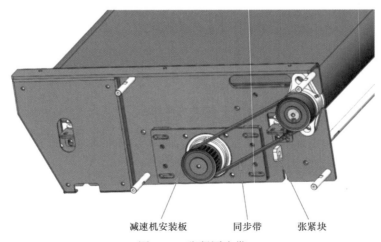

图 8-64 张紧同步带

（2）更换同步带：将减速机安装板的固定螺钉调松（不取下来），调节电机侧的张紧块紧定螺钉，使得同步带松动至可以从带轮上取下，换上新同步带，调节张

紧块，使得同步带处于合适的张紧状态，最后锁紧减速机安装板。

## 8.2.2 单件分离设备的运营与维护

### 一、单件分离设备模块更换

（1）取出模块。用拉钩在图 8-65 所示位置将二联或者三联模块提取出来，提取方向如图 8-66 所示，取出时注意将伺服电机的动力线以及信号线拔掉，切勿拉扯导致线束断裂或接触不良。

图 8-65　取出模块　　　　　　　　　　图 8-66　提取方向

（2）分离模块。取出后将二联或者三联模块分离，将图 8-67 所示的 4 颗螺栓拆开即可将模块分离。

### 二、单件分离设备皮带更换

（1）松开张紧辊筒的张紧螺栓，将两侧的张紧座拆开，如图 8-68 所示。然后，将张紧辊筒取出。如果需要更换张紧辊筒，可以在此时进行更换。

图 8-67　分离模块　　　　　　　　　　图 8-68　拆开张紧座

（2）将无动力一侧的侧板拆开，如图 8-69 所示。

（3）此时即可更换皮带，如图 8-70 所示。

（4）更换皮带后，安装侧板并将螺钉锁紧。

（5）按照图 8-71 所示的方式将张紧辊筒安装到位，注意张紧限位孔的方向。

（6）将张紧辊筒向下压紧，并安装张紧座，如图 8-72 所示。

图 8-69 拆开侧板

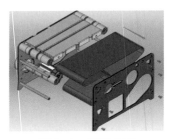

图 8-70 更换皮带

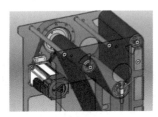

图 8-71 安装张紧辊筒

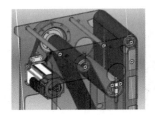

图 8-72 安装张紧座

（7）调节张紧螺栓，使张紧辊筒至合适位置。

（8）将单个模块组装成二联或者三联模块，然后连接伺服电机的动力线和信号线，并将模块放到原来的位置。

### 三、单件分离设备同步带更换

（1）将张紧辊筒的张紧螺栓以及同步带的张紧螺栓松开，如图 8-73 所示。

（2）将动力辊筒轴端的固定螺钉松开，然后拆下固定端盖，如图 8-74 所示。此时可以更换同步带。

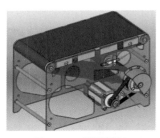

图 8-73 松开螺栓

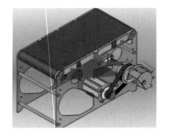

图 8-74 拆下固定端盖

（3）安装端盖，并将轴端的固定螺钉锁紧，将同步带以及皮带张紧。

### 四、单件分离设备伺服电机更换

（1）松开同步带的张紧螺栓，拆下伺服电机的安装螺栓，取下伺服电机，如图 8-75 所示。

（2）将同步带换到新的伺服电机上，然后将伺服电机

图 8-75 取下伺服电机

安装回原来的位置，并张紧同步带。

单件分离设备的零件分散图如图 8-76 所示，其零件清单如表 8-13 所示。

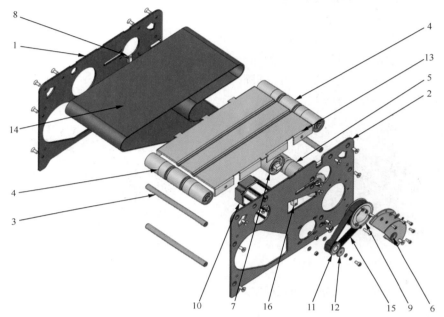

图 8-76 单件分离设备零件分散图

表8-13 单件分离设备零件清单

| 项　目　号 | 零　件　号 | 名　　　称 | 数　　量 |
|---|---|---|---|
| 1 | PFM-01.A01 | 侧板 | 1 |
| 2 | PFM-02.A01 | 侧板 | 1 |
| 3 | PFM-03.A01 | 连接杆 | 4 |
| 4 | PFM-09.A01 | 无动力辊筒组件 | 2 |
| 5 | PFM-10.A01 | 动力辊筒组件 | 1 |
| 6 | PFM-05.A01 | 端盖 | 1 |
| 7 | PFM-12.A01 | 张紧辊筒组件 | 1 |
| 8 | PFM-04.A01 | 张紧调节座 | 2 |
| 9 | PFM-11.A01 | 72 齿同步带轮 | 1 |
| 10 | ACM6040 | 伺服电机 | 1 |
| 11 | PFM-07.A01 | 32 齿同步带轮 | 1 |
| 12 | PFM-08.A01 | 垫片 | 1 |
| 13 | PFM-06.A01 | 皮带托板 | 1 |
| 14 | PFM-13.A01 | 分离区皮带 | 1 |
| 15 | 3M-15-350 | 同步带 | 1 |
| 16 | PFM-14.A01 | 减速器张紧块 | 1 |

### 五、伺服发散区皮带模组更换

（1）拆卸发散区模块的盖板。将盖板表面的 8 颗固定螺钉以及两侧的 4 颗固定螺栓拆下即可将盖板拿掉，如图 8-77 所示。

（2）将发散区模块向上取出，并拔掉电辊筒的快插线。

（3）将皮带的张紧螺栓和电辊筒的固定螺母以及无动力辊筒的固定螺钉拧松，再将皮带托板的固定螺钉拆除即可将辊筒、皮带、托板取出，此时可更换辊筒、皮带、托板，如图 8-78 所示。

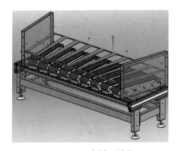

图 8-77　拆卸盖板

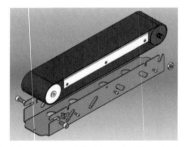

图 8-78　取出辊筒、皮带、托板

（4）更换好之后将辊筒和托板安装到原来的位置，将皮带的张紧螺栓调至合适的位置。

（5）接好线后，将模块放到原来的位置，并将盖板安装好。

### 六、伺服发散区模块皮带更换

（1）拆卸盖板。

将盖板面上的固定螺丝全部拆下，即可取下盖板，如图 8-79 所示。

（2）拆卸模块。

1）拆下模块固定螺丝。

将模块与底板相连的固定螺丝全部拆下，每个模块有 4 颗固定螺丝，如图 8-80 所示。

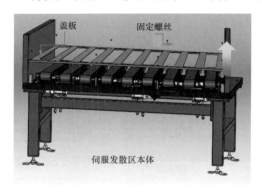

图 8-79　取下盖板

图 8-80　拆下固定螺丝

2）拆下模块组。

伺服发散区共有 3 组模块，每组模块的主动模块通过同步带与动力源相连，从动模块则通过联轴器相连。在拆卸时，需要将模块组倾斜一定角度，才能将其从同步带中拆下，如图 8-81 所示。

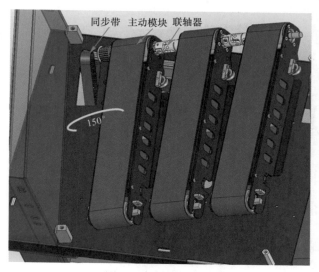

图 8-81 拆下模块组

（3）拆卸与更换皮带。

1）拆卸与更换外侧皮带。

将模块上的张紧螺丝拧到最松的位置，然后将从动辊筒向前推到"U"形槽的底部。接着翻转模块，将皮带从模块底部的导轮中拨出，以便皮带可以从模块的一侧取下，如图 8-82 所示。拆下旧皮带后，将新皮带安装上去，并将模块底部的皮带拨进导轮滑槽内，如图 8-83 所示。最后，调整从动辊筒的张紧螺丝，使皮带保持适当的张紧状态即可。

图 8-82 皮带拆卸

图 8-83 安装皮带

2）拆卸与更换中间模块皮带。

拆卸中间模块的皮带时，不需要拆卸联轴器。可以先将皮带从模块上拆下，然后通过一侧的模块套穿过去，再取下，如图 8-84 所示。更换时，同样先将皮带从一侧的模块套穿至中间模块处，安装好皮带后，将模块底部的皮带拨进导轮槽内，最后调整从动辊筒的张紧螺丝，使皮带保持适当的张紧状态即可。

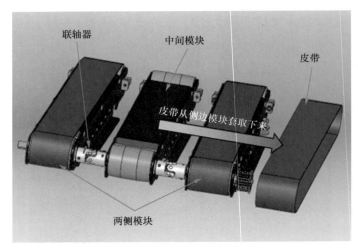

图 8-84　取下皮带

## 七、伺服发散区模块联轴器更换

（1）拆卸联轴器。

将联轴器上的锁紧螺丝和顶丝全部拆下（注意，每个联轴器上共有 4 颗螺丝）。然后，将模块和联轴器分开。如果联轴器与辊筒轴配合过紧，可以使用橡皮锤等工具轻轻敲击以取下联轴器。具体操作如图 8-85 所示。

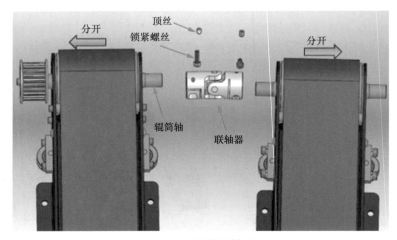

图 8-85　拆卸联轴器

（2）安装联轴器。

安装联轴器时，确保联轴器的倒角与辊筒轴上的台阶紧密卡合，如图 8-86 所示。安装时，将联轴器套在辊筒轴上，当联轴器与辊筒轴的台阶碰撞发出声响时，即表示已经卡紧。此时，将联轴器的锁紧螺丝和顶丝锁紧即可，如图 8-87 所示。然后按照上述步骤安装另一侧的模块。

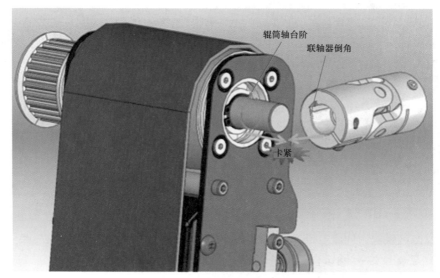

图 8-86　联轴器倒角与辊筒轴上的台阶卡紧

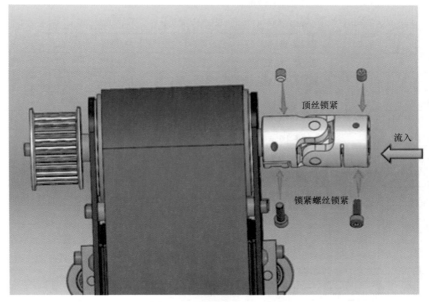

图 8-87　锁紧螺丝和顶丝

## 八、伺服发散区模块同步带轮更换

拆下同步带轮端盖处的锁紧螺丝，再依次取下端盖、同步带轮，如图 8-88 所示，换上新带轮，再依次把同步带轮、端盖、锁紧螺丝装回即可。

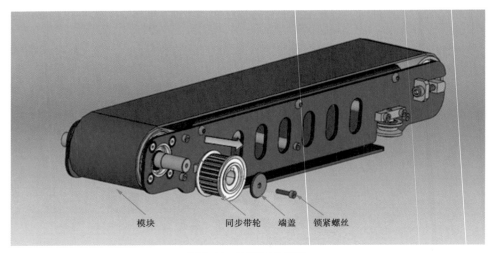

模块　　　　　　　　同步带轮　端盖　锁紧螺丝

图 8-88　更换同步带轮

发散区模块（伺服电机）零件清单如表 8-14 所示。

表8-14　发散区模块（伺服电机）零件清单

| 项　目　号 | 零　件　号 | 名　　称 | 数　　量 |
|---|---|---|---|
| 1 | P25-34 1RBZA<br>1040*75*2 | 皮带 | 1 |
| 2 | PFM-11.A01 | 端盖 | 1 |
| 3 | PSM-11.A01 | 侧板 | 1 |
| 4 | PSM-12.A01 | 侧板 | 1 |
| 5 | PSM-13.A01 | 连接杆 | 4 |
| 6 | PSM-16.A02 | 辊筒 | 1 |
| 7 | PSM-17.A02 | 张紧辊筒 | 1 |
| 8 | PSM-18.A02 | 皮带托板 | 1 |
| 9 | PSM-19.A03 | 25 齿同步带轮 | 1 |
| 10 | PSM-22.A01 | 导轮组件 | 4 |
| 11 | 内六角平圆头螺钉 M5*10 | 内六角平圆头螺钉 | 6 |
| 12 | 螺母 GB-T 6170 M5 | 六角螺母 | 2 |
| 13 | 螺钉 GB-T 70.1 M4*16 | 内六角圆柱头螺钉 | 17 |
| 14 | 螺钉 GB-T 70.1 M6*30 | 内六角圆柱头螺钉 | 2 |
| 15 | 螺钉 GB-T 70.3 M4*16 | 内六角沉头螺钉 | 8 |

## 九、伺服发散区伺服电机和减速机更换

（1）拆卸电机同步带轮。

1）将电机固定座的固定螺丝拧松，然后将张紧螺丝拧松至最大限度。接着，将电机固定座向远离张紧块的方向推动，此时同步带处于松弛状态，方便拆卸同步带轮。

2）将同步带轮端盖的锁紧螺丝和端盖依次拆下，即可将同步带轮向外取下，如图 8-89 所示。此时可以更换新的同步带轮。更换完成后，将端盖和螺丝锁紧即可。

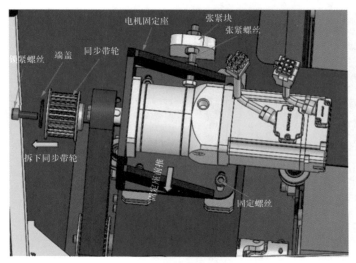

图 8-89 更换同步带轮

（2）电机和减速机的拆卸。

1）拆下电机和减速机。

将减速机与固定座的锁紧螺丝拆掉，并将电机的快插头拔下，便可将减速机和电机一起拆下，如图 8-90 所示。

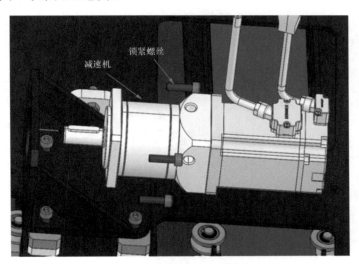

图 8-90 拆卸电机和减速机

2）分离电机和减速机。

在分离之前，需要先将减速机尾部的抱紧螺丝拆下。然后，在转动减速机转轴的同时观察尾部的安装孔,直到看到螺丝,将其拧出。最后,拆下电机和减速机之间的连接螺丝,即可将二者分离开来,如图 8-91 所示。

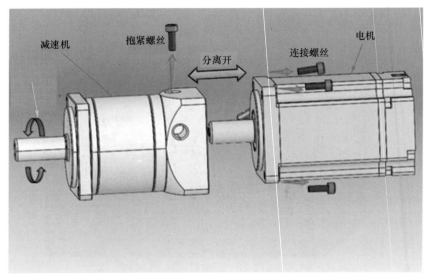

图 8-91 分离电机和减速机

(3)安装电机和减速机。

1)将减速机套装在电机的转轴上,确保电机轴上的键与减速机孔中的键槽配合良好后,才可以进行安装,如图 8-92 所示。

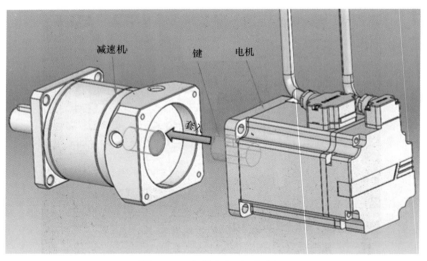

图 8-92 安装电机和减速机

2)在安装连接螺丝时,应按照对角安装的原则进行。按照顺序逐个安装螺丝,不要拧得过紧,只要能够固定即可,如图 8-93 所示。

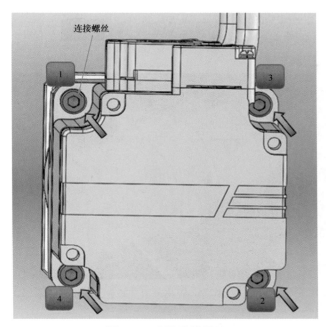

图 8-93　安装连接螺丝

3）转动减速机转轴，同时观察减速机尾部的抱紧螺丝安装孔，当能看到里面的螺丝孔时，停止转动，将抱紧螺丝放入安装孔后拧紧，如图 8-94 所示，再将连接螺丝拧紧。

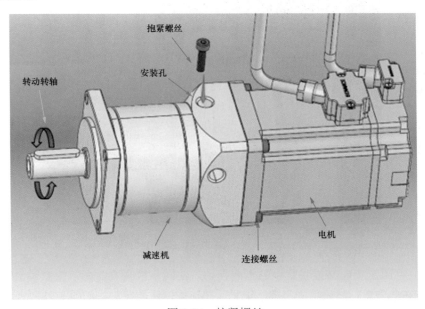

图 8-94　拧紧螺丝

4）将电机和减速机连接好后，固定在安装座上，将固定螺丝拧紧，即可固定电机和减速机，如图 8-95 所示。

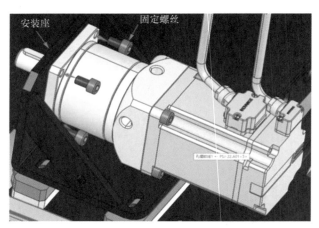

图 8-95　固定电机和减速机

5）依次装上同步带轮、端盖、锁紧螺丝，安装时注意键与键槽配合，如图 8-96 所示，再将同步带套在带轮上，套上后转动带轮使其与同步带啮合，便于张紧调节，如图 8-97 所示。

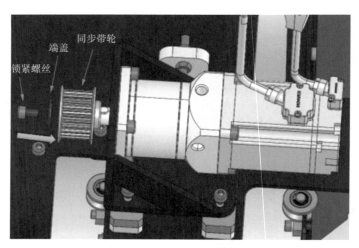

图 8-96　依次装上同步带轮、端盖、锁紧螺丝

6）将固定座向靠近张紧块的方向推动，使同步带张紧，调节张紧螺丝使固定座保持在此位置，然后将固定螺丝锁紧，并连接好快插接头，如图 8-98 所示。

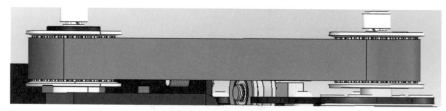

图 8-97　在带轮上套上同步带

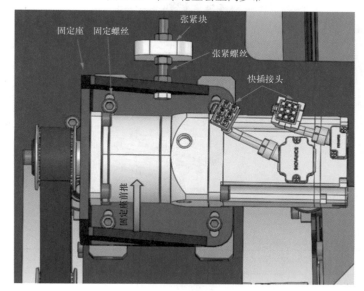

图 8-98　推动固定座

## 8.2.3　摆轮设备的运营与维护

图 8-99 和图 8-100 分别为摆轮的整体布局图和摆轮的底部结构图，图 8-101 中的各零部件序号及对应名称如表 8-15 所示。

图 8-99　摆轮整体布局图

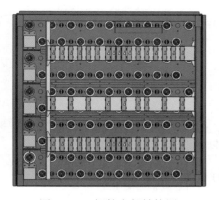

图 8-100　摆轮底部结构图

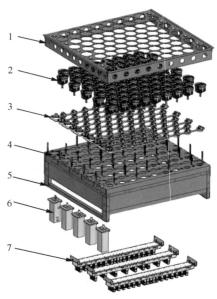

图 8-101 摆轮整体分解图

表8-15 摆轮部件序号及对应名称

| 编 号 | 名 称 |
| --- | --- |
| 1 | 摆轮上盖板 |
| 2 | 摆轮单元组件 |
| 3 | 转向机构组件 |
| 4 | 安装板 |
| 5 | 摆轮支架 |
| 6 | 伺服电机组件 |
| 7 | 驱动器线槽组件 |

为确保摆轮设备的正常运行并减少异常情况的发生,需要进行定期的维护和保养。具体的维护工作如表 8-16 所示。

表8-16 摆轮日常维护工作

| 频率 | 具 体 操 作 |
| --- | --- |
| 每天 | 检查单元盖板的方向箭头是否一致,并确保运行方式也一致。同时,检查单元是否有异常磨损情况 |

| 频率 | 具 体 操 作 |
|---|---|
| 每天 | 检查柜内和柜外周围是否干燥且无杂物，以确保开门和散热不受任何影响 |
| | 检查摆轮是否存在异常情况，如单元无法启动信号、驱动器发出异常报警或伺服电机运行异常 |
| | 检查摆轮上方是否有异物卡或粘在上盖板上，同时检查单元和滚筒表面是否有丝带、贴纸等粘连物 |
| | 检查元器件的检修情况以及新装的接头处，确保端子和接线没有裸露，且无铜丝或金属外露 |
| | 停机后，检查摆轮设备的电气元件，确保没有异常发热情况 |
| 每周 | 检查摆轮的状态，首先进行断电重启操作。然后观察摆轮的寻零状态，确保没有出现卡死、不动、单组卡死或单组不动等情况。接下来，将摆轮打到本地状态并按下启动按钮，确保摆轮单元正常运行，没有出现反转或缓速运行的情况 |
| | 检查异响：在本地启动摆轮本体并左右摆动时，确保没有出现任何异常的噪声或异响 |
| | 停机状态下，用工具轻轻转动单元，确保没有出现较大的机械间隙或卡顿感 |
| | 安装驱动器组外壳后，确保没有出现翘边、变形以及液体进入或断裂的情况 |
| 每月 | 检查电柜及外部走线是否整齐，确保走线固定且没有转弯半径过小的情况。同时，确保交直流线路分开走线，强电和弱电分离，并且二次线没有穿过母线之间 |
| | 检查单元是否能够正常启动，并确保其磨损情况正常。同时，观察单元表面是否平滑均匀，并且是否有出厂纹路。如果发现磨损严重，需要及时更换。如果有任何异常情况出现，都需要进行排查和更换处理 |
| | 检查及维护：在摆轮运行过程中，确保没有明显的异常噪声。同时，检查整排单元的摆动过程，确保没有任何晃动现象 |
| | 清理摆轮上的异物，并观察单元下方是否有积灰和杂物。如果发现有明显的积灰，需要拆卸上盖板进行清理 |
| | 检查控制柜内部，确保干净整洁，没有任何异物和杂物。同时，对风扇、伺服和开关电源进行吹气清灰处理 |

设备故障维护主要包括更换单元组件、单元驱动器、电机拉杆、配合铜套、轴承座组件、伺服电机，以及减速机组件。当摆轮出现故障导致设备无法正常运行时，需要及时更换相应的零部件。

摆轮底部维护区域如图 8-102 所示，摆轮本体控制柜位置示意图如图 8-103 所示。

请根据图中标注的位置进行维护工作，确保维护操作的准确性和高效性。

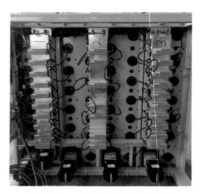

图 8-102 摆轮底部维护区域

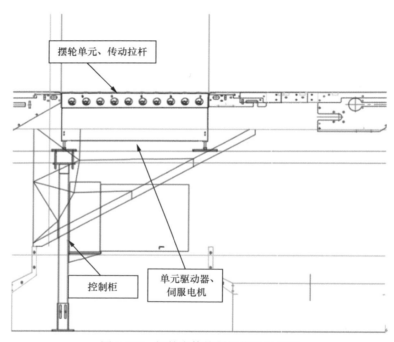

图 8-103 摆轮本体控制柜位置示意图

## 一、更换摆轮单元

（1）依次断开控制柜内部的空开断路器，随后将控制柜侧边的外负荷开关（见图 8-104）旋转到水平方向的"OFF"位置，以切断控制柜的电源供应。

（2）将插入驱动器的线缆先拔掉，然后打开线扣，如图 8-105 所示。

（3）借助工具将摆轮单元从摆轮本体上取下。

图 8-104 外负荷开关

（4）将新的摆轮单元按照盖板上滚筒的前进方向，正确地放入摆轮本体中。接着，将线缆与驱动器连接好，并使用线扣固定。完成这些步骤后，将控制柜的外负荷开关旋转至"ON"位置，并将控制柜内部的空开断路器也拨至"ON"状态。最后，按下启动按钮，观察替换后的摆轮单元是否正常运行。注意，在拿取摆轮单元时，切勿直接拉扯其线缆，以免导致线路断路。

### 二、更换驱动器

（1）依次断开控制柜内部的空开断路器。然后，将控制柜的外负荷开关旋转到"OFF"位置，以切断控制柜内的电源供应。

（2）用手捏住驱动器卡扣的位置，取下驱动器，如图 8-106 所示。

图 8-105　拔掉线缆

图 8-106　取下驱动器

（3）插入新的驱动器。

（4）将控制柜的外负荷开关旋转到"ON"位置，确保控制柜内部的空开断路器处于闭合状态。然后，按下启动按钮，检查更换后的设备是否正常运行。

### 三、更换电机拉杆

（1）将摆轮控制柜的隔离开关旋转到"OFF"位置。

（2）使用钩子将摆轮单元轻轻提起。

（3）找到需要更换的拉杆，将拉杆上的单元全部拔掉。为了进行更换操作，还需要拆掉上盖板。

（4）将拉杆上的开口挡圈全部移除，如图 8-107所示。

### 四、更换铜套和轴承座组件

（1）将摆轮控制柜的隔离开关旋转到"OFF"位置。

图 8-107　移除挡圈

（2）使用钩子将摆轮单元轻轻提起。

（3）找到需要更换的拉杆，将拉杆上的单元全部拔掉。为了进行更换操作，还需要拆掉上盖板。

（4）将拉杆上的开口挡圈全部移除。

（5）拆掉第一个单元拉杆即可拆掉铜套。

（6）使用内六角扳手将轴承座上的螺钉拧下来，就可以拆下轴承座组件。

### 五、更换伺服电机和减速机组件

（1）将摆轮控制柜的隔离开关旋转到"OFF"位置。

（2）使用钩子将摆轮单元轻轻提起，然后相应地将驱动器上的插头拔掉。

（3）拆卸掉图 8-108 上部的电机转向板。

（4）使用内六角扳手或者手枪钻头，拆卸掉图 8-109 中伺服电机底部电机转向板与减速机之间的 4 个内六角螺钉。这样就可以将伺服电机与减速机拆卸掉。如果需要单独拆卸伺服电机，只需拆卸掉图 8-108 中伺服电机上部伺服电机与减速机之间的 4 个内六角螺钉即可。

图 8-108　伺服电机上部

图 8-109　伺服电机底部

# 8.3　常见故障及处理

本节主要介绍叠件分离设备、单件分离设备以及摆轮设备的常见故障及处理方法，目的是让驻场的维保人员能够根据现场设备出现的故障情况快速准确地定位故障点，并采取相应的解决方案进行设备的维修和重启，以确保企业能够及时恢复生产。

## 8.3.1　叠件分离设备常见故障及处理

叠件分离设备常见故障及处理如表 8-17 所示。

表8-17　叠件分离设备常见故障及处理

| 故障 | 原　　因 | 处 理 方 案 |
|---|---|---|
| 皮带跑偏 | 1. 装配时主从滚筒未安装平行 | 使用工装固定装配 |
|  | 2. 设备长时间运行后，皮带拉伸变形，导致两侧张紧力不一致 | 定期调整跑偏 |
| 卡件 | 1. 皮带机模块与侧板间隙过大 | 在侧板上安装可调节的封板，以控制间隙 |
|  | 2. 皮带机模块与毛刷板间隙过大 | 采用双毛刷的方式 |

## 8.3.2 单件分离设备常见故障及处理

单件分离设备常见故障及处理方法如表8-18所示。

表8-18 单件分离设备常见故障及处理

| 故障区域 | | 现　象 | 分析或检查 | 处 理 方 法 |
|---|---|---|---|---|
| 输入段 | 施耐德变频器 | 输入段反转 | — | 将 U、V 两相调换即可 |
| | | 设备正常运行,但程序中出现输入段错误 | 输入段的无故障信号没有传输给 PLC | 检查输入控制柜和主控快插 3 号点位是否松动,以及公共端保险丝是否熔断 |
| | | 输入段无法本地启动 | 检查合闸指示灯是否亮起,以及 24V 电源是否正常工作 | 测量开关电源的输入和输出电压是否正常。如果发现异常,需要更换开关电源 |
| | | | 观察柜内各元器件的状态 | 测量输入变频器的电压是否正常。如果发现该条线路上游存在故障,可能是断路器损坏。如果输入电压正常,则可能需要更换变频器 |
| | | | 检查柜内元件是否正常,变频器是否有输出频率 | 检查参数及变频器输出电压,注意变频器高低速不能使用同一个频率,否则可能会导致无法启动;如果输出电压在对应频率范围内,则检查电机是否有故障 |
| | | 输入段无法远程启动 | 观察柜内各元器件的状态 | 与本地无法启动的排查方式相同 |
| | | | 在 PSS 软件界面的最下面一行观察皮带柜的状态是否正常 | 如果软件上显示不在远程状态,则检查远程信号线和公共端保险丝是否熔断 |
| | | | 观察 PSS 界面是否出现报警信息 | 光电堵塞会导致皮带机无法启动,清除并复位后再次尝试启动。如果皮带机显示报警,但小电柜内没有相应的报警信息,则检查故障信号线是否正常连接 |
| | | 变频器报错 Fxxx/Errxxx | — | 查找对应的变频器手册,以找到故障原因和相应的解决方法 |
| | | 输入段需要修改速度 | — | 对于施耐德变频器,可以根据提供的速度参数自行设置。而对于汇川变频器,则需要联系技术支持在程序中修改 |

续表

| 故障区域 | | 现　象 | 分析或检查 | 处　理　方　法 |
|---|---|---|---|---|
| 输入段 | 汇川变频器 | 输入段无法远程启动 | 检查 485 通信线是否中断 | 检查变频器的 485 通信线是否按照图纸正确连接，并确保连接牢固。同时，检查 485 通信线路的首末 PLC 和最后一个变频器是否拨动了内置电阻。另外，还需要确认变频器参数 FD02 站号是否设置正确 |
| | | | 检查联动线是否接错 | 检查小电柜与主控柜之间的 3 根联动信号线是否连接正确，并确保公共端保险丝没有熔断 |
| 扇区 | | 扇区无法启动 | 检查主控柜内的扇区启动继电器是否吸合 | 若对应继电器吸合，则让 0001 和 0002 两个辅助触点连接到 14P 快插座的 10 号和 11 号点位。然后将扇区公共端和扇区启动两个接触点短接在一起启动扇区，若短接可以启动，则排查连接线是否松脱 |
| | | | 检查扇区驱动器是否没电 | 检查扇区 48V 供电是否正常。如果供电正常，则可以尝试拔掉 485 通信线并重启设备。如果仍然无法上电，则联系驱动器技术人员进行进一步的故障排除和修复 |
| | | | 观察驱动器红灯是否闪烁 | 参考对应驱动器手册，根据闪烁频率来排查故障 |
| | | 扇区无法停止 | 检查 IO 线束是否短接 | 将驱动器上方扇区端子排内的红黑两根线拔出，并使用万用表测量两端是否导通。如果导通，则说明线束存在短路或短接问题，需要更换线束 |
| | | 扇区反转 | 检查扇区 IO 线是否接错 | 扇区 IO 线为 6P 快插接头设计，其中靠近拨码的两根黑色线是公共端，针脚定义为 1、4。中间两根线是启动线，针脚定义为 2、5。外侧两根线是反转线，针脚定义为 3、6。需要注意的是，反转线是测试用线，不需要接上。只需要将端子上的延长线取出并做好绝缘恢复即可 |
| | | | 检查扇区驱动器是否没有对应接线 | 可以使用 PSS 上的调试模式来判断驱动器的信号线和动力线是否连接到对应的电滚筒上。在驱动器的侧面，都标明了每个快插口的含义，同组的线应该连接到同一个电滚筒上。为了验证接线的正确性，可以启动扇区，然后依次拔插 1 ～ 10 号霍尔信号线，并观察哪个电滚筒停止转动 |
| | | | 伺服扇区参数错误 | 修改方向参数 H02-02 |

| 故障区域 | 现　象 | 分析或检查 | 处 理 方 法 |
|---|---|---|---|
| 扇区 | 扇区报警 | 是否有驱动器报警 | 将疑似故障的线与已知正常的线成组对调。首先在驱动器端进行对调，如果报警现象转移，则说明是线或电机的问题；接着再将电机端进行对调，如果报警现象再次转移，则说明是线束问题。通过这种方式，可以更方便且迅速地判断故障所在 |
| | | PSS 软件误报，实际无故障 | 扇区 485 使用一根网线与 PLC 相连，网线一端压上水晶头插在第一个驱动器上，另一端拨开线头接在 PLC 端。对于汇川 PLC，白色线接 485+，橙色线接 485-，而对于欧姆龙 PLC，橙色线接 A，白色线接 B。需要注意的是，欧姆龙 PLC 接好 485 网线后需要在程序里面传送 485 控制单元 |
| | | 实际存在故障，但 PSS 软件漏报 | |
| | 扇区速度不对 | 电滚筒扇区设置错误 | 将驱动器上方扇区端子排内的红黑两根线拔出并短接在一起，观察速度是否变化。如果速度没有变化，则联系驱动器技术人员进行进一步的故障排除和修复 |
| | | 伺服扇区设置错误 | 检查伺服状态是否异常。如果伺服状态正常，则联系电气技术人员进行进一步的故障排除和修复 |
| 分离区 | 分离区模块不转 | 观察对应的伺服驱动器是否报警 | 如果驱动器有报警信息，则根据伺服手册中的报警代码和解决方案进行故障排除。如果没有报警信息，则检查模块底部的电机线是否掉落 |
| | 分离区模块反转 | 驱动器线束没有对应连接 | 由于模块结构的特殊性，控制伺服的速度为一正一负发送。如果发现有反转的模块，不要直接提起模块旋转。可以使用调试模式，并逐一轮询分离区中的模块，按照 1 ～ 40 的顺序进行正转测试，这样可以明显看出哪些模块转动的顺序不对。如果一组中的两个模块都反转，可以将对应的线成组对调。如果只有单个模块反转，可以修改参数 H02-02 来纠正旋转方向 |
| | 分离区速度不对 | 软件速度没有写入成功 | 先检查驱动器的分辨率设置是否正确。分离区的速度是由上位机软件写入的速度决定的，如果速度没有正确写入，需要重新写入。如果速度已经正确写入，但实际速度仍然不正确，则联系电气技术人员进行进一步的故障排除和修复 |
| | 分离区伺服报错 Exxx/ALxxx | — | 查找对应的伺服驱动器手册，找到故障原因及解决方法 |

续表

| 故障区域 | 现　象 | 分析或检查 | 处　理　方　法 |
|---|---|---|---|
| 居中段 | 居中机故障 | — | 与输入段检测方法相同 |
| 拉距段 | 拉距段本地不转 | 检查参数是否能够设到指定值 | 检查伺服参数 H03-02 和 H03-03 是否能够设到指定值。如果无法设到指定值，则说明驱动器没有刷底层，无法本地启动。此时需要联系厂家刷底层或更换伺服驱动器。如果没有刷底层而启动，则会报错 Er950，即正向超程警告 |
| | | 检查启动后，伺服面板是否显示 88rn 且其中的 n 是否在闪烁 | rn 是运行标志，n 闪烁说明电机的速度不为 0，此时需要检查减速机与电机的连接处是否固定好。此外，减速机的键槽与伺服电机的键要卡到位，确保不出现空转或者抱死现象 |
| | 拉距段远程不转 | 检查参数是否未设置 | 设置完参数后，需要重启才能使更改生效。如果重启后 88rn 状态变为正常，则说明设置成功 |
| | | 检查是否网线未插对 | 首先要确保主控柜内最后一个伺服的正常通信。将 OUT 端口连接至拉距伺服的 IN 端口，然后下载相应的程序，再重启生效 |
| | | 观察伺服驱动器是否报警 | 如果有报警，请按照手册中的报警代码进行故障排除。同时，检查编码器线和动力线是否连接正常且没有松动或脱落。大多数驱动器故障都是由于机身震动或环境因素导致编码器干扰引起的。针对这类问题，可以尝试重启系统来解决 |
| | 拉距段反转 | — | 修改参数 H02-02，通过将其值设定为 0 或 1，即可分别指定正转或反转 |
| | 拉距段转得慢 | — | 如果程序下载无误并且系统不报警，可以修改分辨率参数 H00-00 |
| | 拉距段动作不对，拉包效果不理想 | 检查光电挡位的安装位置，确保没有误触发 | 拉距光电使用的是对射光电，当 D 挡的黄绿灯亮起时，表明信号线接在转接柜中的 PS6 号线路。如果接错线，会导致不需要拉包操作的包裹被误判而执行拉包动作。拉距段的光电 PS6 应安装在距离拉距皮带机出口 600mm 的位置，此位置经过精确设定，不可随意更改，以避免因传感器位置不当或侧板晃动导致的误触发问题 |
| | 拉距柜指示灯和实际情况不一致 | 检查伺服参数是否正确 | H04-00=2 为电机运行指示，即电机正在运行 H04-02=11 为故障指示，即电机出现故障 |

续表

| 故障区域 | 现　　象 | 分析或检查 | 处　理　方　法 |
|---|---|---|---|
| 拉距段 | 拉距段需要修改速度 | — | 联系技术支持或电气技术人员，在程序中进行修改 |
| | 分离区伺服报错 Erxxx | — | 查找对应的伺服驱动器手册，找到故障原因及解决方法 |
| PSS 软件 | 右侧没有实时信息或实时信息不准确 | 居中入口光电和计数光电安装不标准 | 分离区出口的成功率由居中入口光电控制，而单件分离的成功率、数量、效率等信息则由计数光电提供。因此，需要确保光电处于正常的工作状态，即 D 挡黄绿灯亮起。此外，计数光电应安装在拉距段后一段皮带上距离入口 600mm 的位置 |
| | 控制系统断开 | IP 地址或网线连接不正确 | 网线的正确连接方式为 PLC 的第一个网口连接到交换机，再将交换机连接到工控机。此外，需要检查 IP 地址设置得是否正确，确保 PLC 的 IP 地址为 192.168.1.133，上位机的 IP 地址为 192.168.1.132。同时，检查其他网口的 IP 地址是否与 PLC 或上位机的 IP 地址冲突。如果有冲突，请将交换机上多余的网线拔掉。对于汇川 PLC，检查拨码开关是否处于"RUN"状态 |
| | 小电柜的状态与实际情况不一致 | 快插接头松了 | 检查分电柜与主控柜之间的快插线是否接好。确保所有电柜的状态都能在 PSS 界面下方观察到，以判断哪个分电柜出现了故障。在确认连接良好的情况下，检查参数设置是否正确。如果参数和连接线都没有异常，那么需要检查保险丝是否烧断。如果连接线接错，会直接导致保险丝熔断。此时，需要按照指导手册重新接线 |
| PLC | PLC 没电 | 没有通电 | 检查柜门上的系统开机旋钮是否打开，确保旋钮处于开启状态。检查是否有 24V 电压供应。此外，还需要检查 PLC 拨码开关是否拨到了"RUN"状态 |
| | 汇川 PLC 报错 | — | 查找对应的 PLC 手册，根据报错信息找到故障原因并进行相应的修复 |
| 单件分离 | 单件分离无法本地启动 | 观察所有分电柜的状态和元件状态是否正确 | 检查所有小柜子是否都处于远程状态，并确保已经排除了所有故障。只有在所有条件都满足的情况下，才可以启动系统 |

续表

| 故障区域 | 现　象 | 分析或检查 | 处 理 方 法 |
|---|---|---|---|
| 单件分离 | 单件分离无法本地启动 | 是否流水模式可以启动，分离模式无法启动 | 当旋钮切换到分离模式时，必须打开 PSS 软件才能运行系统。如果未打开 PSS 软件，系统会发出报警提示 |
| | | 观察所有光电的状态，确保它们的指示灯与实际工作状态相对应 | 确保接收端的黄绿灯在 D 挡下保持常亮状态 |
| | 单件分离无法远程启动 | 单件分离远程继电器故障 | 确保所有的小电柜和主控柜设置为远程模式。只有这样，远程继电器才能够吸合，从而允许进行单件分离的远程控制操作 |
| | | 单件分离远程控制正确，总包启动和允许供件线路故障 | 2KA1 和 2KA2 为总包启动和允许进入的信号，这两个信号需要同时给出才能启动单件分离功能。如果总包已经发送了信号但是系统没有收到，可以检查公共端是否连接到了主控柜的 24V- 上 |
| | | 总包收不到单件分离的远程信号和允许供件信号 | 检查 PLC 是否已经发出了远程信号和允许供件信号。如果 PLC 已经发出了这些信号，但是继电器没有吸合，可能需要更换继电器。如果 PLC 没有发出这些信号，需要进一步检查系统中是否存在故障 |
| | 设备报警代码显示为主回路欠压或过压 | — | 首先需要测量主回路电压是否正常，并检查线路是否连接正确。如果发现场地电压不稳定或经常断电导致报警，可以尝试单机重启来解决问题 |
| | 分电柜不启动或上电后一直处于启动状态 | 检查 PLC 面板是否有输出信号 | 在 PLC 无输出信号的情况下，应测量点位是否有电压输出。若输出点位长时间提供 24V 电压，则 PLC 的点位可能被击穿 |
| | 屯包供包效果差 | 检查光电 | 靠近扇区的是输入皮带 1，对应的一侧是皮带 1 光电接在转接柜线号 PS1 上。经常出现的问题是光电信号线接错位。屯包的逻辑如下：当扇区停止时，皮带 1 也停止；当皮带 1 停止且光电 1 被挡住时，皮带 2 停止；当皮带 2 停止且光电 2 被挡住时，允许进入信号消失 |

| 故障区域 | 现　象 | 分析或检查 | 处 理 方 法 |
|---|---|---|---|
| 单件分离 | 堵包 | — | 最新程序的堵包逻辑为：当居中及下游有包裹经过输入段时，不会触发堵包。但是，如果居中及下游连续15s没有包裹经过并且输入段的光电被挡住，就会触发输入段堵包。此时，蓝灯会闪烁并发出蜂鸣声。需要注意的是，有些设备堵包不可以自动复位，需要按下复位按钮才能重新启动输入端 |
| | 分离效果不好 | 相机误识别 | 首先需要遍历电机并检查每个模块是否按照正确的顺序轮询。如果发现电机正常，则可以联系负责相机维护的同事进行重新标定 |
| 光电 | 光电都没电 | 检查保险丝，并检查空开是否打开 | 光电保险丝位于主控柜内的 FU7 位置，但不同柜体的端子放置位置可能不同。可以通过测量其导通性来判断保险丝是否断开。如果导通性良好，那么问题可能出在 24V 开关电源上。如果24V 开关电源出现故障，PLC 和相机等设备都可能断电 |
| | 光电被堵住不报警 | 堵包停机功能没有启用 | 如果最新程序和上位机软件中增加了堵包停机功能，必须在软件上开启堵包停机功能，并在运行后堵包报警才会生效 |

## 8.3.3　摆轮设备常见故障及处理

一级故障包括以下几类。

故障 1：摆轮不寻零，其处理方法如表 8-19 所示。

表8-19　摆轮不寻零的处理方法

| 故障现象 | 检　查 | 处 理 方 法 |
|---|---|---|
| 伺服电机上电后，摆轮整组不寻零，或者一组不寻零 | （1）检查控制器拨码是否设置正确。<br>（2）检查伺服驱动器内参数配置是否匹配。<br>（3）检测不寻零的那一组 CN 控制线是否接错或没接，检查是否有错位接线，观察控制器脉冲口和方向口是否匹配伺服 DI&DO。将伺服驱动器调到脉冲检测界面，检测控制器是否有脉冲给到伺服驱动器 | （1）正常控制器一般是把第二位拨到 ON。<br>（2）使用伺服驱动器点动功能，检查电机是否转动，以判断电机与减速机的匹配度。<br>（3）初始化伺服控制器，并重新写入伺服参数。<br>（4）更换伺服动力线与伺服编码器线，确定伺服电机与伺服控制器的连接完好 |

故障2：摆轮在寻零过程中卡死，导致伺服驱动器触发报警，其处理方法如表 8-20 所示。

表8-20　摆轮寻零的处理方法

| 故障现象 | 检　　查 | 处 理 方 法 |
|---|---|---|
| 摆轮寻零的时候出现卡死状态，导致伺服驱动器触发报警 | （1）检查摆轮本体上的接近开关的位置是否正确，或者是否需要挪动位置来确保其正常工作。<br>（2）检查连接到摆轮本体的接近开关信号线是否存在虚接、错位或接错端子等情况。<br>（3）检查限位开关是否损坏，检测限位开关线上有无高电平信号。<br>（4）检查电机的接入顺序是否正确。<br>（5）检查光电接入顺序是否正确。<br>（6）检查脉冲顺序是否正确 | 首先使伺服驱动器进入点动模式，然后点动驱动器，观察摆轮本体上哪一排的单元在转。如果点动的驱动器和对应的电机不匹配，可能需要更换动力线及编码器线。如果匹配，则检查一下限位开关，确保限位开关和控制器接入点相符合。<br>（1）按顺序拔掉控制器上的脉冲线插头或断开 24V 供电。<br>（2）关掉伺服使能参数，然后进入伺服点动模式，从左至右对伺服进行点动操作，观察摆轮上几组单元的动作是否与运行线从前往后的顺序相符。如不符合，需要检查伺服电机和伺服驱动器的线缆连接顺序，确保一一对应，符合伺服驱动器的排列顺序为从左到右，单元摆动电机的顺序为从前往后。<br>（3）断开伺服供电，恢复控制器 24V 供电。<br>（4）将摆轮顺着运行方向的几组单元，一一手动转动到到接近开关感应到的位置，观察电柜信号是否依次被激活，若顺序不一致，需要检查接近开关接入回路。<br>（5）恢复伺服和 24V 的全部供电 |

故障3：伺服驱动器出现 Er.740 报警，其处理方法如表 8-21 所示。

表8-21　伺服驱动器报警的处理方法

| 故 障 现 象 | 检　　查 | 处 理 方 法 |
|---|---|---|
| 伺服驱动器出现 Er.740 报警，经过检查发现是由于电机内部编码器的光源失效，导致位置反馈异常 | 采用编码器校验工装对编码器的各个通道信号进行系统检测，结果显示，编码器的 M、N、S 3 个码道的信号幅值都为 0，这说明是在光电转换方面出现了失效，编码器的 MCU 没有收到正确的包含位置信息的电信号。进一步测量发现，光电池运行正常，运算放大器及辅助电路也工作正常 | 在检查光源供电电路时发现，虽然电压正常，但发光二极管不亮。在这种情况下，首先检查发光二极管的连接线路和插头是否松动或接触不良。如果连接线路和插头没有问题，可以更换发光二极管。在更换发光二极管后，重新上电并启动编码器。观察编码器是否能够正常工作 |

故障4：启动时整台摆轮不转，其处理方法如表 8-22 所示。

表8-22 整台摆轮不转的处理方法

| 故障现象 | 检 查 | 处 理 方 法 |
|---|---|---|
| 启动时整台摆轮不转 | (1)检查48V电源是否有电及是否有输出电压。<br>(2)检查48V电源的正负极线路是否连接正常。<br>(3)检测48V电源输出的电压是否在48V±1%范围内。<br>(4)检查本地与远程控制线的连接是否正确,确保没有接反。如果系统设置为远程控制,确保在按启动按钮时处于正确的远程模式 | 如果48V电源输出的电压超过了48V±1%的范围,则更换48V电源;对照图纸把相应的线标接到相应的位置 |

故障5:远程启动无响应,其处理方法如表8-23所示。

表8-23 远程启动无响应的处理方法

| 故障现象 | 检 查 | 处 理 方 法 |
|---|---|---|
| 远程启动无响应 | (1)首先确认本地状态下的运行情况。将旋钮切换到本地模式,尝试启动摆轮,观察其是否能正常转动,然后操作停止,尝试左摆,以验证左摆功能是否正常。如果上述操作都正常,则排除本地信号线的问题。<br>(2)在远程启动时,查看远程启动继电器和远程加速继电器是否吸合。如果没有吸合,则检查从主控制柜到摆轮电柜的远程信号线。<br>(3)检查电柜面板上的旋钮是否在远程状态。<br>(4)检查远程启动信号线是否存在接触不良的情况 | 使用万用表测量远程启动信号线是否有高电平信号。如果没有,则检查主控制柜;如果有,则强制启动远程继电器。如果远程继电器在强制启动下可以转动,而且远程信号线上有24V电压,则需要检查继电器底座的信号线是否松动 |

故障6:电机过载或驱动器过载,其处理方法如表8-24所示。

表8-24 电机过载或驱动器过载的处理方法

| 警 报 原 因 | 检 查 | 处 理 方 法 |
|---|---|---|
| 电机和编码器接线错误 | 检查电机的U、V、W接线以及编码器的接线 | 参照说明书正确接线 |
| 电机动力线断线或接触不良 | (1)检查电机动力线与驱动器之间的连接是否可靠。<br>(2)检查动力线与电机之间的接头是否可靠连接,特别关注使用塑胶接插件的连接点 | (1)紧固螺钉,排除接触不良、线缆压接不良等问题。<br>(2)固定接头,使其不会晃动或受到外部拉力的影响。<br>(3)检查插头内的簧片有无变形等情况,如有需要,进行修正或更换 |

续表

| 警 报 原 因 | 检 查 | 处 理 方 法 |
| --- | --- | --- |
| 控制参数设定不当 | （1）观察机械是否存在震荡现象，同时注意电机是否有异常响声。<br>（2）检查加减速的设定是否过快 | （1）调整位置和速度的增益值。<br>（2）延长加减速时间 |
| 驱动器或电机故障 | 排除上述问题 | 送经销商或原厂检修 |

二级故障如下。

故障：启动时，个别摆轮单元反转，其处理方法如表 8-25 所示。

表8-25　个别摆轮单元反转的处理方法

| 故 障 现 象 | 检 查 | 处 理 方 法 |
| --- | --- | --- |
| 启动时，个别摆轮单元反转 | （1）检查摆轮单元是否装反。<br>（2）检查摆轮单元的插头相序是否混乱 | 如果发现摆轮单元装反，应拆掉摆轮单元，并将其方向调整正确后重新安装 |

三级故障如下。

故障：启动时，个别摆轮单元不转，其处理方法如表 8-26 所示。

表8-26　个别摆轮单元不转的处理方法

| 故障现象 | 检 查 | 处 理 方 法 |
| --- | --- | --- |
| 启动时，个别摆轮单元不转 | （1）检查是否有异物卡住电滚筒。<br>（2）对于不转的单元，检查其与驱动器之间的连接是否正常，并进行对调测试 | （1）如果发现有异物卡住摆轮，应立即清除异物并重启摆轮。<br>（2）如果不转的单元或驱动器在对调后仍然无法正常工作，需要更换损坏的摆轮单元或驱动器 |

出现故障时的注意事项如下。

（1）在编织袋或异物卡入机器中时，避免用力拉扯，可以借助工具进行清理。

（2）不得带电拆卸或插拔电气元器件，避免电气元器件损坏。

（3）在单元卡住无法正常移动时，切勿用力敲击，否则会导致支架变形。

（4）在进行摆轮的维护或维修工作时，需要将上位机的急停按钮按下，或者切断整条线的电源。

# 第 9 章

# 窄带分拣机的调试与运维

本章将介绍窄带分拣系统的调试与运维。窄带分拣机的调试与运维主要包括系统各机械部件和运行装置的安装与调试、运营与维护，以及常见故障的处理等方面的内容。在安装与调试部分，系统机械关键部件的安装与调试是整个系统的基石，也是保证系统正常运行的必要条件。同时，对各运行装置进行运营与维护是确保分拣系统各分拣功能得以实现的重要保障，使系统能够按照工程师的设计方案准确运行。在常见故障的处理方面，本章列举了系统运行中可能出现的常见故障，并提供了相应的故障排查方法和解决方法。这些方法旨在帮助现场技术员快速定位故障点，及时解决问题并恢复现场分拣系统的运行，以确保系统的生产效率。

## 9.1 安装与调试

系统机械关键部件的安装与调试主要包含定位点选定和龙门架安装，48V 供电滑触线安装，异步电机及永磁直线电机安装，端部供包皮带机安装及相关参数设置，窄带结构传动链安装，小车车载和集电臂安装，MOXA、Korenix、光通信安装，光电和急停按钮的安装及接线。

### 9.1.1 定位点选定和龙门架安装

#### 一、定位点选定

定位点选定的步骤如下。

（1）根据机械规划图给出的定位点，标记主线入口端第一个龙门架的中心位置。

（2）使用墨斗以第一个龙门架的中心位置为起点，弹出主线的中心线。

（3）以第一个龙门架的中心位置为起点，标记出每个标准龙门架的中心位置。然后，使用墨斗基于这些中心点弹出一条垂直于中心线的直线。

（4）根据设计规定，向中心线的两侧各偏移规定尺寸，使用墨斗弹出两条平行线，这两条线即为地脚螺栓的定位线。

（5）将龙门架底座放置在垂直线的相应位置上，然后根据底座上的孔位，标记出需要打孔的位置。

## 二、龙门架安装

龙门架的安装步骤如下。

（1）使用冲击钻，根据之前标记的地脚螺栓孔的位置，打出对应的孔。

（2）安装龙门架的高度调节螺栓，确保螺栓露出地面的高度为50mm。

（3）使用木槌调整底座，确保底座上的孔位与地面的孔对齐。然后，使用铁锤和铁杆将膨胀螺丝钉入地面孔中。最后，用扳手轻轻拧紧螺母。

（4）将龙门架放入脚套内固定。

（5）将Bosch GOL 32D Professional水平仪调至水平状态，并将磁性底座高度尺放置在支架上。通过观察水平仪上的标线在高度尺上的读数，每隔一个架子读取一个数值，先读取6个高度数值，然后计算平均值，该平均值即为最终需要调整的高度值。接下来，通过拧动支架底部的M12螺钉，逐个将支架的高度调整到均值。

**提示**：调整水平仪的方法：首先确保支脚稳固地立起，然后调节水平仪上的3个高度调节螺钉，使水准泡位于液腔中央。转动180°后，如果水准泡仍然位于中央位置，则表示调整完成。调整完成后，不允许移动支架。

水平仪位置变更方法：在某些情况下，由于场地上有遮挡物，可能需要改变水平仪的位置。此时，需要先记录当前支架的高度读数，然后移动水平仪到新的位置，并重新读取高度读数。接下来，计算高度差值，并根据这个差值确定在新位置上应调整的高度值。

## 9.1.2　48V供电滑触线安装

### 一、线槽及支架安装

线槽及支架的安装步骤如下。

（1）对于主线和滑触线的支架，确保直线度在±2mm的容差范围内，并且必须保持水平。

（2）将48V供电滑触线线槽放置在主线运行方向的左侧。

（3）手动为滑触线线槽开设穿线孔，并安装波纹管接头。

**注意**：在安装过程中，确保所有螺栓都加上弹簧垫圈，并打紧。同时，支架和长板呈几字朝下放置。

### 二、喇叭口安装

喇叭口的安装步骤如下。

（1）根据电气布局图确定喇叭口的安装位置。

（2）对滑触线的铜线端部进行打磨，然后将其紧密地顶入机头喇叭口的三极槽内。在这个过程中，要特别注意，铜线与喇叭口接触面之间不能有间隙、台阶或毛刺存在。

（3）确保长板呈"几"字形朝下放置，然后将机尾喇叭口的三极固定，同时确保滑触线护套紧密地顶在喇叭口的三极槽内。

### 三、固定架及提挂夹安装

固定架及提挂夹的安装步骤如下。

（1）根据电气布局图确定固定夹和提挂夹的安装位置。

（2）在滑触线起始位置的第一个和最后一个提挂夹前后 250mm 处，分别安装一组固定夹。此外，在每两根滑触线连接的接头前后 250mm 处，也各安装一组固定夹。

（3）从入口喇叭口的滑触线端头开始，每隔 500mm 放置一个提挂夹三极，一直延伸到尾部。

### 四、滑触线接头绝缘护套安装

滑触线接头绝缘护套的安装步骤如下。

（1）将接头与母片护套的凹槽对齐，逆时针旋转接头使其旋入护套的凹槽内。

（2）接头旋入凹槽后，用双手轻轻按压护套的两端，使外壳卡入两端的浅槽内。

（3）公片的安装步骤与母片的相同。

（4）将两片护套对齐，用力按压，使两片护套相互扣合，确保主卡和两端的辅卡都能牢固地卡入位。

（5）两片护套相互扣合后，用双手推动滑触线的外壳，使其顶到接头的端部。

### 五、48V 电柜安装

48V 电柜的安装步骤如下。

（1）将 220V 输入端的 PE 线并联到 48V 输出端的负极。

（2）接线完成后，使用绝缘胶带将裸露的金属部分包裹好，以防止短路或误碰。

（3）在完成所有接线后，将 48V 开关电源和车载 48V 保护器的空开都接通。然后使用万用表测量空开 48V 正负之间的电阻是否约为 60Ω。如果阻值异常，切勿通电，而应仔细检查线路。

## 9.1.3 异步电机及永磁直线电机安装

### 一、异步电机接线

在分拣现场的异步电机如图 9-1 所示。异步电机的接线步骤如下。

（1）将异步电机组装在窄带分拣机的机尾单元处。

（2）异步电机的接线盒内包含三相电源输入（标识为 U1、V1、W1）和接地保护线（PE），确认抱闸功能已启用（AC 220V）。

图 9-1 窄带分拣系统的异步电机

（3）对于抱闸的接线，使用 RVV2* 0.75 两芯线将图 9-1 中的红色线和蓝色线连接到黄色接线端子的 1 号和 2 号引脚上，然后接入控制柜内的 X112-4/5 端子。

（4）对于三相四线电源的接线，使用 RVV5*65 芯线将图 9-1 中的灰色、黑色、棕色和黄绿色线接入控制柜内的 X112-1/2/3/PE 端子，注意只使用其中 4 芯线，将多余的一芯线移除。

## 二、异步电机变频器（施耐德）参数设置

图 9-2 中的左侧为施耐德异步电机变频器，右侧为永磁直线电机变频器。

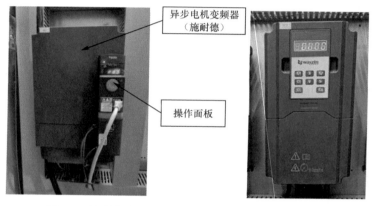

图 9-2　施耐德异步电机变频器和永磁直线电机变频器

施耐德异步电机变频器菜单栏如表 9-1 所示，可根据菜单栏修改相应的参数。

表9-1　施耐德异步电机变频器菜单栏

| 菜　　　单 | 代码 | 说　明 | 设　　　置 |
| --- | --- | --- | --- |
| Conf → full → SIN | ACC | 加速时间 /s | 10 |
| | DEC | 减速时间 /s | 5 |
| Conf → full → con → ndl | Add | Modbus 地址 | 2 |
| | TBR | Modbus 波特率 | 38400 |
| | TFO | Modbus 格式 | 8N1 |
| | TTO | Modbus 超时 | 10 |
| Conf → full → ctl | Frl | 集成的 Modbus | Ndb |
| | CHCF | 隔离通道 | 长按 SEP 按钮 5s，直到指示灯停止闪烁 |
| | cdl | 端子排 | tEr |
| Conf → full → DRC | nrd | 电机噪声抑制 | YES |
| Conf → full → fcs | GFS | 恢复出厂设置 | 当需要恢复出厂设置时，将选项设置为 YES |

将异步电机改为手动模式的操作步骤如下。

（1）先将异步电机接线盒处已连接好的 DI1 和 COM 线拆下。然后，使用一根两芯线，将一端的红色线和蓝色线分别连接到 DI1 和 COM 上，将另一端的红色线

和蓝色线分别连接到备用急停按钮的常开触点和 COM 上。这样，按下按钮即可启动异步电机，松开按钮则停止异步电机。

（2）当需要使用内部 24V 电源时，将拨码开关 SW1 设置为"Sink Int"挡位。

（3）将"Frl"设置为"LCC"，然后断电重启以完成配置。在开机后，手动逆时针旋转旋钮，将频率设置为 7。

将异步电机改回自动模式的操作步骤如下。

（1）将 DI1 和 COM 线恢复为最初的接法。

（2）当需要使用外部 24V 电源时，将拨码开关 SW1 设置为"Source"挡位。

（3）将"Frl"设置为"Ndb"，然后断电重启以完成配置。

### 三、永磁直线电机安装

永磁直线电机的安装步骤如下。

（1）按照图纸要求，将每 3 台永磁直线电机作为一组，安装在窄带机线体内部。

（2）永磁直线电机的接线盒内包含三相电源输入（标识为 U1、V1、W1）和接地保护线（PE），以及电机热保护线（通 DC 24V）。通常情况下，3 台永磁直线电机会接入同一个并线盒中，以方便接线到分控柜。

永磁直线电机变频器的参数设置如图 9-3 所示。

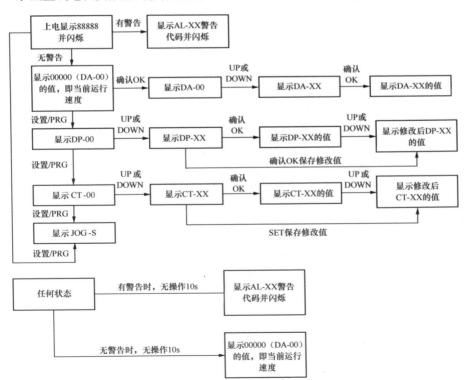

图 9-3 永磁直线电机变频器的参数设置

在对永磁直线电机的变频器进行具体设置时，需要考虑多个参数，合理设置这些参数可以确保永磁直线电机在工作过程中具有更好的性能和稳定性。具体的永磁直线电机变频器设置如表 9-2 所示。

表9-2　永磁直线电机变频器设置

| 显　示 | 参　数　名　称 | 含义及范围 | 默认值 | 单位 |
|---|---|---|---|---|
| PA-00 | 保留 | 保护密码 | 0 | — |
| PA-08 | 速度环 KP | 比例增益，范围为 0～9999 | 5000 | — |
| PA-09 | 速度环 KI | 积分增益，范围为 0～9999 | 300 | — |
| PA-13 | 故障输出口电平选择 | 0: 高有效；1: 低有效 | — | — |
| PA-14 | 运行线速度 | 设定运行线速度，范围为 50～500 | — | cm/s |
| PA-15 | 驱动器主从模式 | 0: 主模式，用于接收上位机 PLC 的速度设置，并与其他从驱动器进行通信<br>1: 从模式，用于接收主驱动器的通信指令 | 0 | — |
| PA-16 | 当前驱动器通信地址 | 主驱动器设置为 155；从驱动器按顺序设置为 156～160，不能重复 | 155 | — |
| PA-17 | 从驱动器个数 | 主驱动器设置此参数，从驱动器设置为 0 | 0 | — |
| PA-18 | 霍尔传感器角度偏移量 | 默认值，一般不需要修改 | 0 | — |
| PA-19 | 电机数量 | — | 3 | — |
| PA-26 | 补偿角度 | — | 52 | — |
| PA-27 | 达到正常运行速度加速时间 | 达到正常运行速度的加速时间，范围为 1～20s | 5 | s |
| PA-28 | 正常停机时的减速时间 | 正常停机时的减速时间，范围为 1～20s | 10 | s |
| PA-29 | 急停减速时间 | 急停时的减速时间，范围为 1～10s | 2 | s |
| PA-30 | 正常扭矩增减时间 | 正常运行时，扭矩从 0 增加到最大值所需的时间，范围为 10～2000ms；正常停机时，扭矩从最大值减小到 0 所需的时间，范围为 10～2000ms | 100 | ms |
| PA-31 | 急停扭矩增减时间 | 急停时，扭矩从 0 增加到最大值或从最大值减小到 0 所需的时间，范围为 10～2000ms | 10 | ms |
| PA-32 | 速度滤波系数 | 数值越大，滤波越深，范围为 0～7 | 0 | — |
| PA-34 | 电流最大值 | 额定值 260 | 260 | — |

以下是主控制板参数设置（第一台变频器）。

PA-00：设置为 11。

PA-08：设置为 2000。

PA-09：设置为 300。

PA-13：设置为 1。

PA-14：设置为 50cm/s。

PA-15：驱动器主从模式，主驱动器设置为 0，从驱动器设置为 1。

PA-16：当前驱动器通信地址为 155。

PA-17：从驱动器个数。

PA-18：一般为 80。

PA-19：默认为 3。

PA-26：设置为 52。

PA-27：设置为 15s。

PA-28：设置为 10s。

PA-29：设置为 2s。

PA-30：设置为 1000ms。

PA-31：设置为 10ms。

PA-32：速度波动过大时，逐步增加可减小波动，最大为 7，默认为 0。

PA-34：电流最大值限制，默认为 260。

以下是从控制板参数设置（除第一台以外的变频器）。

PA-00：设置为 11。

PA-08：设置为 2000。

PA-09：设置为 300。

PA-13：设置为 1。

PA-14：设置为 50cm/s。

PA-15：驱动器主从模式，主驱动器设置为 0，从驱动器设置为 1。

PA-16：当前驱动器通信地址，为当前驱动器的编号，如第 2 台变频器的通信地址为 156，第 3 台变频器的通信地址为 157，以此类推。

PA-18：一般为 80。

PA-19：默认为 3。

PA-26：设置为 52。

## 9.1.4 端部供包皮带机安装及相关参数设置

### 一、端部供包皮带机安装

端部供包皮带机安装位置如图 9-4 所示。

端部供包皮带机的安装步骤如下。

（1）端部供包皮带机应安装在窄带机机头单元的前侧。

（2）在端部供包皮带机的侧面护板上，安装一组对射光电（1 号光电），具体位置按照电气布局图所标注的位置进行放置。

（3）采用电滚筒驱动的端部供包皮带机的接线方式如图 9-5 所示。其中，6 芯

线包含 4 根电源线（U/V/W/PE）和两根正 / 反转启用线（正转时需要将图中的黄线
与棕线短接，反转时则不需要短接，只需包好线头即可）。

图 9-4　端部供包皮带机安装位置 　　　图 9-5　端部供包皮带
机接线方式

### 二、电滚筒驱动变频器参数设置

台达变频器（VFD022EL43W）的参数设置如表 9-3 所示。在接线完成后，可
以通过变频器表面的操作面板进行参数设定。完成参数设定后，需要使用测速仪将
端部供包皮带机的速度调整到与窄带机的主线速度相同的状态。

表9-3　台达变频器（VFD022EL43W）参数设置

| 参 数 名 称 | 参 数 码 | 初 始 值 | 设 定 值 |
|---|---|---|---|
| 最高操作频率设定 | 01.00 | 60.00 | 80.00 |
| 第一加速时间设定 | 01.09 | 10.00 | 2.00 |
| 第一减速时间限定 | 01.10 | 10.00 | 2.00 |
| 第一频率指令来源设定 | 02.00 | 0 | 4 |
| 运转指令来源设定 | 02.01 | 0 | 2 |
| 电机停车方式选择 | 02.02 | 0 | 1 |

### 三、伺服控制器参数设置

伺服控制器（EA180-013-3B）的参数设置如表 9-4 所示。在完成伺服接线后，
可以通过伺服控制器的操作面板进行参数设定。完成参数设定后，需要使用测速仪
将端部供包皮带机的速度调整到与窄带机的主线速度相同的状态。

表9-4　伺服控制器（EA180-013-3B）参数设置

| 参 数 名 称 | 参 数 码 | 初 始 值 | 设 定 值 |
|---|---|---|---|
| 控制模式选择 | P0-00 | 1 | 0 |
| 电机旋转方向 | P0-01 | 0 | 0（逆时针旋转）<br>1（顺时针旋转） |

续表

| 参 数 名 称 | 参 数 码 | 初 始 值 | 设 定 值 |
|---|---|---|---|
| 速度指令源 1 选择 | P2-00 | 0 | 0（不变） |
| 数字速度给定 1 | P2-01 | 100（范围为 -30000 ~ 30000） | 根据皮带机所需速度调整 |
| 速度 S 型加速时间（$T_{SACC}$） | P2-04 | 200（范围为 1 ~ 65535） | 根据皮带机所需调整 |
| 速度 S 型减速时间（$T_{SDEC}$） | P2-05 | 200（范围为 1 ~ 65535） | 根据皮带机所需调整 |

## 9.1.5　窄带结构传动链安装

### 一、链条式窄带结构传动链安装

链条式窄带结构传动链的安装步骤如下。

（1）将两侧链轮对齐并安装在上轨道上，并在端部安装一辆小车，如图 9-6 所示。从机头处开始，将链轮推入轨道中，每隔 10 ~ 15 辆小车的距离安装一辆小车来支撑链轮。此外，每隔一辆小车，需要拆除一个横向导向轮，以确保链条能够平稳地运行。

（2）将链轮一段一段地拼接起来，确保两侧链条同步，且没有跳齿的情况出现。在机头的缺口处，将链轮形成闭环。

（3）调整机尾两侧螺母，使链条保持适当的张紧程度。调整好之后，将螺母锁紧以确保链条不会松动。

### 二、链板式窄带结构传动链安装

链板式传动链和小车总成，由左右两侧的链板和分拣小车组成，如图 9-7 所示，它们是主线核心的传动输送装置。

图 9-6　小车链轮

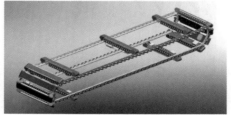

图 9-7　链板式传动链与小车总成

链板式窄带结构传动链的安装步骤如下。

（1）将行走轮螺栓、行走轮、轴套、链板和关节轴承组装在一起。

（2）将另一块链板、弹性垫圈、螺母组装在一起。注意，需要在螺纹部位涂上螺纹胶，并且不要过度锁紧螺母，以便后续的调节。

（3）依次连接所有链板，完成拼接。

## 9.1.6　小车车载和集电臂安装

### 一、电器布局图——主要器件布置说明

电气部件数量的计算规则如下。

（1）小车控制器数量 = 小车数 /40，小数部分直接进 1。

（2）车载断路器数量 = 集电臂（或碳刷）数量，具体的数量需要参考每个项目的窄带机小车布局图来确定。

（3）48V 电源数量 = 窄带标准轨道数量 /2.5，小数部分采用四舍五入制。

需要注意的是，实际数量和位置应根据规划布局图来确定。

### 二、小车控制器和驱动器拨码说明

（1）小车控制器和驱动器（见图 9-8）采用的拨码方式是等比数列的形式，从第一位到第七位的拨码分别代表数值 1、2、4、8、16、32、64。一个控制器可以控制 40 辆小车，即一组小车的驱动器。同一组内的小车分为前 20 辆和后 20 辆两段，每段都按照 1 ~ 20 的顺序进行拨码。

（2）根据小车表面所印编号进行操作。"**"代表的是小车控制器的编号，"##"代表此小车是当前小车控制器中的第几段（1 或 2），"△△"代表此小车是"**"小车控制器中的第"##"段的第"△△"号小车，也就是小车驱动器所要拨的编号，如图 9-9 所示。例如：07-1-06，07 代表的是第七组小车控制器，7=4+2+1，对应车载控制器的第 1、2、3 位拨码拨至 ON 状态，1-06 代表的是第七组小车控制器中第一段小车的第六辆小车，6=4+2，对应小车驱动器拨码的第 2、3 位拨至 ON 状态。

图 9-8　小车控制器和驱动器

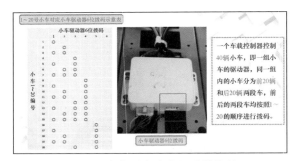

图 9-9　小车对应小车驱动器拨码

### 三、车载电气安装规范——车载通信布线（CAN 总线）说明

车载 CAN 总线（见图 9-10）的设计是将每 40 辆小车划分为一组，每组内的小车再分为前 20 段和后 20 段。

车载控制器的通信线采用开环式手拉手的结构，即除了最后一组与第一组断开外，其余都是连接在一起的。前一组的尾端通信线有 3P 母头连接器，当前组的控制器处有 3P 公头（即起始位置）。在接线过程中，需要将前一组的尾端 3P 母头与

当前组通信线的 3P 公头连接器对插。对于第一组小车控制器，需要在 CAN 线的起始位置上并联一个 120Ω 的电阻，将其加在红蓝线之间。安装完成之后，务必使用焊锡将其焊接牢固，并用绝缘胶带将处理过的地方包裹好。最后一组的 CAN 线结束位置也需要按照第一组的方式进行处理，同样并联一个 120Ω 的电阻。5557-6P 连接器应插入车载控制器紧挨网口的 CAN 线接口，如图 9-11 所示。

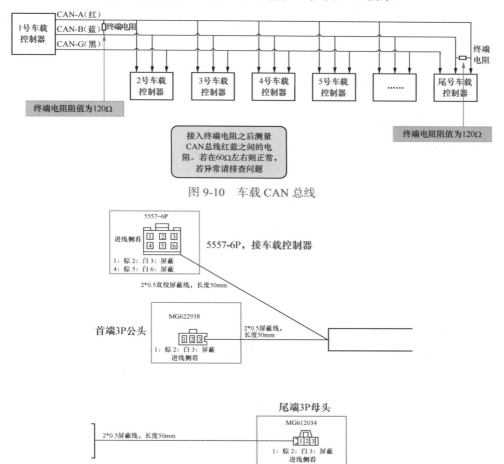

图 9-10　车载 CAN 总线

图 9-11　车载控制器的通信连接方式

## 四、车载电气安装规范——车载通信布线（485 通信线）说明

车载 485 通信线的接线设计规定，每 40 辆小车划分为一组，同一组内再分为前 20 段和后 20 段。车载控制器共有两个 485 通信接口，分别为 A2、B2、G2 和 A3、B3、G3。其中，A2、B2、G2 连接到当前小组前段的第 20 辆小车的驱动器的 485 接口；A3、B3、G3 连接到当前小组后段的第 1 辆小车的驱动器的 485 接口。这些连接通过车载 485 通信线实现，如图 9-12 所示。

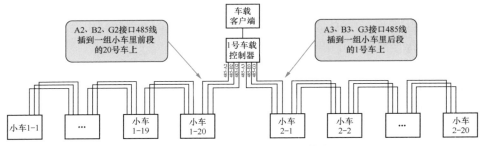

图 9-12 车载通信布线（485 通信线）

需要注意的是，驱动器的 485 通信线采用手拉手串联的形式。不同的车载控制器所管理的小车之间互不相连。同一个车载控制器所控制的前段的 20 号车与后段的 1 号车之间必须断开连接。此外，不同组或不同段的驱动器之间也不可连接 485 通信线。

## 五、车载电气安装规范——集电臂电气接线规范

按照以下步骤安装两组集电臂。

（1）集电臂线束固定。调整集电臂引出线弯曲部分的长度为 15cm，并用扎带固定。

（2）安装集电臂。将集电臂与集电臂底座组装后安装到对应小车上。

（3）集电臂引出线固定。将集电臂引出线进入空开盒的部分用扎带固定在碳刷支架上，确保线束之间没有交叉干涉。

（4）集电臂及空开盒接线。靠近空开侧的集电臂应为 48V+，将该碳刷引出线接至空开的正极（引脚 1–），将另外一个集电臂接至空开的负极（引脚 3+）。将空开另一侧的引脚（2+）接至电源接线盒的 48V+（棕色线），将 48V–（蓝色）与地线（黄绿色）并在一起接至空开的引脚（4–）上，将另一端接至电源接线盒的 48V– 和地。

（5）集电臂水平效验。使用水平仪调整集电臂位置，要求集电臂的中心线与导入喇叭口的中心线平齐。

（6）将碳刷片更换成碳刷磨损块，并打磨滑触线内部后，再安装其余集电臂。注意，48V 保护器和碳刷的实际位置应根据《窄带机小车安装规则》表进行安装。

## 六、主线电气安装规范——48V 电源接线

48V 电源采用 220V 供电，因此使用的线缆规格为 RVV3*4。线缆标识牌上标有 * 号，表示该电源为 48V 电源，* 代表的是 48V 电源的序号。电源线为 3 芯线，颜色分别为棕色、蓝色和黄绿色，分别对应连接到 48V 电源的三相电和地线上，对应的线号分别为 48V-L1、48V-N1 和 PE。在电源端接线时，需要使用 Y 型端子进行压接；而在主控柜端接线时，需要使用 E4012 针型端子进行压接。

48V 电源信号采用的线缆规格是 RVV2*0.75，线缆标识牌上标有 * 号，表示该信号为 48V 信号，* 代表的是电源的序号。信号线为两芯线，颜色分别为棕色和蓝色。一端与 48V 电源的报警信号延伸线通过压线帽进行短接，另一端接到主控柜的

PLC 输入端和 24V-GND 端子排上。两根线对应的线号为棕色为 24V-BH*，蓝色为 BH*-IN。在主控柜端接线时，需要使用 E7508 针型端子进行压接。

48V 电源的直流输出端连接到轨道上安装的空开上，采用的线缆规格为 RVV3*10。线缆颜色分别为棕色、蓝色和黄绿色，分别对应连接到电源的 48V、0V 和地线上。在电源端使用 SC10-8 的 O 型端子进行压接，另一端剥线后直接连接到空开内。

## 9.1.7　MOXA、Korenix、光通信安装

### 一、MOXA 无线通信安装

准备材料：MOXA- 客户端型号为 AWK-1137C-EU、MOXA-AP 型号为 AWK-413A-EU-T。此外，还需要准备电烙铁、焊锡、3 芯电源线、24V 转换电源（型号为 SD-25C-24）、网线（长度根据实际需求确定）以及固定件，安装示意图如图 9-13 所示。

MOXA- 客户端的安装步骤如下。

（1）在小车上，依次安装驱动器支架、客户端支架和线束支架。

（2）在客户端支架下方安装窄带专用车载控制器主盒（NVCS101AG-M）。

MOXA-AP 的安装步骤如下。

（1）根据电气布局图所标记的位置，将 MOXA-AP 安装在小车上。

（2）按照接线点位进行 MOXA-AP 电源线的接线。在焊接时，使用电烙铁焊接焊点，并确保焊点周围的焊锡清理干净，以防止焊点与其他点位发生短接造成短路。

（3）在焊接电源线时，先焊接接地（GND）点位，然后再焊接其他点位。

（4）将 MOXA-AP 的电源线和网线套上 AD15.8 或 AD21.2 的波纹管后，再接入线槽。

MOXA-AP 接线效果图如图 9-14 所示。

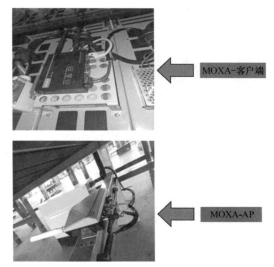

图 9-13　MOXA 无线通信安装示意图　　　图 9-14　MOXA-AP 接线效果图

## 二、Korenix 无线通信安装

准备材料：Korenix- 客户端型号为 JetWave 2211X、Korenix-AP 型号也为 JetWave 2211X。此外，还需要准备 3 芯电源线、24V 转换电源（型号为 SD-25C-24）、网线（长度根据实际需求确定）以及固定件。安装示意图如图 9-15 所示。

Korenix- 客户端的安装步骤如下。

（1）在小车上，依次安装驱动器支架、客户端支架和线束支架。

（2）将客户端支架安装在小车的中间位置，并在支架下方安装 Korenix- 客户端（车载线将从 Korenix- 客户端支架上方走线）。

Korenix-AP 的安装步骤如下。

（1）根据电气布局图所标记的位置，将 Korenix-AP 安装在小车上。

（2）按照接线点位进行 Korenix-AP 电源线的接线。

图 9-15　Korenix 无线通信安装示意图

## 三、光通信安装

准备材料：光通信发射器支架、光通信发射器、DC 24V 电源、二进制拨码器、CAN 线、波纹管、扎带。光通信与小车驱动器的位置模型和光通信接线方式如图 9-16 和图 9-17 所示。

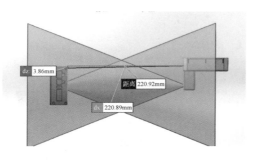

图 9-16　光通信与小车驱动器的位置模型

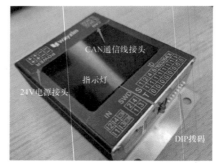

图 9-17　光通信接线方式

光通信发射器的安装步骤如下。

（1）在横梁上安装专用的光通信发射器支架。

（2）确保支架上的光通信发射器与小车驱动器接收端的距离为 21 ～ 23cm。

（3）使用波纹管包裹 CAN 线，并用扎带固定在横梁上。

（4）根据发射器的品类，将光通信发射器竖直或倾斜 10° 安装在发射器支架上。

## 9.1.8 光电和急停按钮的安装及接线

### 一、光电安装

（1）车载电气安装规范——复位光电。

复位光电为镜面反射光电，光电型号为 GL6-P1112。复位光电的挡位选择 D 挡位（暗通），其安装步骤如下。

1）将光电挡板安装在 21 号小车上，具体位置为该车的光电挡板安装支架上，如图 9-18 所示。

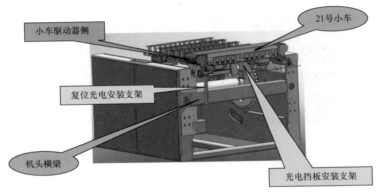

图 9-18　复位光电安装示意图

2）将复位光电安装在机头横梁的光电安装支架上，使用 M3 螺丝和平垫圈进行固定。

3）调整 21 号小车的位置，确保复位光电与光电挡板中心对准。在通电并对准后，复位光电传感器上的绿灯和黄灯应亮起。

（2）车载电气安装规范——0 号光电。

0 号光电为反射光电，光电型号为 GSE6-P1112，选择 D 挡。0 号光电是相机触发光电，需要从相机电柜的 0 号光电所接的输入点跳一根线到窄带电柜的 X105-3，再从相机电柜的 0V 跳一根线到窄带电柜的 0V，以完成共源连接，如图 9-19 所示。

图 9-19　0 号光电安装示意图

（3）车载电气安装规范——1 号光电。

1 号光电为对射光电，光电型号为 GSE6-P1112，选择 L 挡位（明通）。首先，将对射光电安装在光电支架上，使用 M3 螺丝和平垫圈进行固定。然后，将光电支架安装到供包段皮带机上。在安装过程中需要注意，对射光电采用一正一反的安装方式，即一个光电的线朝向支架方向，另一个光电的线朝向支架的反方向，如图 9-20 所示。

图 9-20  1 号光电安装示意图

（4）车载电气安装规范——卡包光电。

卡包光电为镜面反射光电，光电型号为 GL6-P1112，选择 L 挡位（明通），安装在机尾位置。首先，将光电挡板安装在机尾缝隙侧面合适的位置上。然后，将卡包光电安装在光电支架上，使用 M3 螺丝和平垫圈进行固定。在光电对准后，将光电支架固定在图 9-21 中的反射光电的位置处。

图 9-21  卡包光电安装示意图

（5）车载电气安装规范——槽型光电。

槽型光电是一种用于测量速度和计数的光电传感器，其型号为 E3Z-G81-2M，安装在机尾位置。首先，将光电支架安装在机尾侧面的测速齿轮处。然后，将槽型光电安装在光电支架上，使用 M4 螺丝和平垫圈进行固定。最后，将光电支架固定在图 9-22 中的槽型光电的位置处。

## 二、急停按钮安装

（1）主线安全部件。

急停按钮的安装和接线应遵循以下规范。

1）设备急停按钮应安装在电气布局图中指定的位置。

2）急停线缆标识牌上标有 ** 号急停，线号为 JT**-IN 和 24V-JT**，其中 ** 代表急停的顺序。

3）急停线的线缆规格为 RVV2*0.75。该线缆为两芯线，颜色分别为棕色和蓝色。棕色线对应线号 24V-JT**，蓝色线对应线号 JT**-IN。按钮端的棕蓝色接线没有限制，而主控柜端的棕色线接 24V-VCC，蓝色线接 PLC 输入点。急停按钮位置如图 9-23 所示。

图 9-22　槽型光电安装示意图　　　　图 9-23　急停按钮位置示意图

（2）主线检修部件。

设备检修按钮盒应安装在机头检修口的合适位置。检修按钮所使用的线缆规格为 RVV4*0.75，用于连接绿色启动按钮和红色停止按钮。该线缆为 4 芯线，输入端从主控柜获取 DC 24V 电源，输出端则连接到 PLC 的 I8.5，如图 9-24 所示。

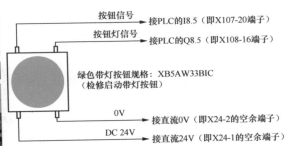

按钮信号 → 接PLC的I8.5（即X107-20端子）

按钮灯信号 → 接PLC的Q8.5（即X108-16端子）

绿色带灯按钮规格：XB5AW33BIC
（检修启动带灯按钮）

0V → 接直流0V（即X24-2的空余端子）

DC 24V → 接直流24V（即X24-1的空余端子）

图 9-24　检修按钮盒安装与接线示意图

# 9.2 运营与维护

窄带分拣机的运营与维护是实现分拣系统各分拣功能的保障。其中，窄带分拣机的运营分为设备启动前的检查事项和使设备正常运行的操作步骤。窄带分拣机的维护主要是保障窄带分拣机的正常运转，满足日常的工作需求，使窄带分拣机能在复杂多变的工作环境下保持安全、稳定、清洁的标准，并适当延长窄带分拣机及其零部件的使用寿命。

## 9.2.1 窄带分拣机的运营

窄带分拣机的运营分为两部分，一是设备启动前的检查事项，二是使设备正常运行的操作。接下来重点介绍设备启动前的检查事项。

在设备运行之前，需要确认设备的状态，特别是对于消防伸缩皮带机，必须确认其GH17段伸缩皮带是否已经完全伸出到位。如果皮带没有完全伸出到位，线体将无法正常启动，包裹也无法正常输送。因此，必须仔细检查线体的最后一段皮带，以确保设备可以正常运行。

为了保障联运机制的正常运作，首先需要确认所有联动设备均处于正常状态。首先，设备开机时不应有任何报警提示。此外，滑槽下方的皮带应保持运转，并且设备应处于允许下货的状态，只有这样，GH线才能正常运转。

在设备启动之前，需要检查每个下料口的急停按钮是否被按下。同时，还需要检查每个下料口是否有堵塞的情况。在设备准备启动时，需要确保急停按钮处于旋起的状态。除非发生意外情况，否则不应按下急停按钮。需要注意的是，每次按下急停按钮都会断电，因此按下急停按钮的频率不应过高。非故障或意外情况下，不应按下急停按钮。另外，无论是按下哪个位置的急停按钮，每次解除急停后，都需要到MAC柜进行复位操作。窄带分拣机两侧的急停按钮也是如此，只有在设备不运行且出现故障时才应按下急停按钮。而检修按钮（见图9-25）则用于窄带设备的检修操作。

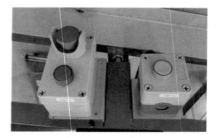

图 9-25　检修按钮

（1）48V开关电源柜检查。

通电前需要对48V开关电源柜进行检查。

1）将空开打到OFF挡，使用万用表的蜂鸣挡测量空开上端进线正负极之间的电阻。正常的电阻值应该在60Ω左右或以上。

2）将空开打到ON挡并接入滑触线，测量空开下端出线正负极之间的电阻。同样，正常的电阻值应该在60Ω左右或以上。

3）依次测量所有的48V开关电源柜，确保每一个都正常工作。如果发现某个电源柜的阻值过低，需要排查原因并确保该电源柜不可通电。

（2）48V 车载电源检查。

通电前需要对 48V 车载电源进行检查。

1）检查所有的 48V 电源连接盒，确保接线没有错误，也不能有 48V 正负极接反以及接触不良的情况。需要强调的是，由于这种错误接线导致的损坏情况并不少见，因此务必仔细检查。

2）将所有的 48V 保护器均打到 ON 挡，并使用万用表的蜂鸣挡测量碳刷 48V 正负极之间的电阻。正常的电阻值应该在 60Ω 左右或以上。如果发现阻值过低，请排查原因并确保该电源不可通电。

（3）CAN 总线并联电阻检查。

接入终端电阻之后，测量 CAN 总线红色和蓝色线之间的电阻。若阻值在 60Ω 左右则正常，若异常请排查问题。

**注意**：终端电阻和绝缘电阻的阻值为 120Ω。

（4）车载 485 通信线检查。

车载控制器设有 A2、B2、G2 和 A3、B3、G3 两个 485 接口。其中，A2、B2、G2 接口连接到本组前段的 20 号小车上，而 A3、B3、G3 接口连接到本组后段的 1 号小车上。L、H、G 是车载控制器之间通信的 CAN 总线接口，CAN 总线按照 1-2-3-4 的顺序连接。最后一个控制器截止串联，即最后一个控制器不再连接回第一个控制器，如图 9-26 所示。

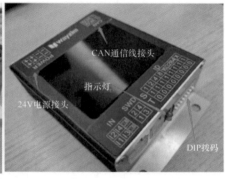

图 9-26　车载控制器通信检查示意图

驱动器的 485 通信线采用手拉手串联的形式，如图 9-27（a）所示，确保不同车载控制器所管理的小车之间互不相连。同时，同一个车载控制器所控制的前段的 20 号车与后段的 1 号车之间必须断开连接。需要注意的是，不同组或不同段的驱动器之间不可连接 485 通信线，如图 9-27（b）所示。对于采用光通信方式的窄带小车驱动器，只需使用 48V 电源线进行连接即可。而光通信发射器之间则需使用 CAN 线进行手拉手连接。

（a）

（b）

图 9-27　手拉手 485 通信线和 485 通信线错误连接示意图

（5）小车驱动器拨码检查。

一个车载控制器可以控制 40 辆小车（一组小车）的驱动器。同一组内的小车被分为前 20 辆和后 20 辆两段车。前后两段车都按照 1 ～ 20 的编号进行拨码设置。

对于光通信型窄带机，每 20 辆小车为一组，并按照二进制方式进行拨码设置。如果最后不足 20 辆小车，则从编号 21 开始以二进制方式拨码，直到最后一辆小车。

（6）光电检查。

在检查现场光电时，需要关注绿色指示灯和黄色指示灯的状态。绿色指示灯亮起代表电源正常，而黄色指示灯亮起则代表信号接收正常。

## 9.2.2　窄带分拣机的维护保养

为了确保窄带分拣机的正常运转，满足工作需求，并使其在复杂多变的工作环境下高效运转，达到安全、稳定和清洁的标准，同时适当延长窄带分拣机及其零部件的使用寿命，需要对窄带分拣机进行维护保养，包括一级维护保养、二级维护保养和三级维护保养。

一级维护保养是指日常维护保养，由窄带分拣机操作工人在当班期间进行。在进行一级维护保养时，需要注意以下几点。

工作前：首先检查交班记录，确保了解之前的工作情况和问题。然后清理窄带分拣机，包括清除杂物和灰尘等，并根据规定对链条进行润滑加油，以保持其正常运转。同时，检查运转部位是否正常、安全装置是否可靠。最后，低速运转设备，检查传动系统是否正常、畅通。

工作时：注意观察窄带分拣机的运转声音、电气仪表信号以及安全保险装置是否异常。

工作后：关闭开关，确保所有按钮都已复位。清扫导轨面和滑动面上的杂物，保持机器的清洁。同时，清扫工作场地，确保没有遗留物或障碍物。填写交班记录，详细记录当天的工作情况和问题，并办理交班手续。

二级维护保养是由操作工人主导，并由维修技术人员协助进行的。按照计划，对窄带分拣机进行局部拆卸和检查，清理规定的部位，疏通导轨面和滑动面上的灰尘和异物。同时，调整窄带分拣机各部件之间的配合间隙，并紧固可能松动的各个部件。完成之后，应记录并注明尚未解决的问题，并由车间巡检人员组织验收。

二级维护保养的主要目的是减少窄带分拣机的异常损耗，消除隐患，延长使用寿命。为了在下次二级维护保养期间顺利完成生产任务，窄带分拣机的维护保养应做到以下几点。

外观方面：清洁窄带分拣机的导轨部位、各传动部件以及外露部分。清扫工作场地，确保内外洁净，无死角，无锈蚀，周围环境整洁。

操纵传动方面：检查各部件的性能状况，紧固松动部件，调整配合间隙。检查互锁和保险装置，确保传动声音正常且无异响，运行状态安全可靠。

电气系统方面：检查窄带分拣机主线机尾处的异步电动机外观是否整洁且无损伤，确认波纹管表面没有裂痕，电线绝缘良好，接地安全可靠。

三级维护保养是由维修技术人员主导，并由操作人员参与完成的。该维护保养工作通常被列入窄带分拣机的检修计划中，主要包括对窄带分拣机进行部分解体检查和修理，以及更换或修复磨损件。此外，还包括清洗机器、更换润滑油以及检查和修理电气部分。通过这些措施，使窄带分拣机的技术状况全面达到规定的标准。三级维护保养通常需要大约 7 天的时间来完成。在维护保养完成后，维修技术人员应详细填写检修记录，车间巡检员和操作人员则负责进行验收工作。三级维护保养的主要目的是确保窄带分拣机能够达到完好的标准，从而提高和巩固窄带分拣机的完好率，并延长其大修周期。

在窄带分拣机的日常维护保养中，首先需要确认设备的状态，并且需要悬挂设备维护提示牌。这是为了提醒操作人员和相关人员注意设备的维护保养情况。日常维护保养主要包括：电柜空调的维护保养、小车的维护保养、传动部件的维护保养。

## 一、电柜空调的维护保养

在现场应对窄带分拣机严格按照要求定期进行维护保养，以保证空调的正常运行，并延长其使用寿命。空调压缩机如图9-28所示。空调温度应根据现场环境的温度适当设置，同时，柜门应紧闭，以防止外界空气进入电柜内部，影响空调效果和设备的散热。其次，需要防止压缩机过度工作，以延长其寿命。另外，冷凝水的产生也需要引起重视。如果冷凝水蒸发器的蒸发速度低于冷凝水生成的速度，就会导致冷凝水溢出。为了避免这种情况发生，可以定期清洁和维护冷凝水蒸发器，确保其正常运行。电柜空调的维护保养内容如表9-5所示。

图 9-28 空调压缩机

表9-5 电柜空调的维护保养内容

| 零 件 | 检 查 频 率 | 检 查 重 点 | 处 理 方 法 |
|---|---|---|---|
| 外循环过滤网 | 每周（现场情况恶劣时，需增加维护频率） | 灰尘、积油、污垢（这可能导致制冷系统异常，甚至损坏） | 打开过滤网盖，取出过滤网，检查进风过滤网是否清洁。如果发现轻微污垢，可以使用压缩空气或毛刷轻轻清除。对于严重污垢，建议使用清水或中性清洁剂进行刷洗。清洗后，去湿干燥，然后重新安装到设备中继续使用 |
| 风扇、冷凝器 | 6个月 | 积油、污垢 | 先停机，然后彻底清理风扇和冷凝器表面 |

注意：当空调显示"HP"故障代码时，务必关闭电源并立即清理过滤网。在清理完毕后，重新安装过滤网，然后重新上电开机。

## 二、小车的维护保养

窄带分拣机小车的维护保养主要针对小车驱动器、皮带、电滚筒、碳刷，以及侧边泡棉胶带等。窄带分拣机小车长期运行后，机尾可能会堆积异物。因此，应定期检查并及时清理异物，以避免影响设备运行。

在SDS系统日志界面上，可能会出现某个或多个小车驱动器（会显示出小车编号）的通信故障。当出现这种故障时，首先需要检查对应异常小车的车载线是否出现接口松动或者挂断的情况。如果发现车载线接口松动或者挂断，需要重新插拔车载线端子或更换新的车载线。如果未发现车载线接口松动或者挂断的情况，那么可能存在其他原因导致通信故障。具体的解决方法将在后文中进行详细描述。在车载系统正常工作时，可以通过观察小车驱动器指示灯的运行状态来判断其是否正常工作。图 9-29 展示了小车驱动器指示灯正常状态下的示例。

图 9-29　小车驱动器指示灯正常状态

在窄带分拣机长期运行使用后，小车皮带的磨损、偏移或断裂是需要特别注意的问题。如果发现小车皮带磨损严重、经常跑偏且无法通过调整恢复正常，就需要及时更换这条异常的皮带，以确保设备的稳定运行。

当小车皮带出现偏移（不居中）时，需要先松动纠偏顶丝（用于固定紧固螺丝，起限位作用），然后松动紧固螺丝（用于固定电滚筒位置），使小车皮带处于可调整的状态。接下来，手动转动皮带，将其调整至居中位置。完成小车皮带的调整后，锁紧紧固螺丝，再锁紧纠偏顶丝，以完成小车皮带的矫正工作，如图 9-30 所示。

图 9-30　小车皮带

在窄带分拣机长期运行使用后，小车电滚筒（主动滚筒）可能会发出异响或不转动的情况，此时需要进行电滚筒的更换，具体步骤如下。

首先，需要拔掉小车电滚筒的控制线，确保小车驱动器处于正常运行状态。然后，松动小车电滚筒正面的纠偏顶丝和紧固螺丝。接下来，拆下小车电滚筒侧面的机盖螺丝（见图9-31），进行小车电滚筒的拆卸和更换操作。

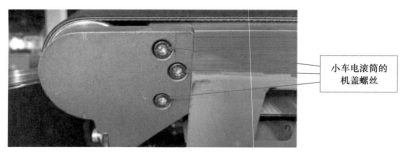

图 9-31  机盖螺丝

在窄带分拣机长期运行使用后，需注意集电臂上碳刷的磨损情况，集电臂和碳刷如图9-32所示。若碳刷磨损严重，需及时更换碳刷以保证车载供电的稳定。正常使用中的碳刷如图9-33所示。

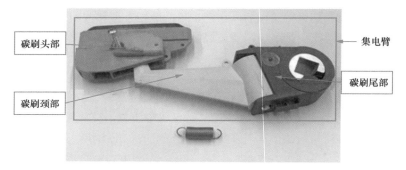

图 9-32  集电臂和碳刷

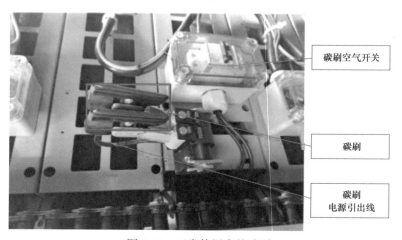

图 9-33  正常使用中的碳刷

更换碳刷的具体步骤如下。

（1）拆除碳刷的限位弹簧及碳刷头部两侧的深黄色固定结构。

（2）将碳刷头部与碳刷颈部分离。在转动碳刷头部和颈部的过程中，适当施加上下方向的力，使它们分离。

（3）用新的碳刷头更换已磨损的碳刷头。安装新碳刷头后，逆序执行之前的拆卸步骤，完成碳刷的更换工作。

### 三、传动部件的维护保养

当窄带分拣机主线连续运行超过一个月时，需要对链条、链轮、链板、加长销和开口销等核心传动部件进行点检和维护。在正常点检的过程中，如果发现以上部件存在损坏现象，应按照流程及时更换。

对于投入使用的主线，维护保养人员一定要注意以下几点。

（1）开口销和加长销的点检，确保这些部件没有损坏或变形。加长销的位置如图 9-34 所示。

（2）小车锁紧螺栓的点检，确保锁紧螺栓未松动，以维持小车与链条之间的牢固连接。小车锁紧螺栓的位置如图 9-35 所示。

图 9-34　加长销的位置

图 9-35　锁紧螺栓的位置

（3）长时间连续运行之后，链条可能会被拉长，因此需要定期张紧链条，并检查小车的锁紧螺栓有无松动现象。一旦链条的张紧度发生变化，软件就需要进行重新标定。图 9-36 所示为老款的张紧侧头机。

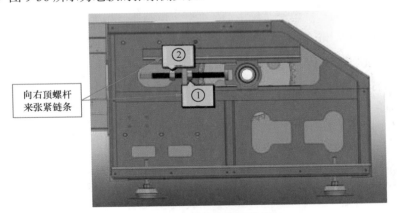

向右顶螺杆来张紧链条

图 9-36　老款的张紧侧头机

新款的张紧侧投机如图 9-37 所示。在调整链条的张紧度之前，需要先松开 4 颗锁紧螺栓，但不要将螺栓完全拆下。将张紧度调整好后，再将这 4 颗锁紧螺栓重新锁紧。

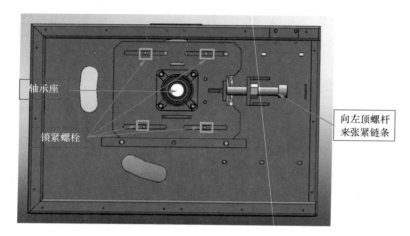

轴承座

锁紧螺栓

向左顶螺杆来张紧链条

图 9-37　新款的张紧侧头机

# 9.3　常见故障及处理

本节提出了系统中常见的故障，并给出故障排查方法和解决方法，主要包含车载电源系统供电故障、小车不转动故障、车载系统通信故障、五色灯报警信号说明、永磁电机故障及排查方法、小车驱动器故障及排查方法、光通信控制器故障及排查方法和其他故障。

## 9.3.1　车载电源系统供电故障

窄带分拣机的车载电源系统由 DC 48V 供电系统（由 DC 48V 电源柜供电）和 DC 48V 取电系统（由碳刷从滑触线轨道取电至车载用电设备）构成。

### 一、DC 48V 供电系统故障排查

当 SDS 系统日志界面显示 48V 电源故障信息后，先切断窄带电柜柜内 DC 48V 空开（QF3-1、QF3-2、QF3-3 等），之后检查每个 DC 48V 供电单元（DC 48V 电源柜）的运行情况。DC 48V 电源柜主要由明纬 RST-5000-48 开关电源、DC 48V 空气断路器、散热风扇构成。

DC 48V 供电单元结构如图 9-38 所示，其故障排查的具体步骤如下。

（1）检查 DC 48V 供电单元的输入回路（单相输入）及保护回路是否发生短路或断路。

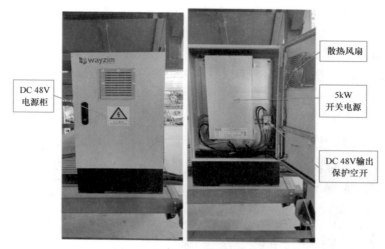

图 9-38 DC 48V 供电单元结构

（2）检查 DC 48V 供电单元的输出回路（DC 48V 输出）是否发生短路或空开是否跳闸；若输出回路未发生短路，则用万用表测量直流输出端的阻值是否为 60Ω左右，当阻值异常时不可上电，需继续排查其他线路。

（3）若上述检查均无异常，则检查 5kW-DC 48V 开关电源是否异常。

## 二、DC 48V 取电系统故障排查

在确认 DC 48V 供电系统无问题后，再检查 DC 48V 取电系统的线路。DC 48V取电单元结构如图 9-39 所示，其故障排查的具体步骤如下。

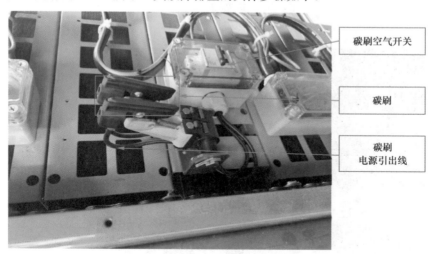

图 9-39 DC 48V 取电单元结构

（1）检查滑触线碳刷头部的磨损情况和碳刷电源引出线的接线是否牢固且完好，以及碳刷空气开关是否跳闸。

（2）如果第一步没有发现故障，则可以继续进行车载系统电源连接盒内的线路检查，电源连接盒如图 9-40 所示。首先，将主线上所有的碳刷空气开关断开，以限制故障点在车载用电设备的供电回路中。然后，打开电源连接盒的盒盖，使用万用表的蜂鸣挡测量直流侧（棕、蓝线）是否短路。如果没有短路，可以使用万用表的欧姆挡测量直流侧（棕、蓝线）的阻值是否约为 60Ω。如果阻值异常，则可以使用万用表分别测量 DC+（棕线）和 DC-（蓝线）是否发生断路。

电源连接盒

图 9-40　电源连接盒

（3）如果前两步均未发现故障，那么故障很可能出现在小车驱动器的接线处或者小车驱动器本身。此时，需要现场机修人员进行进一步的检查和修复。他们可以检查故障小车的小车驱动器接线，或者直接更换小车驱动器。小车驱动器及运行指示灯如图 9-41 所示。需要注意的是，如果只有部分车载设备无法获得 48V 电源，那么重点应该放在排查车载电源连接盒和碳刷上。

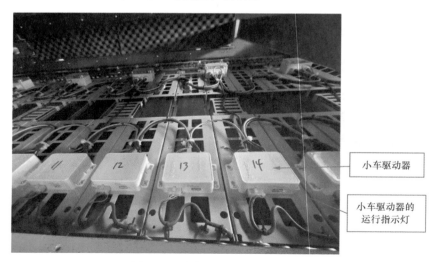

小车驱动器

小车驱动器的
运行指示灯

图 9-41　小车驱动器及运行指示灯

（4）故障排查完毕后，重新恢复车载系统各单元的状态，闭合窄带电柜柜内 DC 48V 空开（QF3-1、QF3-2、QF3-3 等），最后按下电柜的复位按钮，恢复 48V 供电。

## 9.3.2　小车不转动故障

### 一、小车故障排查

小车不转的主要原因有小车皮带跑偏、小车驱动器供电故障、小车驱动器本体故障、小车 485 通信线接触不良、小车电滚筒故障等。

首先根据 SDS 分拣系统软件实时信息界面查看小车故障信息，如图 9-42 所示。再根据故障信息找到对应小车（小车号通常位于小车中间的铝型材上），如图 9-43 所示。

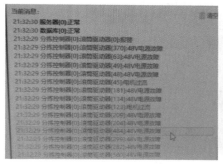

图 9-42　分拣系统软件实时信息界面

图 9-43　故障小车

找到对应小车后按照以下步骤排查故障。

（1）首先检查小车皮带是否跑偏。如果跑偏，则调整皮带后重启 48V 电源，并运行小车测试程序。在测试程序中输入对应的小车号，然后观察小车的转动情况。

（2）检查小车驱动器的运行指示灯是否常亮。如果运行指示灯不亮，需要进一步排查问题。检查小车驱动器的电源线插件端子是否有退针的情况。可以使用万用表测量其是否有 DC 48V 电压。如果电源线正常，但运行指示灯仍然不亮，那么可能需要更换小车驱动器。在更换小车驱动器后，重启 DC 48V 电源，并运行小车测试程序，发送对应的小车号，确认小车的转动情况。如果运行指示灯闪烁，说明可能存在通信线路的问题。可以尝试重新插拔小车驱动器的 485 通信线，然后重启 DC 48V 电源，观察运行指示灯的状态。如果指示灯仍然闪烁，可能需要更换该小车驱动器。最后，再次重启 DC 48V 电源，并通过小车测试程序发送对应的小车号，确认小车的转动情况。

（3）如果经过以上步骤的排查，485 通信线和电源线都没有问题，但小车仍然无法转动，那么可能需要更换小车电滚筒。

（4）如果整组小车都无法转动，需要检查该组小车的车载控制器到本组小车驱动器之间的 485 通信线是否松动或挂断。

（5）故障排查完毕后，可以使用窄带小车调试工具来确认小车是否能够正常转动。图 9-44 所示为小车对应部件的示意图。

图 9-44　小车对应部件示意图

## 二、小车调试工具使用方法

小车调试工具的使用方法如下。

（1）打开图 9-45 所示的测试程序压缩包"窄带小车调试工具"。

（2）双击打开测试程序"NarrowBeltDemo"，如图 9-46 所示。

图 9-45　测试程序压缩包

图 9-46　打开测试程序

（3）连接车载控制器，在图 9-47 所示的界面输入对应小车号，单击"发送"按钮进行测试。

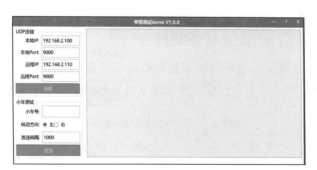

图 9-47 小车连接界面

## 9.3.3 车载系统通信故障

窄带分拣机的车载系统中，由车载控制器控制所有小车的运行。每个车载控制器最多可以控制 40 辆小车，并且多个车载控制器之间通过 CAN 总线进行连接。

车载系统发生故障时，可以按照以下步骤排查故障。

（1）检查无线通信的 AP 和客户端的电源线以及网线连接是否正常。在正常运行时，AP 和客户端的网口指示灯应该为绿色。如果一切正常，可以进行下一步的检查。

（2）检查车载控制器的运行指示灯是否正常。如果正常，则需要检查 CAN 线的连接是否正常。

（3）使用万用表测量 CAN 线终端电阻的阻值是否约为 60Ω。如果不是 60Ω，需要检查车载控制器的 CAN 线接口处的电阻是否脱落，并在必要时更换电阻。如果阻值为无穷大，则需要查找 CAN 线的断路位置；如果阻值为 0，则需要查找 CAN 线的短路位置。

（4）使用万用表测量 CAN 线接口的电压，确保 CAN-H 的电压范围在 2.5 ～ 3.5V 之间，而 CAN-L 的电压范围在 1.5 ～ 2.5V 之间。图 9-48 中的白色屏蔽线即为 CAN 线。

图 9-48 车载控制器 CAN 线

## 9.3.4　五色灯报警信号说明

五色灯是一种常见的指示灯，不仅可以显示设备的状态，还可以用作报警信号。在表9-6中，列出了五色灯作为报警信号时各种故障的原因及解决方法。

表9-6　五色灯报警信号说明

| 故障情况 | 故 障 状 态 | 故 障 原 因 | 解 决 方 法 |
|---|---|---|---|
| 系统急停 | 红灯闪烁（间隔1s），蜂鸣器报警（间隔1s），柜门上的公共报警鸣笛且闪烁，SDS界面上的急停按钮图标显示为按下状态 | 急停按钮被按下 | 排查问题后，需要旋转急停按钮使其复位。然后，按下复位按钮以解除报警状态 |
| 变频器及电机故障 | 黄灯持续亮起，同时在SDS界面上变频器或电机图标显示故障状态 | 变频器或电机故障 | 如果常见的故障排查方法无法解决问题，请与技术人员联系 |
| 防碰撞装置触发报警 | 黄灯常亮，SDS界面上防碰撞装置图标显示报警 | 防碰撞装置触发 | 检查小车磁铁是否有异物，并确保磁铁没有脱落 |
| 开关电源故障 | 黄灯常亮，SDS界面上开关电源图标显示报警 | 开关电源故障或对应线束损坏 | 更换开关电源，检查接线 |
| 系统速度不稳、车载系统异常 | 绿灯闪烁 | 速度波动大或车载系统连接异常 | 如果常见的故障排查方法无法解决问题，请与技术人员联系 |
| 窄带电柜处于本地状态 | 白灯常亮 | 非故障 | 旋转电柜上的本地/远程旋钮，切换本地或远程状态 |
| 机尾卡包光电触发 | 蓝灯闪烁（间隔1s），蜂鸣器报警（间隔1s），柜门上的公共报警鸣笛且闪烁，SDS界面上的光电图标显示异常 | 机尾堵包 | 检查窄带机尾处是否卡包，排查完毕后按下电柜上的黄色复位按钮恢复 |

## 9.3.5　永磁电机故障及排查方法

表9-7列出了永磁电机常见的故障代码、故障名称以及处理方式。这些故障包括直流过流、过压、欠压、制动故障和电机过流等多种情况。通过识别故障现象、查找故障原因并采取相应的解决措施，可以及时有效地恢复永磁电机的正常运行。

表9-7 永磁电机故障及处理方式

| 故障代码 | 故障名称 | 处理方式 |
|---|---|---|
| AL01 | 直流过流 | 检查电机的三相线是否短接或与地短路。同时，还需要检查制动电阻是否短路 |
| AL02 | 过压 | 检查输入电压是否正常。如果停机时出现故障，还需要检查制动电阻是否接好 |
| AL03 | 欠压 | 检查输入电压是否正常。同时，还需要检查接到主回路接线端子上的螺丝是否拧紧 |
| AL04 | 制动故障 | 检查制动电阻是否接好，并确保制动电阻没有短路 |
| AL05 | 电机过流 | 检查电机三相线是否短接或与地短路 |
| AL06 | 电机过载 | 检查分拣线是否卡住，确认霍尔传感器的安装位置是否正确 |
| AL07 | 堵转 | 检查分拣线是否卡住，确认霍尔传感器的安装位置是否正确 |
| AL08 | 软件故障 | 重启 |
| AL09 | 存储错误 | 断电重启，如未解决，恢复出厂设置 |
| AL10 | 未恢复出厂设置 | 恢复出厂设置，并断电重启 |
| AL11 | V 相采样错误 | 更换驱动器 |
| AL12 | W 相采样错误 | 更换驱动器 |
| AL14 | 模块过温 | 检查分拣线是否卡住，负载是否过大 |
| AL15 | 相电流过流 | 检查电机三相线是否短接或与地短路 |
| AL16 | 更换电机 | — |
| AL17 | 霍尔传感器信号错误 | 检查霍尔传感器线路是否松脱，确认霍尔传感器的安装位置是否正确 |
| AL18 | 未用 | |
| AL19 | 上电未完成 | 检查输入电源的接入是否松脱 |
| AL20 | 未用 | |
| AL21 | 电机过速 | 检查霍尔传感器线路是否松脱，确认霍尔传感器的安装位置是否正确 |
| AL23 | 与从驱动器通信错误 | 检查主驱动器与从驱动器之间的通信连接线是否正常。如果没有从驱动器，将主驱动器内设置的从驱动器数量设置为0 |
| AL24 | 从驱动器报警 | 解决从驱动器报警问题后，从驱动器将自动恢复正常，故障会消失 |
| AL25 | 输入缺相 | 检查输入电源的接入是否松脱，并检查输入电源的电压是否正常 |

## 9.3.6 小车驱动器故障及排查方法

小车驱动器是小车运行中不可或缺的组件之一，但也容易出现故障。表9-8列举了小车驱动器常见的故障及其可能的原因，其中包括母线过流、母线过压、母线欠压、电机过流等多种故障类型。在出现故障时，需要通过仔细排查故障现象并采取相应的措施来恢复小车驱动器的正常运行。

表9-8 小车驱动器故障及故障原因

| 连续闪灯次数 | 故 障 名 称 | 故 障 原 因 | 对应上位机报警（老式协议） |
|---|---|---|---|
| 1 | 母线过流 | 母线电流采样超过限定值 | B1：过流 |
| 2 | 母线过压 | 母线电压采样超过限定值 | B3：过压 |
| 3 | 母线欠压 | 母线电压采样低于限定值 | B3：过压 |
| 4 | 保留（非故障） | — | — |
| 5 | 电机过流 | 电机相电流瞬间过大 | B1：过流 |
| 6 | 电机过载 | 电机电流长时间过大 | B1：过流 |
| 7 | 电机堵转 | 电机堵转 | B1：过流 |
| 8 | 电机过速 | 电机转速超过限定速度 | B2：电机皮带 |
| 9 | 电机 HALL 故障 | 电机霍尔信号出现故障 | B2：电机皮带 |
| 10 | 电机故障 | 电机缺相或对地短路 | B1：过流 |
| 11 | 保留（D4820B）软件故障 2（D4815H-IR/D4820E） | 软件执行故障 | B1：过流 |
| 12 | 无编码器信号 | 运行中编码器信号丢失或无编码器信号 | B2：电机皮带 |
| 13 | 系统软件故障 | 软件负载过大 | B1：过流 |
| 14 | 看门狗复位 - 保护复位 | 硬件复位 | B1：过流 |
| 15 | 电机转过的位置未达到指令要求 | 编码器信号丢失；U、V、W 接线不良；驱动器输出问题，导致电机旋转不正常 | B2：电机皮带 |
| 16 | 保留（非故障） | — | — |
| 17 | 电流采样错误 | 若重复出现，需要返修 | B1：过流 |
| 18 | 上次指令执行失败 | 上次指令执行时遇到了报警，导致无法完成指令。此报警被上位机读取后清零（此报警不会影响下次指令的执行） | — |
| 19 | 与上次指令间隔过近，无法执行 | 新的指令要在上次指令执行完成后才能执行。此报警被上位机读取后清零（此报警不影响下次指令执行） | — |

## 9.3.7 光通信控制器故障及排查方法

光通信控制器是光通信系统中的重要组成部分，但也容易出现各种故障。表 9-9 列举了光通信控制器常见的故障及其可能的解决方法。在出现故障时，需要对故障进行逐一排查，并采取相应的解决措施来恢复光通信控制器的正常工作。

表9-9　光通信控制器故障及处理方法

| 序号 | 报 警 信 息 | 处 理 办 法 |
|---|---|---|
| 1 | 分拣控制器 [0]：车载控制器 [X]：通信报警 | 检查 CAN 总线的连接是否正常，确保 CAN 总线之间的电阻阻值为 120Ω。同时，还需要检查 CAN 总线的回路是否正常。另外，确认 X 号控制器的供电是否正常，如果不正常，更换 X 号控制器 |
| 2 | 分拣控制器 [0]：滚筒驱动器 [X]：Hall 故障 | 更换 X 车号的电滚筒 |
| 3 | 分拣控制器 [0]：滚筒驱动器 [X]：未达到命令位置 | 检查 X 车号的电滚筒与皮带 |
| 4 | 分拣控制器 [0]：滚筒驱动器 [X]：未连接 | 检查连续出现未连接的小车，从连续车号起往前检查两辆小车的电滚筒是否有漏电现象。同时，如果某一小车高频次（大于 5 次）出现未连接，则更换对应的小车驱动器 |
| 5 | 分拣控制器 [0]：滚筒驱动器 [X]：母线欠压 | 检查小车对应组内的碳刷磨损程度 |
| 6 | 分拣控制器 [0]：滚筒驱动器 [X]：母线过流 | 更换 X 车号的驱动器或电滚筒 |

## 9.3.8 其他故障

窄带分拣机还有其他常见的故障，表 9-10 中列出了相关故障，并给出可能的原因及对应的解决方案。

表9-10　其他常见故障及解决方案

| 故 障 现 象 | 原 因 | 解 决 方 案 |
|---|---|---|
| 机头、机尾噪声大，有异响 | 链条过松、过紧或两侧张紧状态不一致 | 调整链条至适当的张紧度 |
| 主线运行有异响 | 小车螺丝松动或止动垫片失效 | 更换止动垫片并拧紧所有螺丝 |
| 主线检修时无法推动 | 电机抱闸 | 给电机通电以释放抱闸 |

续表

| 故障现象 | 原因 | 解决方案 |
| --- | --- | --- |
| 链条松动 | 开口销损坏或断裂 | 定期检查链条并更换坏的开口销 |
| 小车不转动 | 小车皮带中卡有异物或者小车供电异常 | 清除皮带中的异物并检查小车的电源供应 |
| 小车转动顺序错误 | 车载控制器 485 通信线接错 | 重新连接 485 通信线 |
| 碳刷断裂 | 碳刷与滑触线位置不在同一平面 | 调整碳刷位置使其完全对准导入口 |
| 包裹下货位置不对 | 实际下包位置与理论计算位置有偏差 | 重新标定下包位置 |
| 包裹末端回流增加 | 包裹间距过小导致相机扫码识别错误 | 调整包裹间距 |